考证与竞赛系列

UG 12.0 塑料模具设计实例教程

詹建新 主 编

成晓军 叶金虎 副主编

電子工業出版社

Publishing House of Electronics Industry

北京 · BEIJING

内 容 简 介

本书以 UG 12.0 为载体，通过实例详细介绍塑料产品的造型与模具设计，编者力争做到把每个实例讲深讲透。

本书分入门篇、进阶篇和综合篇。在入门篇，编者选用两个实例，以一体化教学的方式，详细介绍从产品设计到模具设计的整个过程；在进阶篇，分别介绍注塑向导下的模具设计（第 3～7 章）和建模环境下的模具设计（第 8～13 章）；在综合篇，详细介绍两板模和三板模的设计方法，并强调了两板模和三板模的区别，以及模架的加载方法。

本书的所有实例都是编者精心挑选的，是非常典型的案例，适合课堂教学。全书结构清晰，内容详细，案例丰富，知识点深入浅出，重点突出，着重培养学生的动手操作能力。

图书在版编目（CIP）数据

UG 12.0 塑料模具设计实例教程 / 詹建新主编. —北京：电子工业出版社，2022.3

ISBN 978-7-121-42957-6

Ⅰ. ①U… Ⅱ. ①詹… Ⅲ. ①塑料模具—计算机辅助设计—应用软件—教材 Ⅳ. ①TQ320.5-39

中国版本图书馆 CIP 数据核字（2022）第 026661 号

责任编辑：郭穗娟
印　　刷：北京虎彩文化传播有限公司
装　　订：北京虎彩文化传播有限公司
出版发行：电子工业出版社
　　　　　北京市海淀区万寿路 173 信箱　邮编　100036
开　　本：787×1 092　1/16　印张：11.25　字数：288 千字
版　　次：2022 年 3 月第 1 版
印　　次：2025 年 1 月第 5 次印刷
定　　价：49.80 元

凡所购买电子工业出版社图书有缺损问题，请向购买书店调换。若书店售缺，请与本社发行部联系，联系及邮购电话：(010)88254888，88258888。

质量投诉请发邮件至 zlts@phei.com.cn，盗版侵权举报请发邮件至 dbqq@phei.com.cn。

本书咨询联系方式：(010)88254502，guosj@phei.com.cn。

前　言

近些年，国家非常重视职业技能竞赛，各类竞赛层出不穷，但不少学校参赛队伍的领队老师反映，现有的 UG 类图书中，没有系统介绍 3D 造型和草绘过程；对一些复杂的零件，没有详细讲解造型过程，导致学生对 3D 造型与草绘不熟练，软件的应用能力较差。编者针对这些实际情况，查阅并研究历年考证与竞赛的案例。在此基础上，结合编者多年的教学经验与模具工厂一线岗位工作的心得，编写了本书。

在 2017 年，编者出版了《UG 10.0 塑料模具设计实例教程》一书，不少学校把这本书选为数控与模具专业的教材，很多老师对该书提出了宝贵意见。在充分听取各位老师意见的基础上，编者对该书内容做了大幅度调整，删除了其中偏难的章节，补充了相对简单、实用的案例，并把书名改为《UG 12.0 塑料模具设计实例教程》。

本书分 3 篇，共 18 章。第 1～2 章专门用一体化教学的方式，介绍塑料模具设计；第 3～7 章详细介绍在注塑模向导环境下进行模具设计；第 8～13 章详细介绍在建模环境下进行模具设计；第 14～15 章介绍三板模、两板模设计基础；第 16～17 章介绍三板模、两板模设计实例；第 18 章主要介绍加载模架的方法，包括定模板/动模板开框，以及定位圈、浇口、推杆、拉料杆、弹簧、斜顶、滑块、冷却水路通道等。

本书第 1～5 章由广东省华立技师学院詹建新老师编写，第 6～12 章由重庆三峡职业学院成晓军老师编写，第 13～18 章由罗定职业技术学院叶金虎老师编写，全书由詹建新老师统稿。

由于编者水平有限，书中疏漏、欠妥之处在所难免，敬请广大读者批评指正。作者联系方式：QQ 648770340。

编　者

2021 年 9 月

目　录

入门篇

进阶篇

综 合 篇

入门篇

第1章　塑料模具设计入门

本章以一个简单的产品为例，先介绍建模过程，再介绍在注塑模向导下的模具设计过程，使读者对 UG 12.0 塑料模具设计有一个初步的了解。产品结构图如图 1-1 所示。

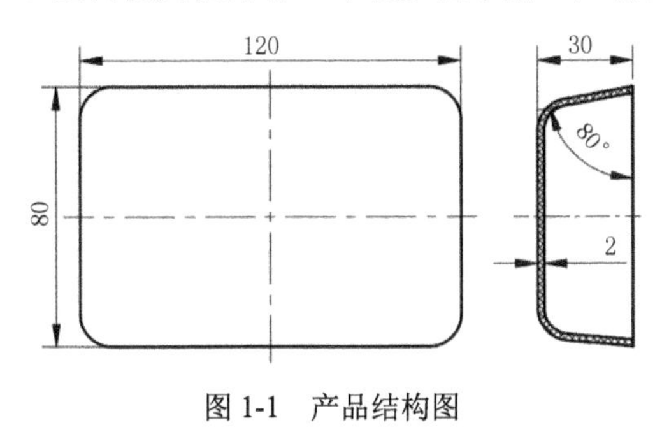

图 1-1　产品结构图

1.1　零件造型设计

（1）启动 UG 12.0，单击“新建”按钮。在弹出的【新建】对话框中，把“单位”设为“毫米”，选择“模型”模块，把新文件“名称”设为“fanghe.prt”，如图 1-2 所示。

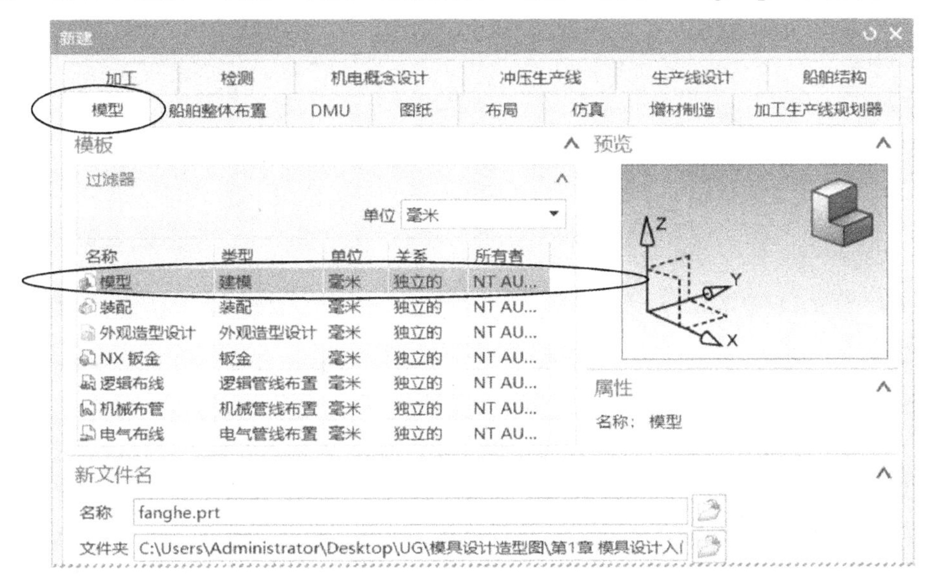

图 1-2　设置【新建】对话框参数

（2）单击“确定”按钮，进入建模环境。

（3）单击“拉伸”按钮，在弹出的【拉伸】对话框中单击“绘制截面”按钮，如图 1-3 所示。

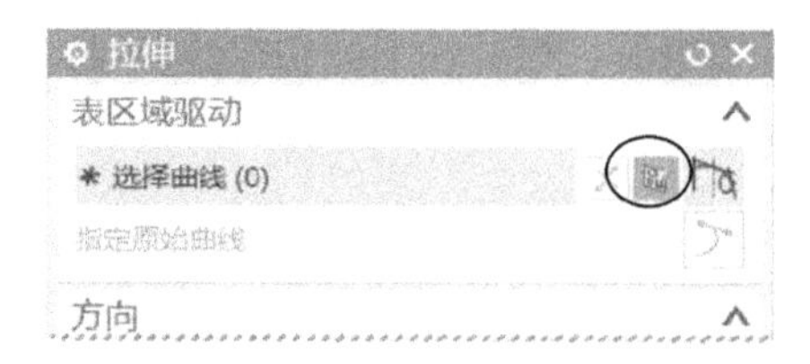

图 1-3　在【拉伸】对话框中单击“绘制截面”按钮

（4）在弹出的【创建草图】对话框中，把“草图类型”设为“在平面上”，把“平面方法”设为“新平面”。在“指定平面”栏中，选择 *XC-YC* 平面选项，把“参考”设为“水平”，把“指定矢量”设为 *XC* 轴选项。在“原点方法”栏中，选择“指定点”选项，单击“指定点”按钮，如图 1-4 所示。

（5）在弹出的【点】对话框中，对“类型”选择“光标位置”，在 *X*、*Y*、*Z* 轴对应的栏中分别输入 0mm、0mm、0mm，如图 1-5 所示。

图 1-4　设置【创建草图】对话框参数

图 1-5　设置【点】对话框参数

（6）单击“确定”按钮，以原点为中心，绘制一个矩形截面（120mm×80mm），如图 1-6 所示。

（7）在空白处单击鼠标右键，弹出快捷菜单。在快捷菜单中单击“完成草图”命令。在【拉伸】对话框中，对“指定矢量”选择“ZC↑”选项；在“开始”栏中选择“值”，把“距离”值设为 0mm；在“结束”栏中选择“值”，把“距离”值设为 30mm；对“布尔”选择“无”选项、“拔模”选择“从起始限制”选项，把“角度”值设为 10°，如图 1-7 所示。

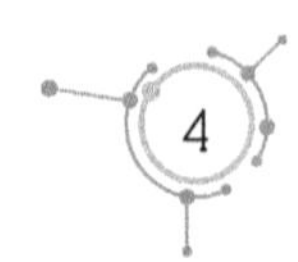

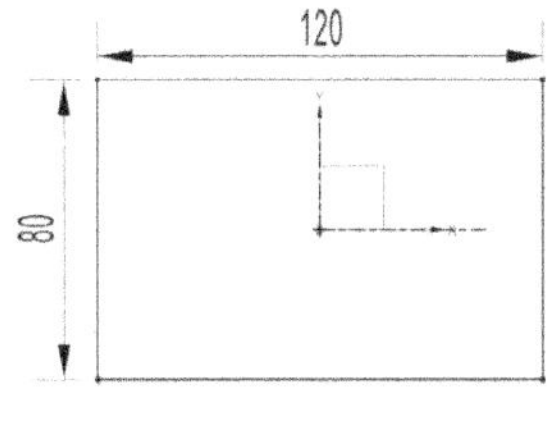

图 1-6　绘制一个矩形截面

图 1-7　设置【拉伸】对话框参数

（8）单击“确定”按钮，创建一个实体。其上表面小、下表面大，如图 1-8 所示。

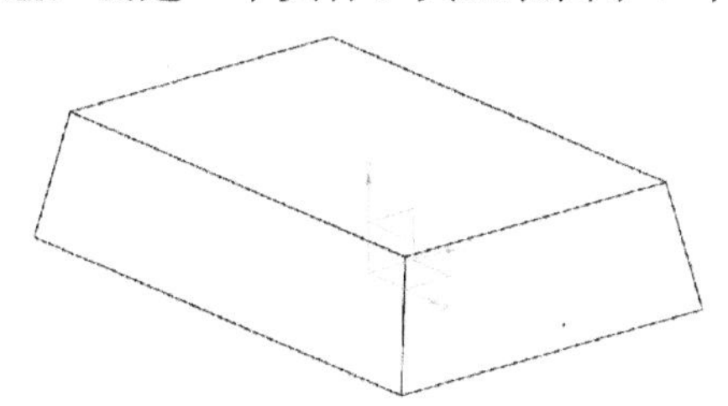

图 1-8　创建一个上表面小、下表面大的实体

（9）单击“边倒圆”按钮，创建倒圆角特征（R10mm），如图 1-9 所示。

（10）单击“菜单｜插入｜偏置/缩放｜抽壳”命令，在弹出的【抽壳】对话框中，对“类型”选择“移除面，然后抽壳”选项，把“厚度”设为 3mm。

（11）选择实体下表面作为需要穿透的面，单击“确定”按钮，创建抽壳特征。按住鼠标中键，把实体翻转，实体翻转后的效果如图 1-10 所示。

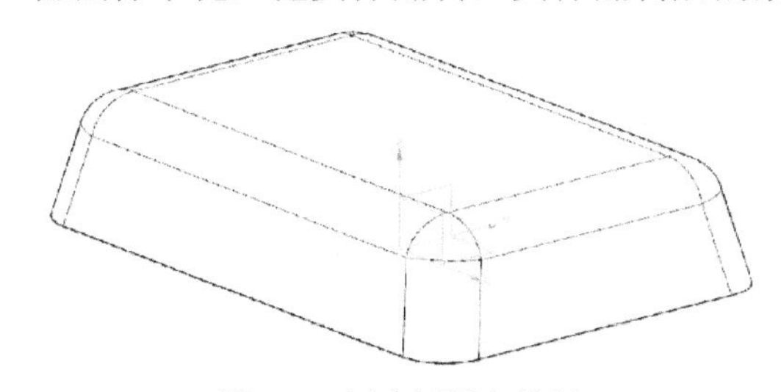

图 1-9　创建倒圆角特征

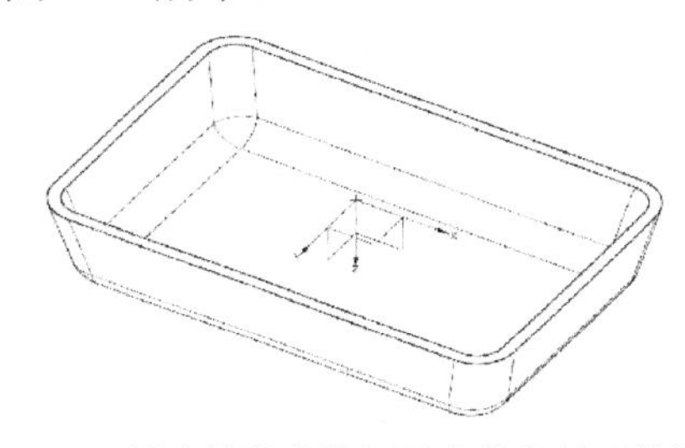

图 1-10　创建的抽壳特征及实体翻转后的效果

（12）单击“保存”按钮，保存文档。

1.2 注塑模向导下的模具设计

（1）先单击横向菜单栏中的“应用模块”选项卡，再单击“注塑模”按钮，如图 1-11 所示，进入注塑模设计环境。

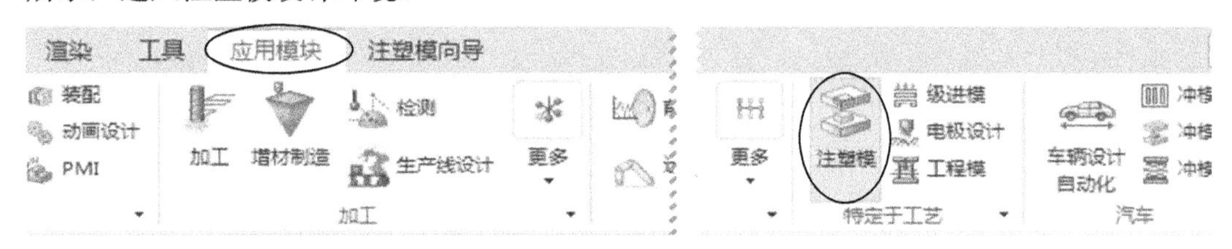

图 1-11　单击“应用模块”选项卡和“注塑模”按钮

（2）在横向菜单栏中添加“注塑模向导”选项卡，如图 1-12 所示。

图 1-12　添加“注塑模向导”选项卡

（3）若工具条中没有显示“注塑模向导”选项卡，则可把光标移到横向菜单的空白处，单击鼠标右键，在弹出的快捷菜单中选择“注塑模向导”选项卡，如图 1-13 所示。此时，“注塑模向导”就显示在工具条中。

图 1-13　选择“注塑模向导”选项卡

（4）单击“初始化项目”按钮，如图 1-14 所示。

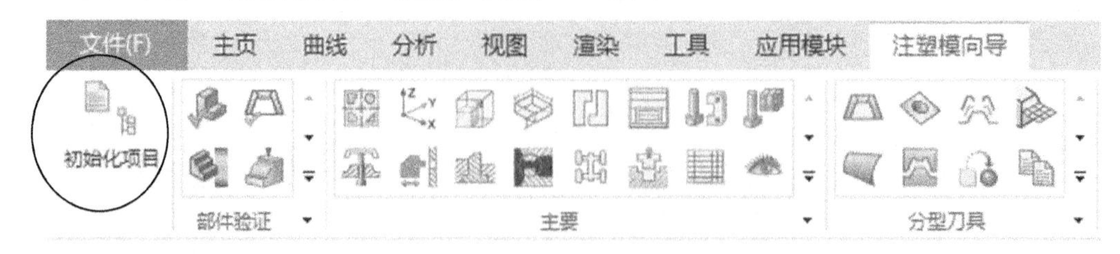

图 1-14　单击“初始化项目”按钮

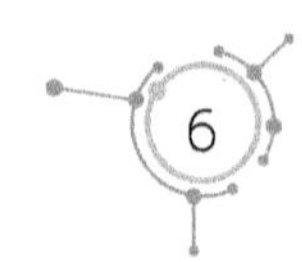

（5）在【初始化项目】对话框中单击“确定”按钮，完成初始化设定，实体变为棕色。

（6）单击“收缩”按钮，在弹出的【缩放体】对话框中，把“类型”设为“均匀”，即选择按钮均匀；在“比例因子”栏中，把“均匀”值设为 1.005；在“缩放点”栏中，单击“指定点”按钮，在【点】对话框中输入（0，0，0），如图 1-15 所示。

图 1-15　设置【缩放体】对话框参数

提示：在运用 UG 12.0 设计模具时，“比例因子”指的是模具尺寸与产品尺寸的比值。

在生产塑料制件时，温度高达 150～250℃。产品在模具中成形后，被取出来，在常温下进行冷却，在热胀冷缩的作用下，产品尺寸发生缩减。

收缩率反映的是塑料制件从模具中取出冷却后尺寸缩减的程度。影响收缩率的因素主要是塑料材料，不同材料的收缩率各不相同。其中常见塑料材料的收缩率：Ps 0.3～0.6、HIPS 0.5～0.6、ABS 0.4～0.7、PP 1.0～1.8。

（7）单击“确定”按钮，完成收缩设置。

（8）在工具栏中单击“工件”按钮，在【工件】对话框中，在“类型”栏中选择“产品工件”选项，在“工件方法”栏中选择“用户定义的块”选项，在“定义类型”栏中选择“草图”选项；在“开始”栏中选择“值”选项，把“距离”值设为-20mm；在“结束”栏中选择“值”选项，把“距离”值设为 50mm，如图 1-16 所示。

（9）在【工件】对话框中单击“绘制截面”按钮，在工具栏中单击“快速修剪”按钮，将默认的草图曲线全部删除后（包括虚线框），以原点为中心绘制一个矩形（180mm×135mm），如图 1-17 所示。

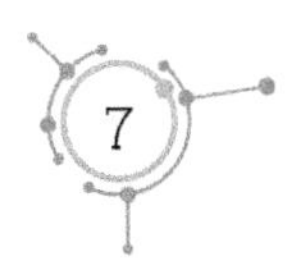

图 1-16　设置【工件】对话框参数

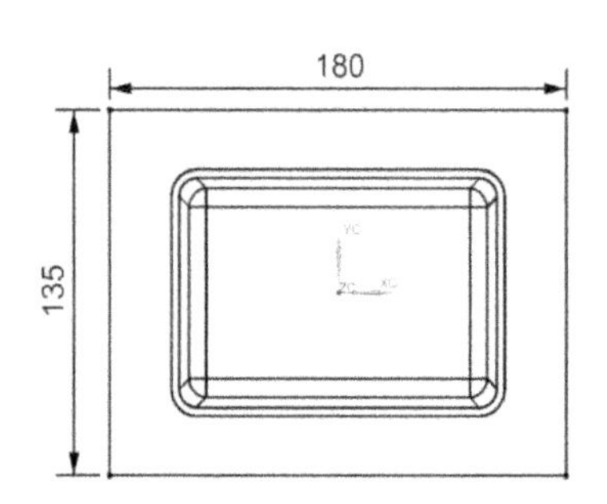

图 1-17　绘制一个矩形

（10）单击“确定”按钮，创建一个工件，如图 1-18 所示。

提示：工件尺寸必须比零件大，并且工件必须将零件包围。

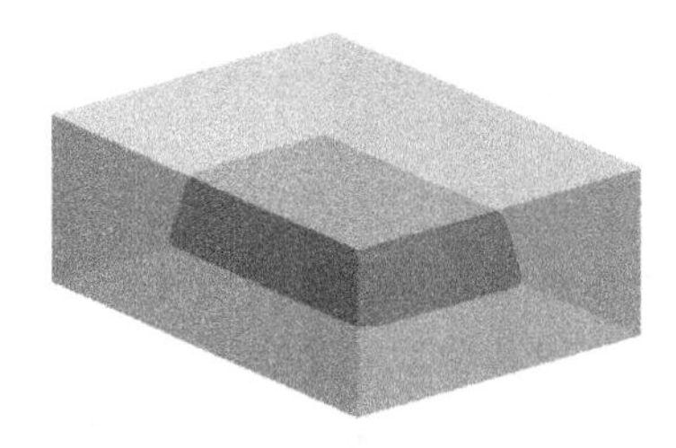

图 1-18　创建一个工件

（11）在“分型刀具”区域单击“检查区域”按钮，如图 1-19 所示。

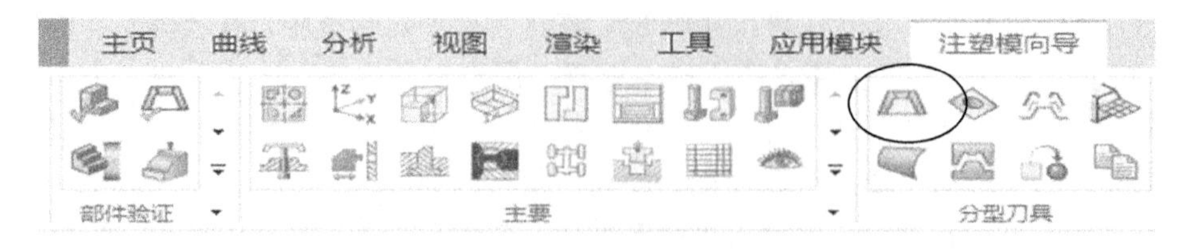

图 1-19　单击“检查区域”按钮

提示：在工具栏中有两个“检查区域”按钮，一个在“分型刀具”区域，其作用是分模；另一个在“部件验证”区域，其作用是验证。这两个按钮形状相同，但作用不同，不能混淆。

（12）在【检查区域】对话框中选择“计算”选项卡，在“指定脱模方向”栏中选择“ZC↑”选项，选择“◉保持现有的”单选框。最后，单击“计算”按钮，如图 1-20 所示。

（13）在【检查区域】对话框中选择“区域”选项卡，将“型腔区域”设为棕色，“型芯区域”设为蓝色；选择“◉型腔区域”单选框，展开“设置”栏，再取消“□内环”、“□分型边”和“□不完整环”复选框中的“√”；最后，单击“设置区域颜色”按钮，如图 1-21 所示。

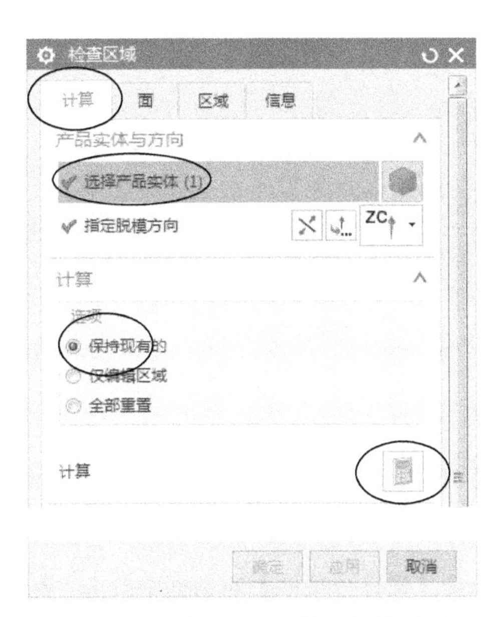

图 1-20　设置【检查区域】对话框中的“计算”选项卡参数

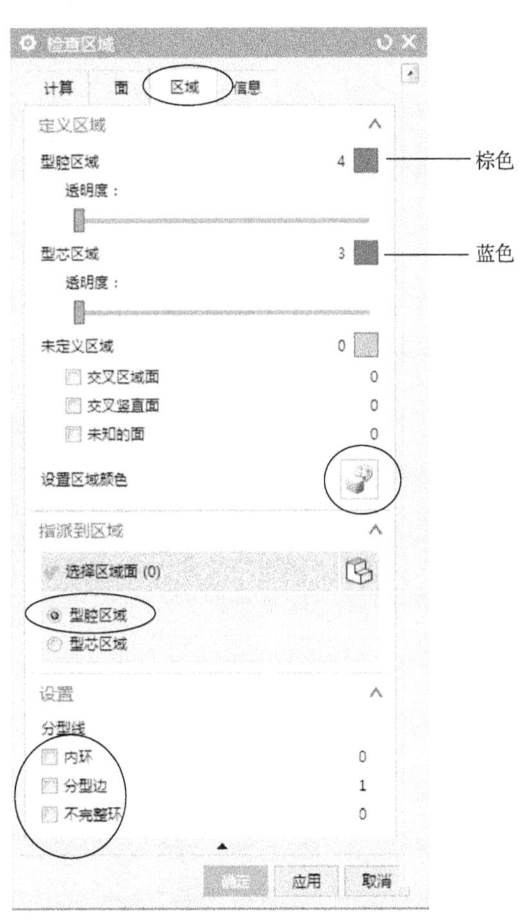

图 1-21　设置【检查区域】对话框中的“区域”选项卡参数

（14）实体呈现两种颜色，外表面呈棕色，内表面呈蓝色。

（15）单击“确定”按钮，退出【检查区域】对话框。

（16）在“分型刀具”区域，单击“定义区域”按钮。在弹出的【定义区域】对话框中，勾选“☑创建区域”和“☑创建分型线”复选框，如图 1-22 所示。

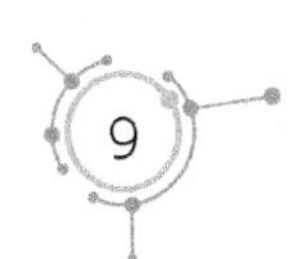

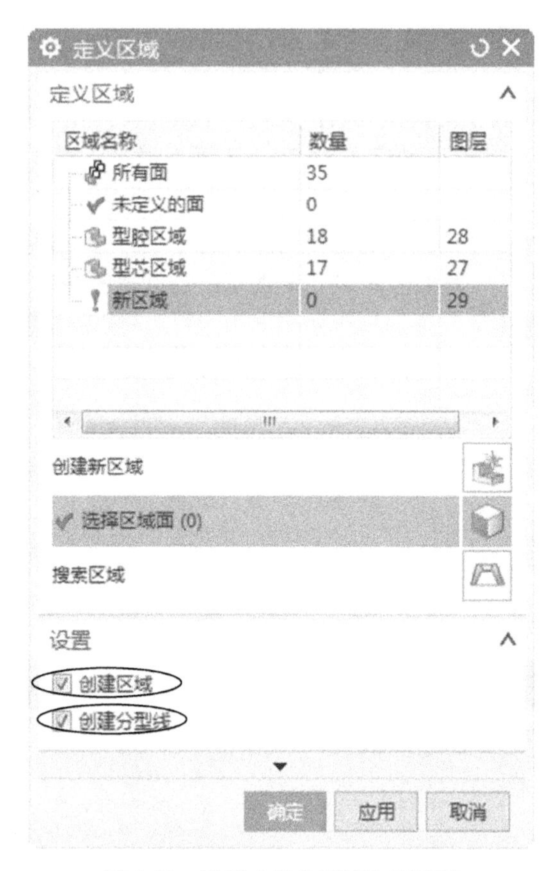

图 1-22 设置【定义区域】对话框

（17）单击“确定”按钮，在实体的口部创建分型线（呈灰色），如图 1-23 所示。

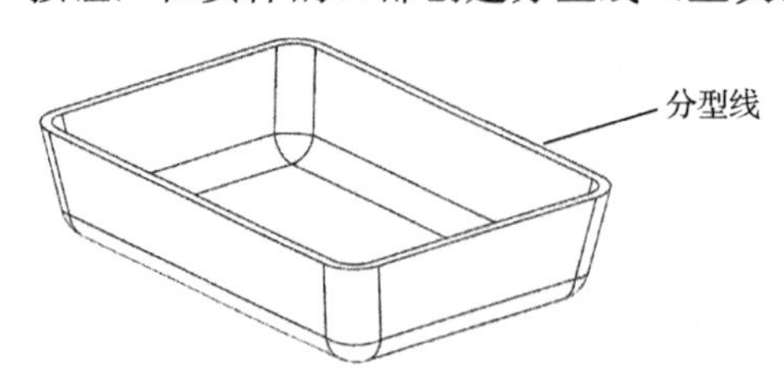

图 1-23 在实体的口部创建分型线（呈灰色）

（18）单击“设计分型面”按钮，在弹出的【设计分型面】对话框中单击“有界平面”按钮，如图 1-24 所示。

（19）拖动分型面边线上的控制点，使分型面的范围稍大于工件截面的范围，如图 1-25 所示。然后，单击“确定”按钮。

（20）单击“定义型腔和型芯”按钮，在弹出的【定义型腔和型芯】对话框中，对“类型”选择“区域”选项。对“区域名称”选择“所有区域”选项，如图 1-26 所示。

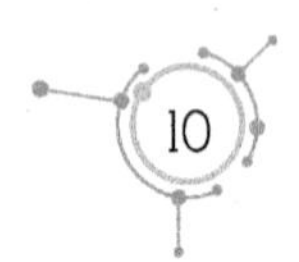

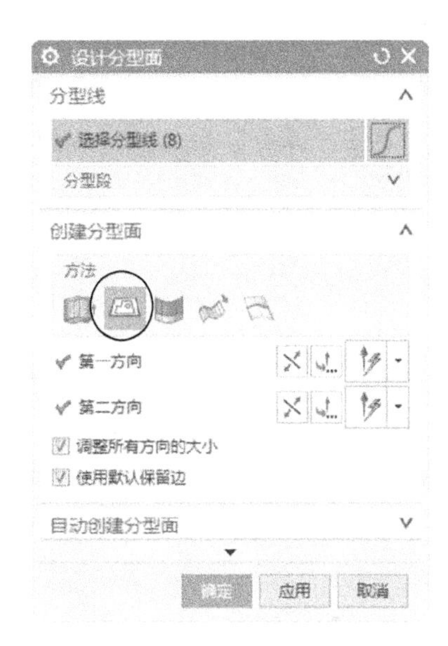

图 1-24　单击“有界平面”按钮

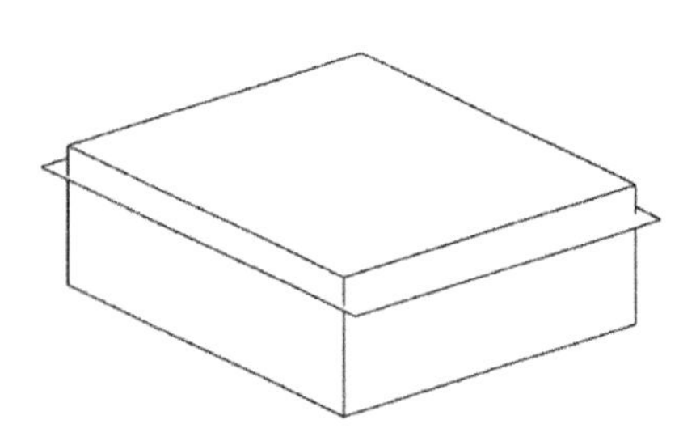

图 1-25　分型面的范围稍大于工件截面的范围

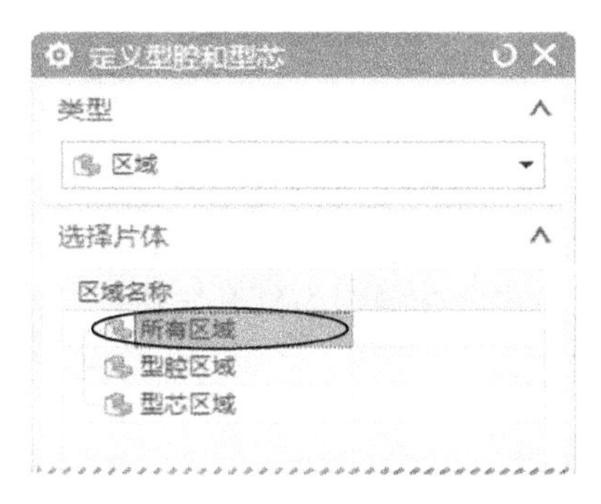

图 1-26　对“区域名称”选择“所有区域”选项

（21）单击“确定”按钮，将工件分成型腔和型芯。

（22）在标题栏中，选择“窗口”选项卡。在下拉菜单中，选择“fanghe_top_009.prt”文件，并打开“fanghe_top_009.prt”文件，如图 1-27 所示。

图 1-27　选择并打开“fanghe_top_009.prt”文件

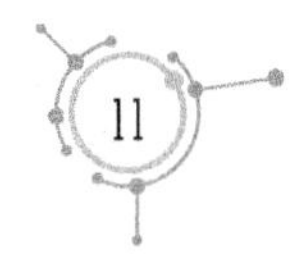

（23）单击“保存”按钮，保存文档。可以在存放“fanghe.prt”文件的目录中查看到很多分模过程文件，如图 1-28 所示。

提示：先把“fanghe_top_009.prt”文件打开，再单击“保存”按钮，就能把所有的分模过程文件全部保存。

此电脑 › 桌面 › UG › 模具设计造型图 › 第1章 模具设计入门

名称	修改日期	类型	大小
fanghe.prt	2020/2/6 22:49	Siemens Part File	193 KB
fanghe_cavity_001.prt	2020/2/6 23:59	Siemens Part File	165 KB
fanghe_comb-cavity_023.prt	2020/2/6 23:59	Siemens Part File	43 KB
fanghe_comb-core_015.prt	2020/2/6 23:59	Siemens Part File	43 KB
fanghe_combined_012.prt	2020/2/6 23:59	Siemens Part File	49 KB
fanghe_comb-wp_014.prt	2020/2/6 23:59	Siemens Part File	127 KB
fanghe_cool_000.prt	2020/2/6 23:59	Siemens Part File	50 KB
fanghe_cool_side_a_016.prt	2020/2/6 23:59	Siemens Part File	43 KB
fanghe_cool_side_b_017.prt	2020/2/6 23:59	Siemens Part File	43 KB
fanghe_core_005.prt	2020/2/6 23:59	Siemens Part File	188 KB
fanghe_fill_013.prt	2020/2/6 23:59	Siemens Part File	44 KB
fanghe_layout_021.prt	2020/2/6 23:59	Siemens Part File	92 KB
fanghe_misc_004.prt	2020/2/6 23:59	Siemens Part File	50 KB
fanghe_misc_side_a_018.prt	2020/2/6 23:59	Siemens Part File	43 KB
fanghe_misc_side_b_019.prt	2020/2/6 23:59	Siemens Part File	43 KB

图 1-28　目录中的分模过程文件

（24）单击“装配导航器”按钮，在“描述性部件名”栏中先展开“fanghe_layout_021”文件，再展开“fanghe_prod_002”文件。选择“fanghe_cavity_001”零件图，单击鼠标右键，在弹出的快捷菜单中单击“在窗口中打开”命令，如图 1-29 所示。

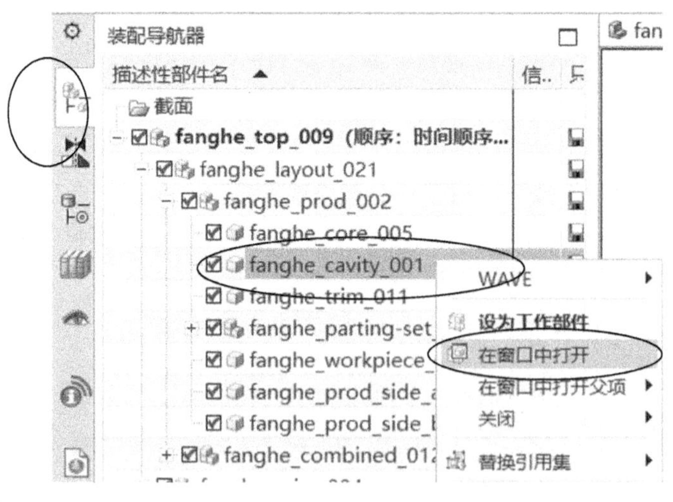

图 1-29　单击“在窗口中打开”命令

（25）打开“fanghe_cavity_001”零件图，如图 1-30 所示。

（26）在标题栏中单击“窗口”选项卡，选择“fanghe_top_009.prt”文件并打开它。

（27）单击“装配导航器”按钮，在“描述性部件名”栏中先展开“fanghe_layout_021”

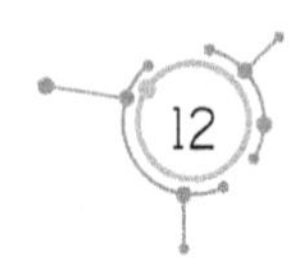

文件，再展开“fanghe_prod_002”文件，选择“fanghe_core_005”零件图。单击鼠标右键，在快捷菜单中单击“在窗口中打开”命令，打开“fanghe_core_005”零件图，如图 1-31 所示。

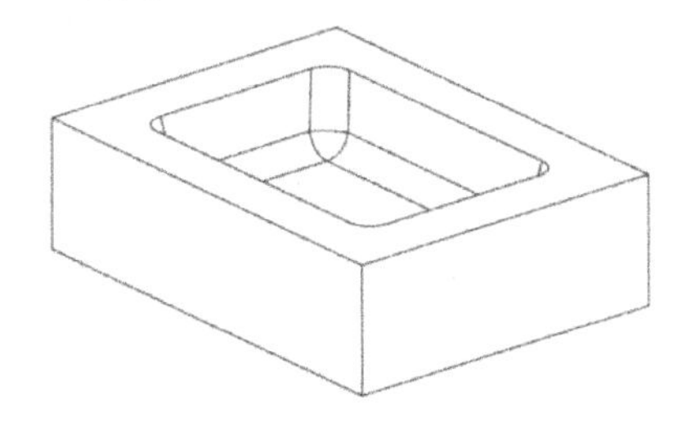

图 1-30　打开“fanghe_cavity_001”零件图

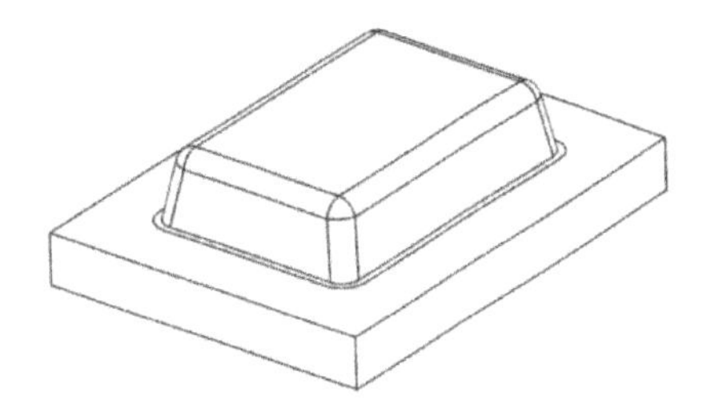

图 1-31　打开“fanghe_core_005”零件图

1.3　在建模环境下的模具设计

本章以图 1-1 所示产品为例，介绍在建模环境下的模具设计过程。

（1）启动 UG 12.0，打开“fanghe.prt”文件。

（2）单击“菜单｜插入｜偏置/缩放｜缩放体”命令，在弹出的【缩放体】对话框中，对“类型”选择“均匀”选项。单击“指定点”按钮，在【点】弹出的对话框中输入（0，0，0）。在“比例因子”区域，把“均匀”值设为 1.005，如图 1-32 所示。

（3）单击“确定”按钮，完成对工件的缩放。

（4）单击“菜单｜格式｜图层设置”命令，弹出【图层设置】对话框。在“工作层”栏中输入“10”，如图 1-33 所示。按 Enter 键，把第 10 个图层设定为工作层。

提示：步骤（4）的目的是将新创建的分型面放入第 10 个图层，以避免混淆。

图 1-32　设置【缩放体】对话框参数

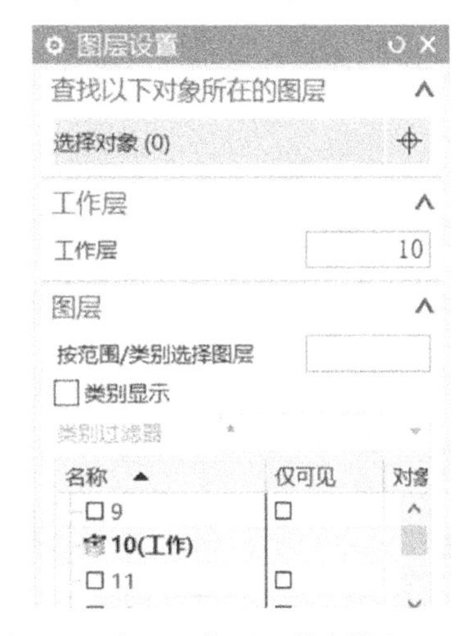

图 1-33　在“工作层”栏中输入“10”

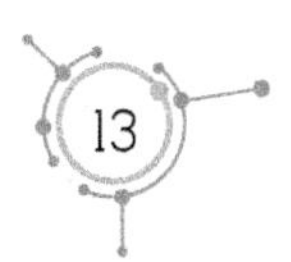

（5）单击“菜单丨插入丨关联复制丨抽取几何特征”命令，在弹出的【抽取几何特征】对话框中，对“类型”选择“面区域”选项，勾选“区域选项”中的“√遍历内部边”和“√使用相切边角度”选项。按住鼠标中键翻转实体后，先在【抽取几何特征】对话框中单击“种子面”按钮，再选择内表面的平面作为种子面。最后，单击“边界面”按钮，选择口部的平面作为边界面，如图 1-34 所示。

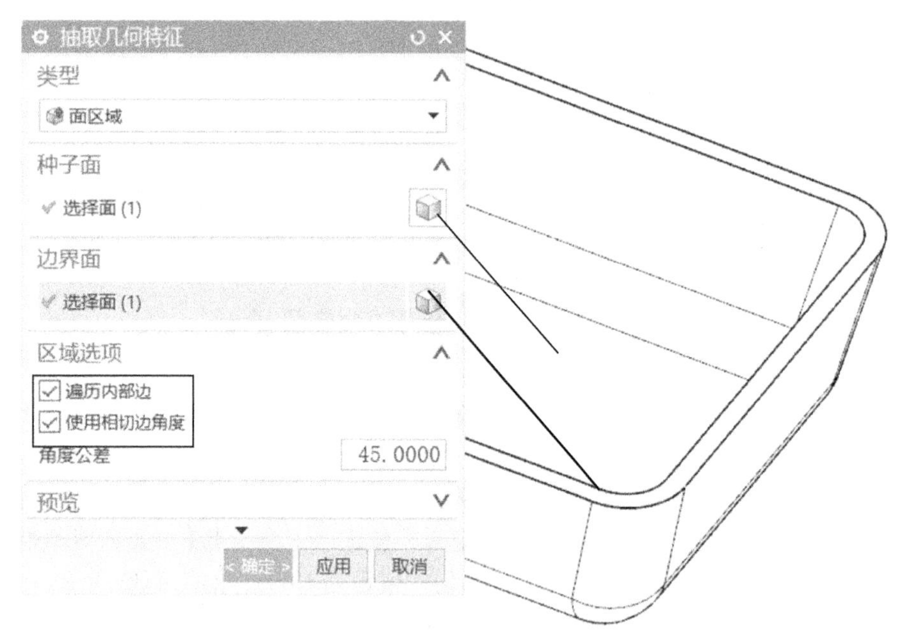

图 1-34　设置【抽取几何特征】对话框参数

（6）单击“确定”按钮，抽取曲面特征。

（7）单击“菜单丨格式丨图层设置”命令，在弹出的【图层设置】对话框中，取消“1”前面的“√”，隐藏第 1 个图层，只显示曲面。抽取曲面特征如图 1-35 所示。

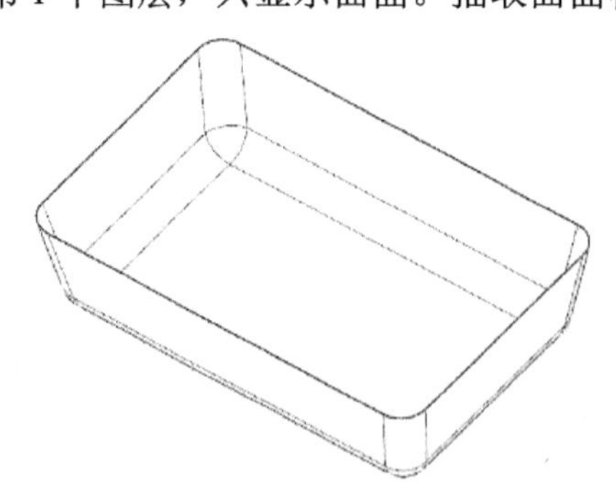

图 1-35　抽取曲面特征

（8）单击“拉伸”按钮，在弹出的【拉伸】对话框中单击“绘制截面”按钮，选择 *YC-ZC* 平面作为草绘平面，以 *X* 轴为水平参考线，绘制一条直线，使该直线与曲面口部的边线重合，如图 1-36 所示。

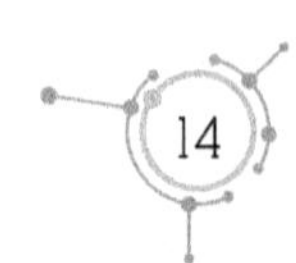

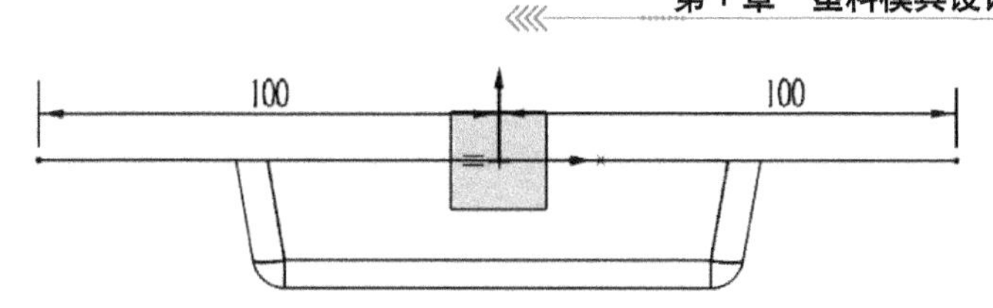

图 1-36　所绘制的直线与曲面口部的边线重合

（9）单击“完成”按钮，在【拉伸】对话框中，对“指定矢量”选择“YC↑”选项，对“结束”选择“对称值”选项；把“距离”值设为 50mm，在“布尔”栏中选择“无”。

（10）单击“确定”按钮，创建的拉伸曲面如图 1-37 所示。

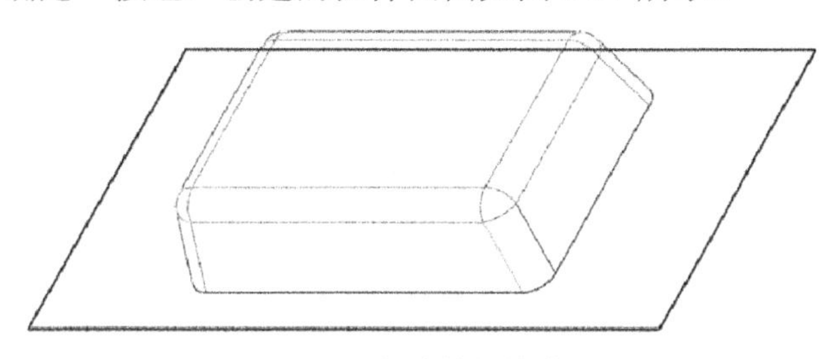

图 1-37　创建的拉伸曲面

（11）单击“菜单｜插入｜修剪｜修剪片体”命令，以步骤（10）创建的拉伸曲面为目标片体，以框选的方式，选择图 1-35 所示的抽取曲面为边界对象。

（12）单击“确定”按钮，创建修剪特征，修剪片体如图 1-38 所示。如果修剪片体与图 1-38 中的不同，可在【修剪片体】对话框中切换“◉ 保留”与“◉ 放弃”单选框。

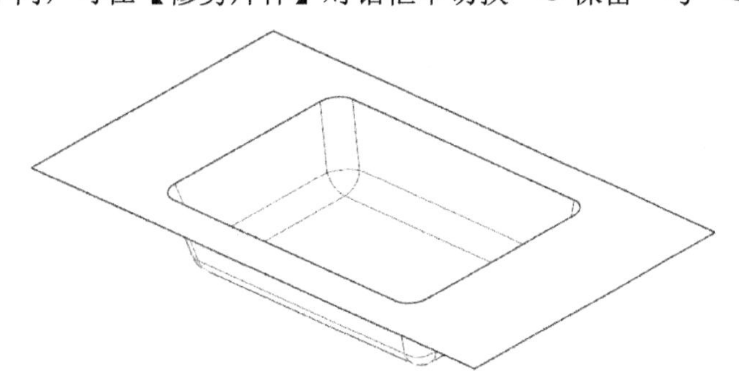

图 1-38　修剪片体

（13）单击“菜单｜插入｜组合｜缝合”命令，以其中任一曲面为目标片体，以框选的方式选择其他曲面为工具片体，单击“确定”按钮，缝合所有曲面。

（14）单击“菜单｜格式｜图层设置”命令，弹出【图层设置】对话框。在该对话框的“工作层”栏中输入“2”，按 Enter 键，把第 2 个图层设定为工作层。

（15）单击“拉伸”按钮，在弹出的【拉伸】对话框中单击“绘制截面”按钮，选择 *XC-YC* 平面为草绘平面，绘制一个矩形截面（150mm×90mm），如图 1-39 所示。

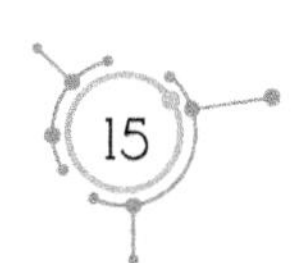

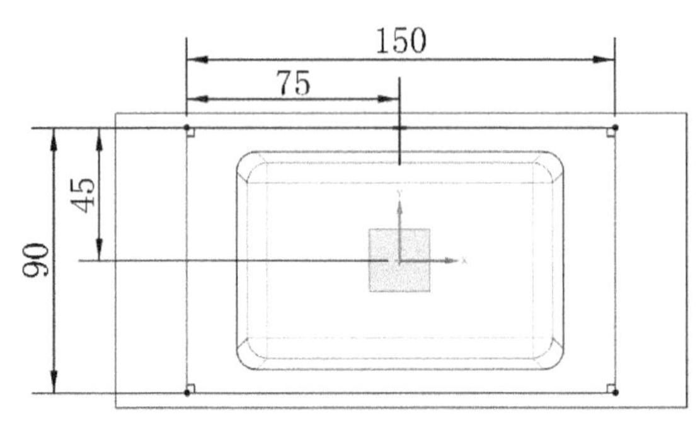

图 1-39　绘制一个矩形截面

（16）单击“完成”按钮，在【拉伸】对话框中，对“指定矢量”选择“ZC↑”选项，把“开始距离”值设为-10mm、“结束距离”值设为40mm；在“布尔”栏中，选择“无”选项。

（17）单击“确定”按钮，创建的工件如图 1-40 所示。

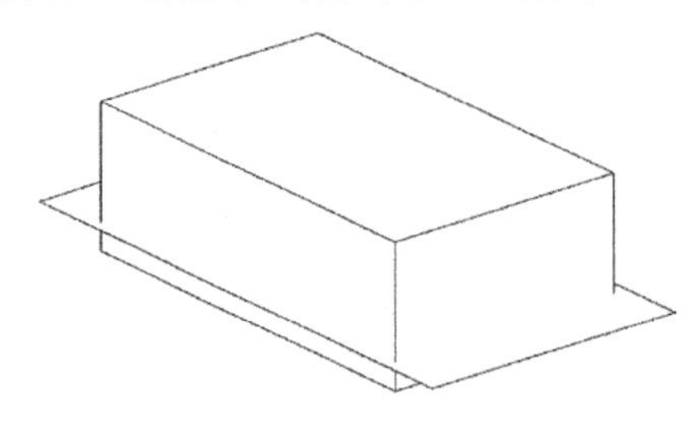

图 1-40　创建的工件

（18）单击“菜单｜格式｜图层设置”命令，弹出【图层设置】对话框。在该对话框中勾选“1”选项，按 Enter 键，显示第 1 个图层的产品图。

（19）单击“减去”按钮，选择工件作为目标体，选择产品零件作为工具体。然后，在【求差】对话框中选择“✓保存工具”复选框。单击“确定”按钮，创建减去特征。

提示：如果无法选中产品实体，可单击“静态线框”按钮，选择实体。

（20）单击“菜单｜插入｜修剪｜拆分体”命令，以工件为目标体，以组合后的曲面为工具体，单击“确定”按钮，即可将工件分成两部分。

（21）单击“菜单｜编辑｜特征｜移除参数”命令，选择工件后，单击“确定”按钮，移除工件的参数。

（22）单击“菜单｜编辑｜移动对象”命令，在弹出的【移动对象】对话框中，对“运动”选择“距离”选项，对“指定矢量”选择“ZC↑”选项，把“距离”值设为30mm；在“结果”栏中选择“◉移动原先的”单选框，在“图层选项”栏中选择“原始的”选项，如图 1-41 所示。

（23）选择上层的实体，使其向上移动 30mm。

（24）采用同样的方法，移动下层实体。移动上、下层实体后的效果如图 1-42 所示。

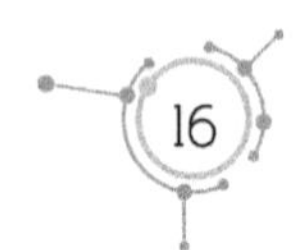

图 1-41　设置【移动对象】对话框参数

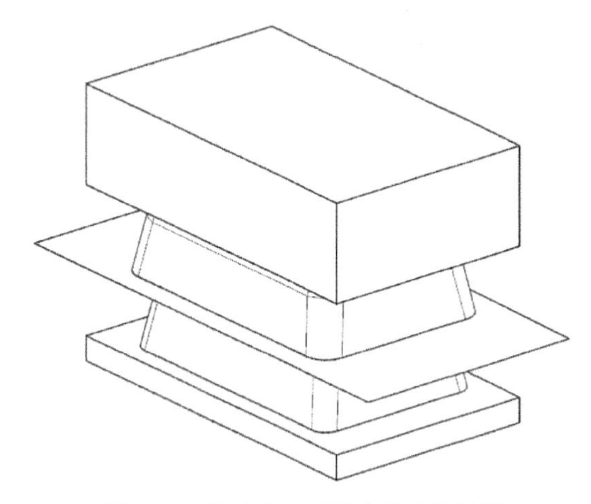
图 1-42　移动上、下层实体后的效果

（25）在工作界面左边的工具栏中单击“装配导航器”按钮，然后，在 fanghe 下方的空白处单击右键，在弹出的快捷菜单中选择“WAVE”选项。

（26）在“描述性部件名”栏中选择“fanghe”文件。单击鼠标右键，在弹出的快捷菜单中选择“WAVE”选项，单击“新建层”命令。在弹出的【新建层】对话框中单击“类选择”按钮，在“装配导航器”上方的工具条中选择“实体”选项，如图 1-43 所示。

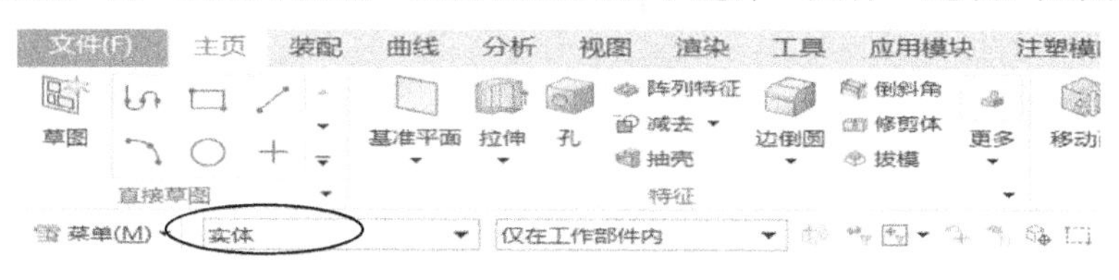

图 1-43　选择“实体”选项

（27）选择上层实体，单击“指定部件名”按钮，把文件名设为“cavity”，单击“确定”按钮。

（28）再次在“描述性部件名”栏中选择“fanghe”文件。单击鼠标右键，在弹出的快捷菜单中选择“WAVE”选项，单击选择“新建层”命令。在弹出的【新建层】对话框中单击“类选择”按钮，在“装配导航器”上方的工具条中选择“实体”选项，选择下层实体，把文件名设为“core”。

（29）在“装配导航器”下的“描述性部件名”栏中创建两个下级目录文件，如图 1-44 所示。

图 1-44　创建两个下级目录文件

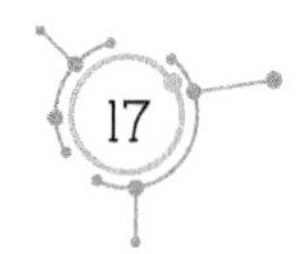

（30）单击“保存”按钮，在“WAVE 模式”建立的下级目录文件保存在指定目录中。

习　　题

绘制如图 1-45 所示的产品结构图，并进行模具设计。

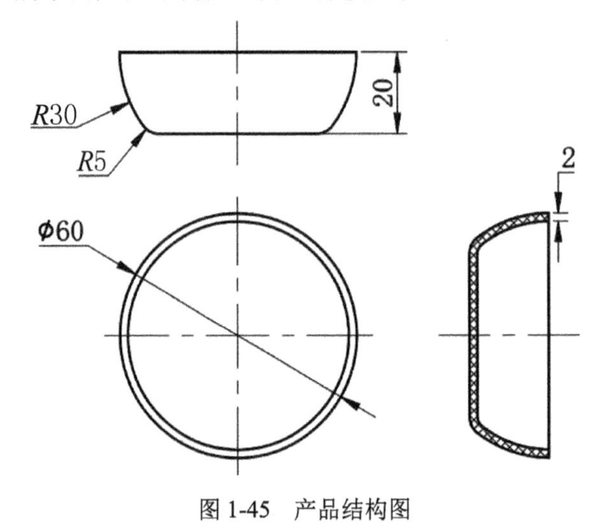

图 1-45　产品结构图

第2章　简单模具设计

本章以一个带孔的产品为例，先介绍其建模过程，再介绍模具设计过程。产品外形如图 2-1 所示。

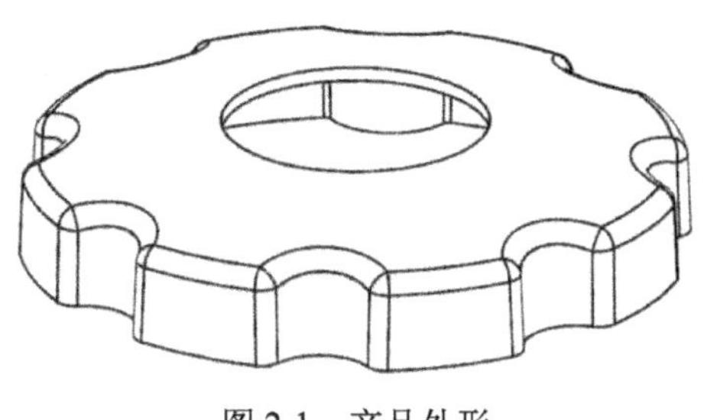

图 2-1　产品外形

2.1　零件造型设计

（1）启动 UG 12.0，单击“新建”按钮。在弹出的【新建】对话框中，把“单位”设为“毫米”；选择“模型”模块，把“名称”设为“xn”。然后，单击“确定”按钮，进入建模环境。

（2）单击“菜单｜插入｜设计特征｜旋转”命令，在弹出的【旋转】对话框中单击“绘制截面”按钮，选择 *XC-ZC* 平面作为草绘平面，选择 *X* 轴作为水平参考线，绘制一个包含圆弧的截面，如图 2-2 所示。其中，圆弧的圆心在 *Y* 轴上。

提示：如果视图的方向与图 2-2 中的不同，可在【拉伸】对话框的“指定矢量”栏中单击“反向”按钮，使 *XC-ZC* 平面的法向线指向 *Y* 轴的负方向，就可以改变视图方向。

（3）单击“完成”按钮，在【旋转】对话框中，对“指定矢量”选择“ZC↑”。在“开始”栏中选择“值”选项，把“角度”值设为 0°；在“结束”栏中选择“值”选项，把“角度”值设为 360°，对“布尔”选择“无”选项；单击“指定点”按钮，输入（0，0，0）。

（4）单击“确定”按钮，创建的旋转实体如图 2-3 所示。

（5）单击“拉伸”按钮，在弹出的【拉伸】对话框中单击“绘制截面”按钮，选择 *XC-YC* 平面作为草绘平面，以 *X* 轴为水平参考线，绘制一个圆形截面（ϕ8mm），如图 2-4 所示。

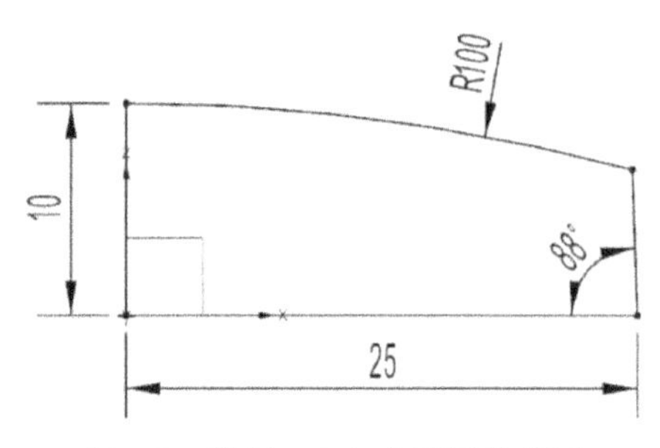

图 2-2　绘制一个包含圆弧的截面

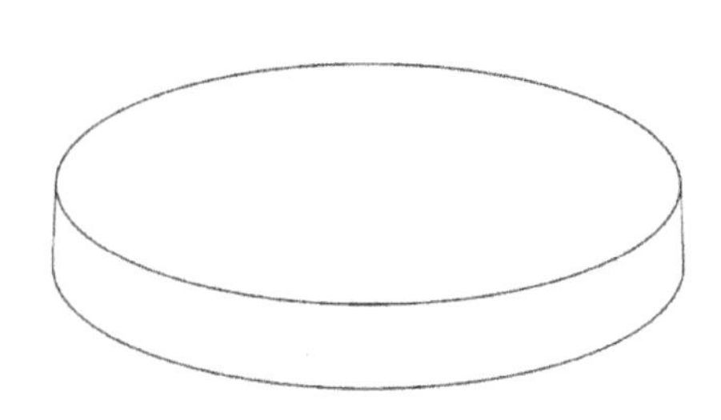

图 2-3　创建的旋转实体

（6）在空白处单击鼠标右键，在弹出的快捷菜单中单击“完成草图”命令。在【拉伸】对话框中，对“指定矢量”选择“ZC↑”；在“开始”栏中选择“值”选项，把“距离”值设为 0mm；在“结束”栏中选择“贯通”选项；对“布尔”选择“减去”选项、“拔模”选择“从起始限制”选项，把“角度”值设为−2°。

（7）单击“确定”按钮，创建一个缺口，使其上表面大、下表面小，如图 2-5 所示。

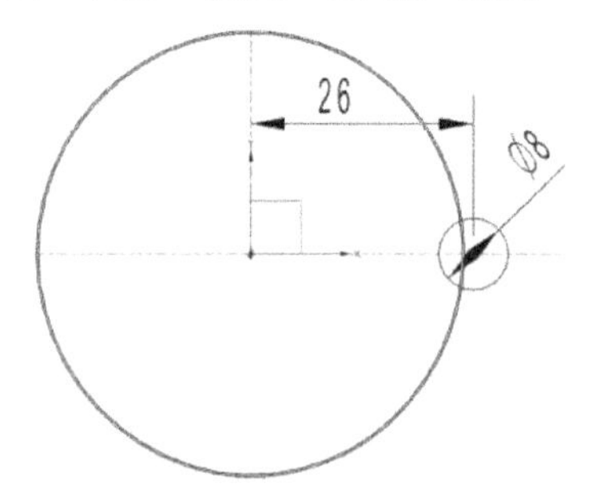

图 2-4　绘制一个圆形截面

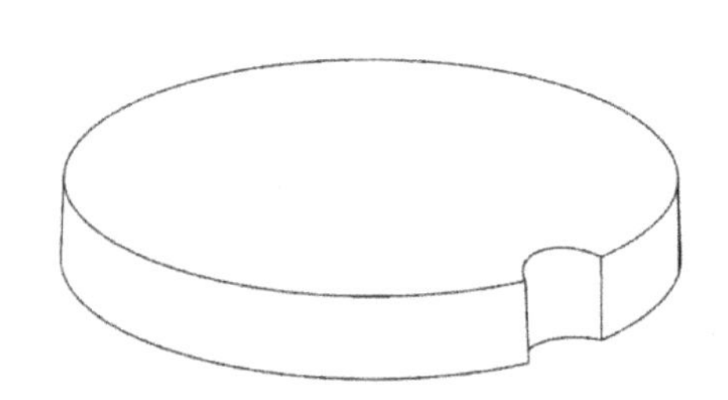

图 2-5　创建一个上表面大、下表面小的缺口

（8）单击“菜单｜插入｜关联复制｜阵列特征”命令，在弹出的【阵列特征】对话框中，对“布局”选择“圆形”选项，对“指定矢量”选择“ZC↑”选项；把“指定点”设为（0，0，0）；在“间距”栏中选择“数量和跨距”选项，把“数量”值设为 8、“跨角”值设为 360°。

（9）在“描述性部件名”栏中单击按钮☑ 拉伸 (2)，再单击“确定”按钮。创建的阵列特征如图 2-6 所示。

（10）单击“边倒圆”按钮，创建的倒圆角特征（*R*1.5mm），如图 2-7 所示。

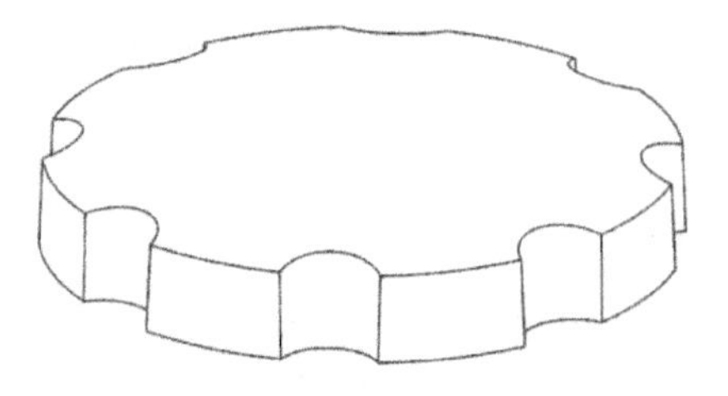

图 2-6　创建的阵列特征

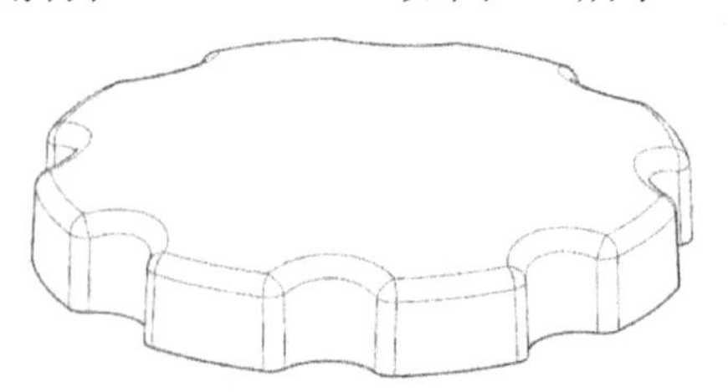

图 2-7　创建的倒圆角特征

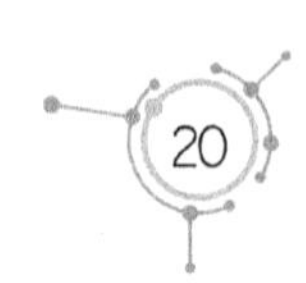

（11）单击“抽壳”按钮，在弹出的【抽壳】对话框中，对“类型”选择“移除面，然后抽壳”选项，把“厚度”值设为 1mm。选择实体下表面作为可移除面，创建的抽壳特征如图 2-8 所示。

（12）单击“拉伸”按钮，在弹出的【拉伸】对话框中单击“绘制截面”按钮，选择 *XC-YC* 平面作为草绘平面，以 *X* 轴为水平参考线，以原点为圆心，绘制一个圆形截面（ϕ20mm），如图 2-9 所示。

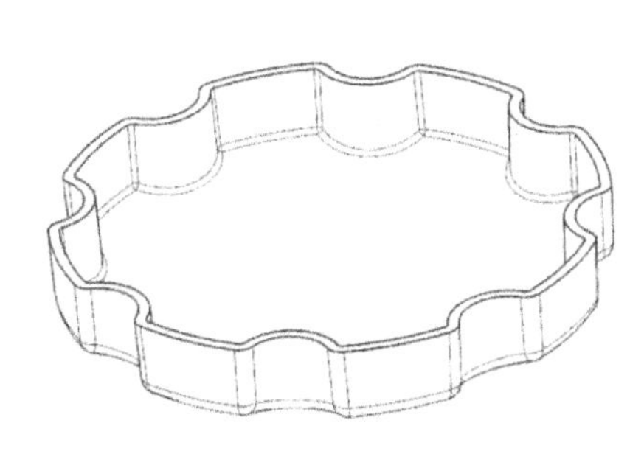

图 2-8　创建的抽壳特征

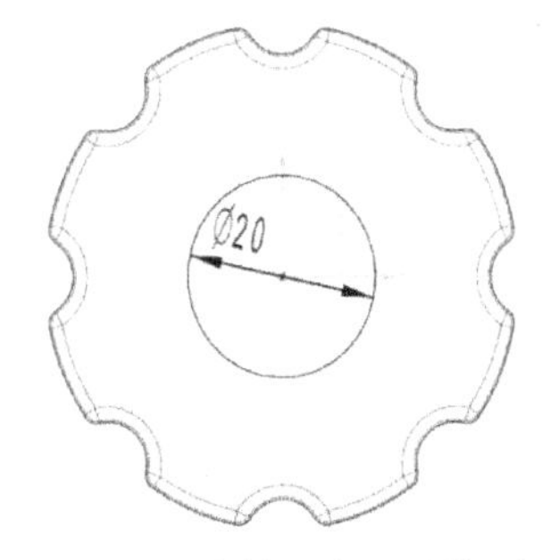

图 2-9　绘制一个圆形截面

（13）在空白处单击鼠标右键，在弹出的快捷菜单中单击“完成草图”命令。在【拉伸】对话框中，对“指定矢量”选择“ZC↑”；在“开始”栏中选择“值”选项，把“距离”值设为 0mm；在“结束”栏中选择“贯通”选项，对“布尔”选择“减去”选项，对“拔模”选择“无”选项。

（14）单击“确定”按钮，创建一个通孔（参考图 2-1）。

2.2　塑模向导下的模具设计

（1）先单击横向菜单栏的“应用模块”选项卡，再单击“注塑模”按钮。

（2）在横向菜单栏中添加“注塑模向导”选项。

（3）单击“初始化项目”按钮，在弹出的【初始化项目】对话框中，把“收缩”值设为 1.005，如图 2-10 所示。

（4）单击“确定”按钮，完成【初始化项目】对话框参数的设置。

（5）在“分型刀具”区域单击“检查区域”按钮，在弹出的【检查区域】对话框中选择“计算”选项，在“指定脱模方向”栏中选择“ZC↑”选项，再选择“◉保持现有的”单选框，单击“计算”按钮，如图 2-11 所示。

（6）在【检查区域】对话框中选择“区域”选项，取消“□内环”“□分型边”“□不完整的环”复选框的“√”，选择“◉型腔区域”单选框。最后，单击“设置区域颜色”按钮。

（7）零件呈现 3 种颜色：外表面（型腔曲面）呈棕色，内表面（型芯曲面）呈蓝色，通孔的侧面呈青色。

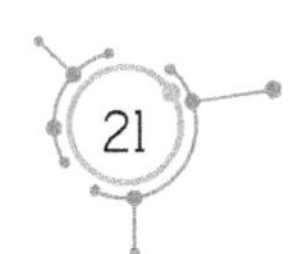

图 2-10　设置【初始化项目】对话框参数

图 2-11　设置【检查区域】对话框

（8）先在【检查区域】对话框中选择“◉ 型腔区域”单选框，再在产品图上选择青色的曲面，单击“确定”按钮，通孔的侧面由青色变成棕色。此时，零件呈现 2 种颜色：外表面和通孔的侧面呈棕色，内表面呈蓝色。

（9）单击“曲面补片”按钮，在弹出的【边补片】对话框中，对“类型”选择“遍历”选项，取消“□按面的颜色遍历”选项前面的“√”，如图 2-12 所示。

（10）选择通孔的内边沿曲线，沿内表面创建一个曲面将通孔封住，如图 2-13 所示。

图 2-12　设置【边补片】对话框

图 2-13　创建一个曲面将通孔封住

（11）在工具栏中单击“工件”按钮，在弹出的【工件】对话框中，对“类型”选择“产品工件”选项，对“工件方法”选择“用户定义的块”选项，对“定义类型”选择“草图”选项，单击“绘制截面”按钮。在工具栏中单击“快速修剪”按钮，将默认的草图全部删除后（包括虚线框），以原点为中心绘制一个矩形（60mm×60mm），如图 2-14 所示。

（12）单击“完成”按钮，在【工件】对话框中把“开始距离”值设为-10mm、“结束距离”值设为 20mm。

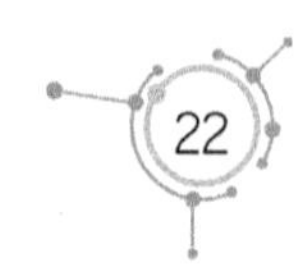

（13）单击“确定”按钮，创建的工件如图 2-15 所示。

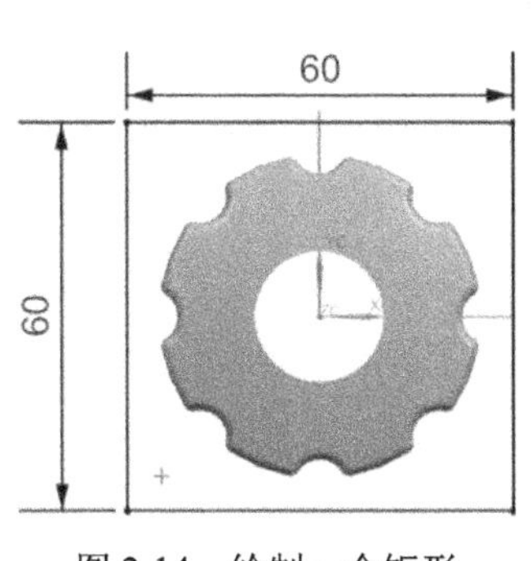

图 2-14　绘制一个矩形

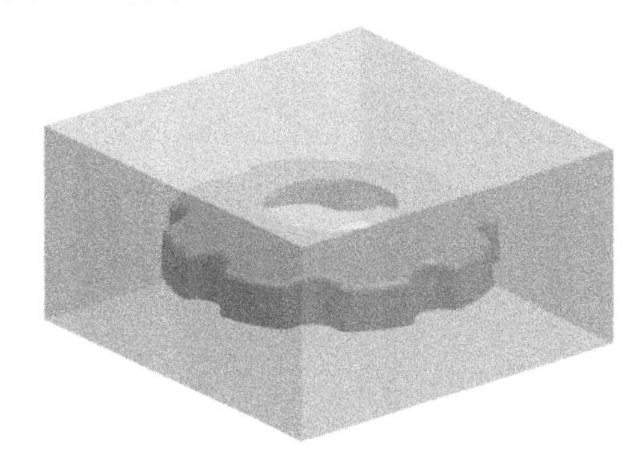

图 2-15　创建的工件

（14）单击“定义区域”按钮，在弹出的【定义区域】对话框中选择“✓创建区域”和“✓创建分型线”复选框，如图 2-16 所示。

（15）单击“确定”按钮，即可创建区域及分型线。分型线在工件的口部，呈灰白色，如图 2-17 所示。

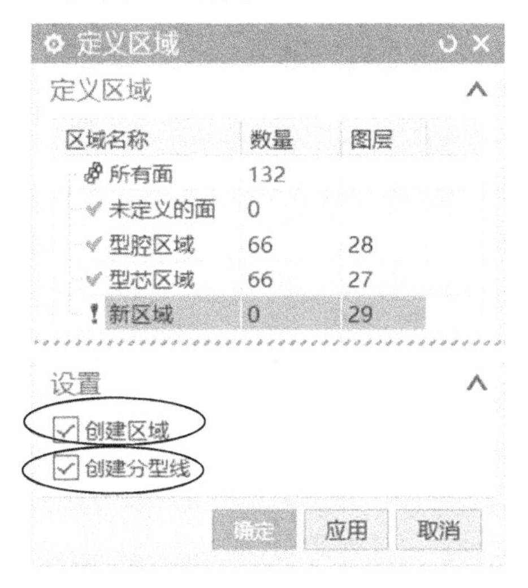

图 2-16　设置【定义区域】对话框参数

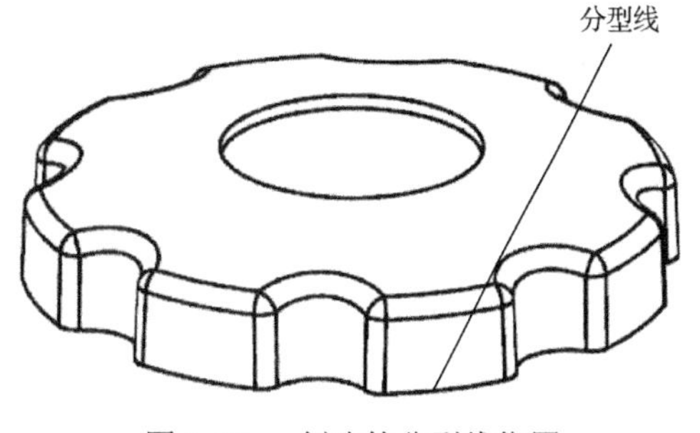

图 2-17　创建的分型线位置

（16）单击“设计分型面”按钮，在弹出的【设计分型面】对话框中，单击“有界平面”按钮，如图 2-18 所示。

（17）拖动分型面上的控制点，使分型面的范围稍大于工件截面的范围，如图 2-19 所示。然后，单击“确定”按钮。

（18）单击“型腔布局”按钮，在弹出的【型腔布局】对话框中，对“布局类型”选择“矩形”选项；选择“◉线性”单选框，把“X 向型腔数”值设为 2。在“X 移动参考”栏中选择“块”选项，把“X 距离”值设为 0mm，把“Y 向型腔数”值设为 2；在“Y 移动参考”栏中选择“块”选项，把“Y 距离”值设为 0mm，如图 2-20 所示。

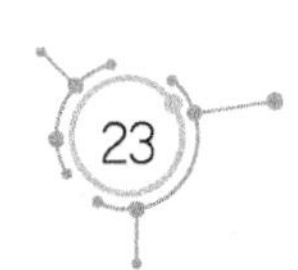

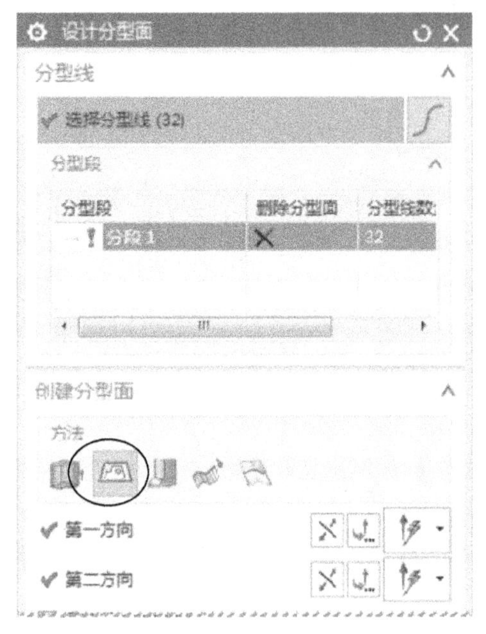

图 2-18 单击“有界平面”按钮

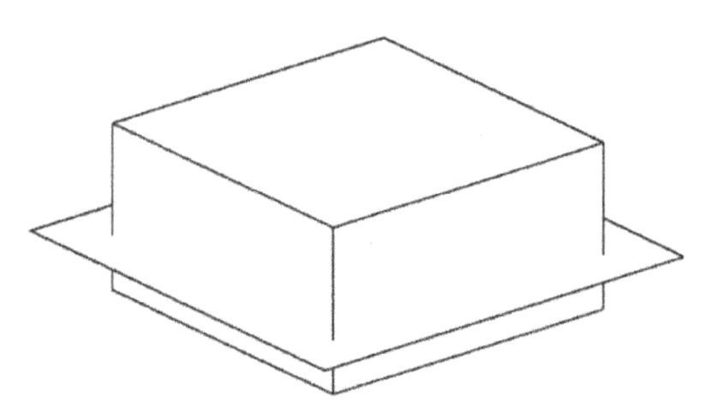

图 2-19 分型面的范围稍大于工件截面的范围

（19）在【型腔布局】对话框中单击“开始布局”按钮，创建 4 个腔型。此时，坐标系不在 4 个工件的中心，如图 2-21 所示。

图 2-20 设置【型腔布局】对话框参数

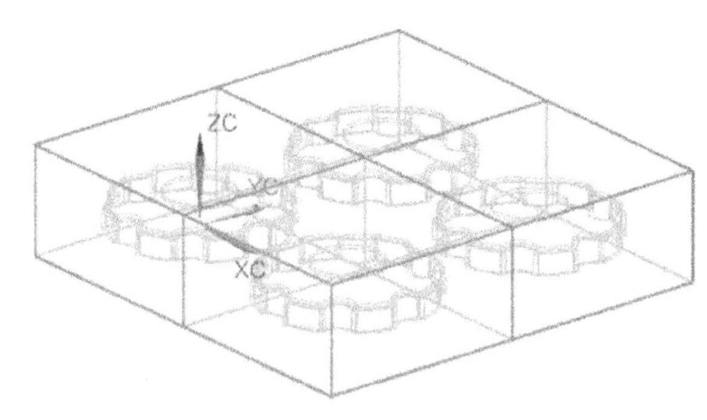

图 2-21 坐标系不在 4 个工件的中心

（20）在【型腔布局】对话框中展开“编辑布局”栏，单击“自动对准中心”按钮，工件的中心移到坐标原点，如图 2-22 所示。

（21）单击“定义型腔和型芯”按钮，在弹出的【定义型腔和型芯】对话框中选择“所有区域”选项，如图 2-23 所示。

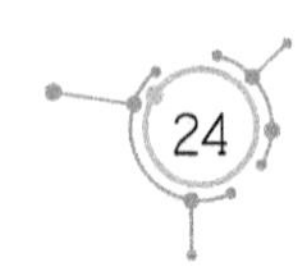

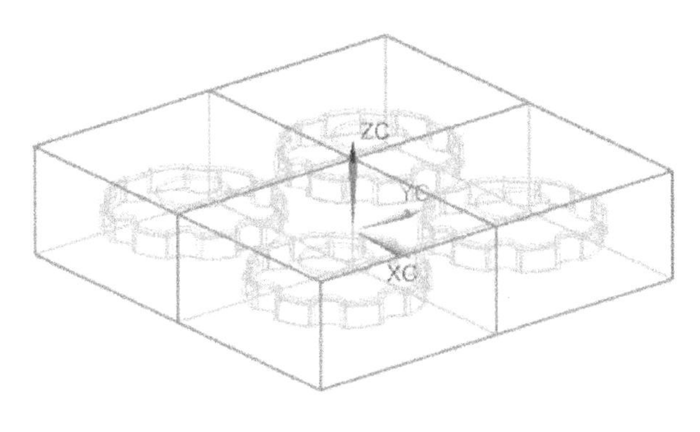

图 2-22　工件的中心移到坐标原点

图 2-23　选择“所有区域”选项

（22）单击“确定”按钮，创建的型腔实体和型芯实体分别如图 2-24 和图 2-25 所示。

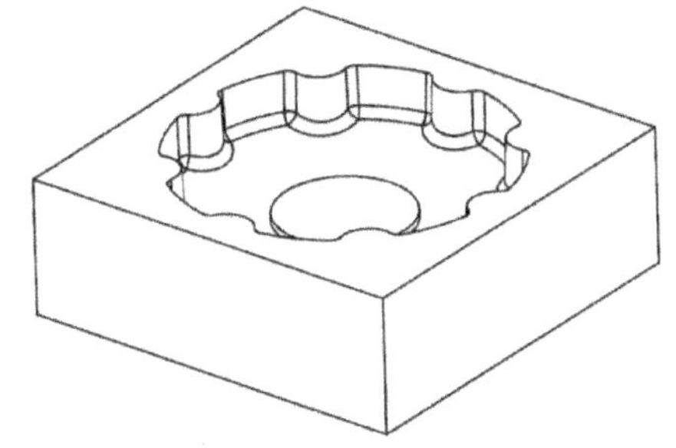

图 2-24　创建的型腔实体

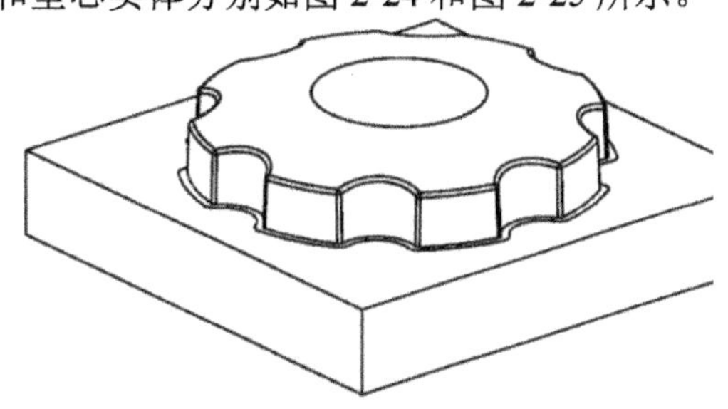

图 2-25　创建的型芯实体

（23）在标题栏中选择“窗口”选项卡，选择“xn_top_009.prt”文件并打开它，如图 2-26 所示。

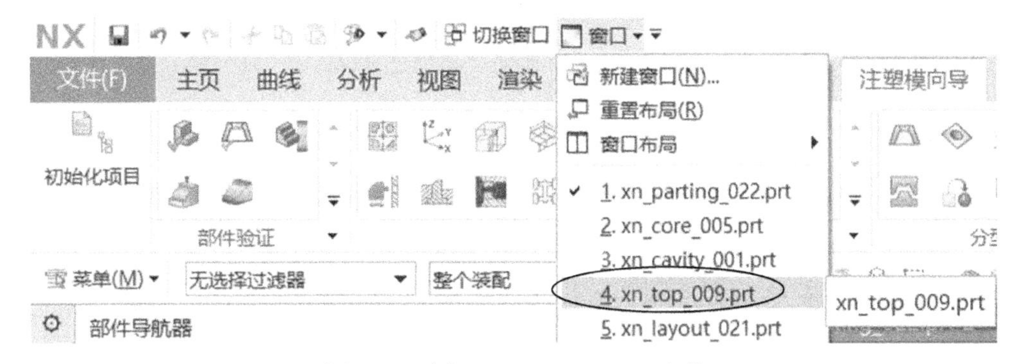

图 2-26　选择“xn_top_009.prt”文件

（24）单击“装配导航器”按钮，在“描述性部件名”栏中展开“xn_layout_021”零件图，再展开“xn_prod_002×4”零件图，选择“xn_cavity_001”零件图。单击鼠标右键，在弹出的快捷菜单中单击“设为工作部件”命令，如图 2-27 所示。

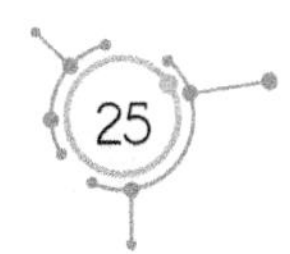

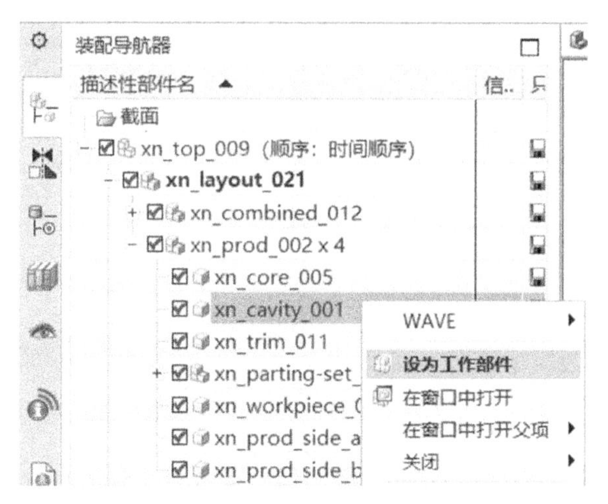

图 2-27　选择“xn_cavity_001”零件图并把它设为工作部件

（25）在横向菜单栏中选择“应用模块”选项卡，然后单击“装配”按钮，如图 2-28 所示。

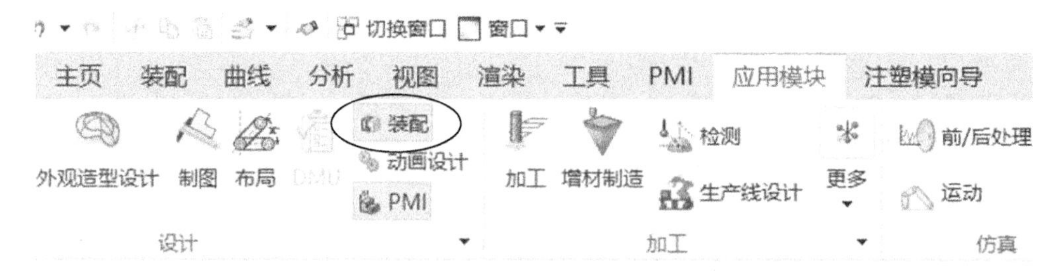

图 2-28　单击“装配”按钮

（26）在横向菜单栏中选择“装配”选项，再单击“WAVE 几何链接器”按钮，如图 2-29 所示。

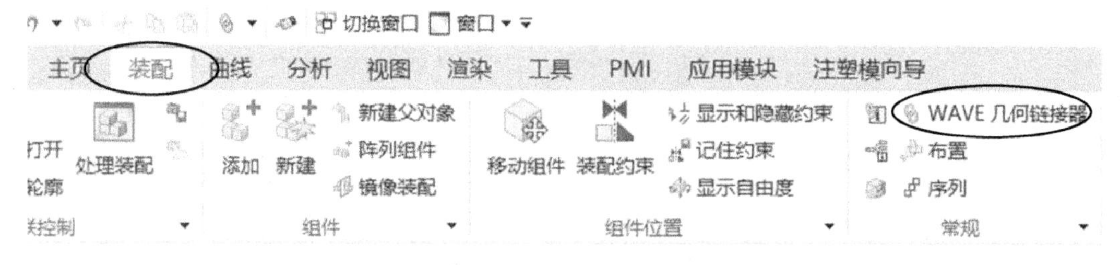

图 2-29　单击“WAVE 几何链接器”按钮

（27）在【WAVE 几何链接器】对话框中，对“类型”选择“体”选项，如图 2-30 所示。

（28）选择其余 3 个型腔，如图 2-31 所示。

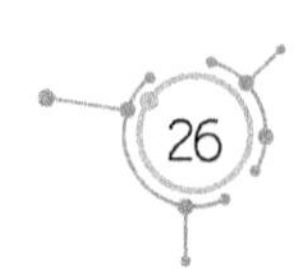

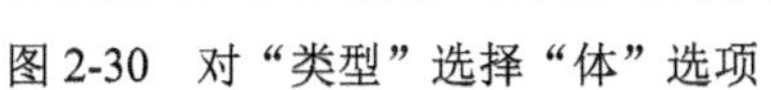

图 2-30　对“类型”选择“体”选项

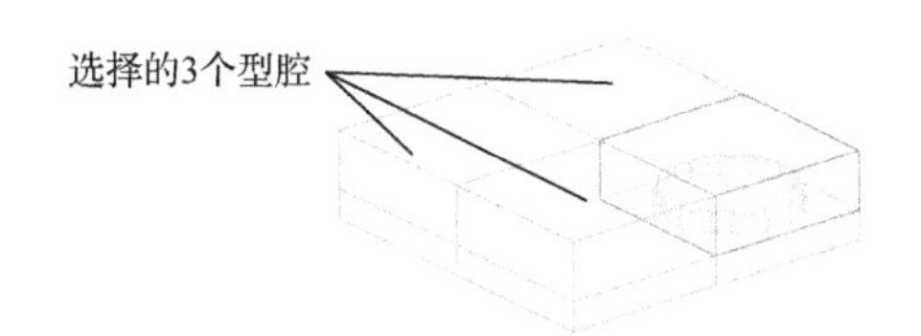

图 2-31　选择其他 3 个型腔

（29）单击“确定”按钮，所选择的 3 个型腔与第一个型腔链接在一起。4 个型腔链接后的图形如图 2-32 所示。

（30）在“描述性部件名”栏中，选择“xn_cavity_001”零件图。单击鼠标右键，在下拉菜单中单击“在窗口中打开”命令，打开的型腔实体如图 2-33 所示。

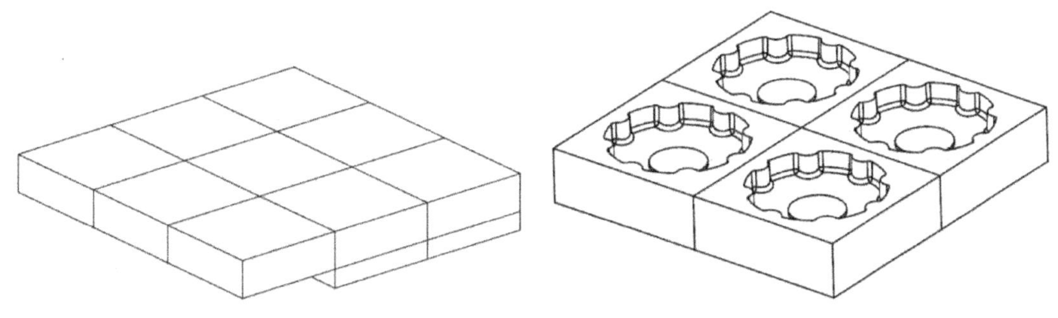

图 2-32　4 个型腔链接后的图形

图 2-33　打开的型腔实体

（31）单击“菜单｜编辑｜特征｜移除参数”命令，移除 4 个型腔的参数。

（32）单击“合并”按钮，把 4 个型腔实体合并为一个整体，如图 2-34 所示。

（33）在标题栏中先选择“窗口”选项卡，再选择“xn_top_009.prt”文件并打开它。

（34）单击“装配导航器”按钮，在“描述性部件名”栏中先展开“xn_layout_021”零件图，再展开 xn_prod_002×4 零件图。选择“xn_core_005”零件图，单击鼠标右键，在下拉菜单中单击“设为工作部件”命令。

（35）按照合并型腔的方法，把 4 个型芯实体合并为一个整体，如图 2-35 所示。

（36）在标题栏中选择“窗口”选项卡，选择“xn_top_009.prt”文件并打开它。

（37）单击“装配导航器”按钮，在“描述性部件名”栏中单击按钮☑ xn_top_009。单击鼠标右键，在下拉菜单中单击“设为工作部件”命令，如图 2-36 所示。

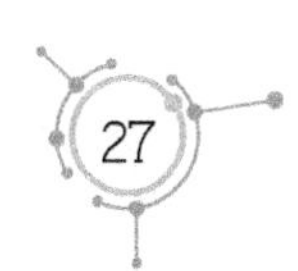

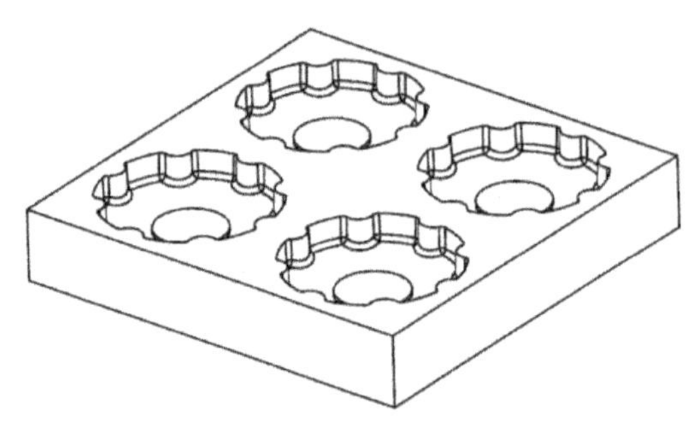

图 2-34　把 4 个型腔实体合并为一个整体

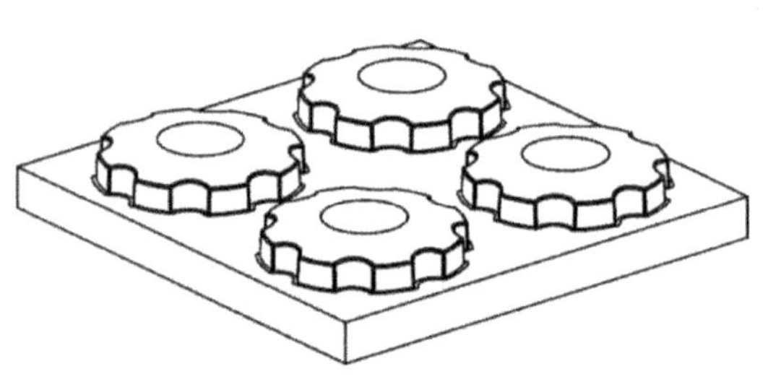

图 2-35　把 4 个型芯实体合并为一个整体

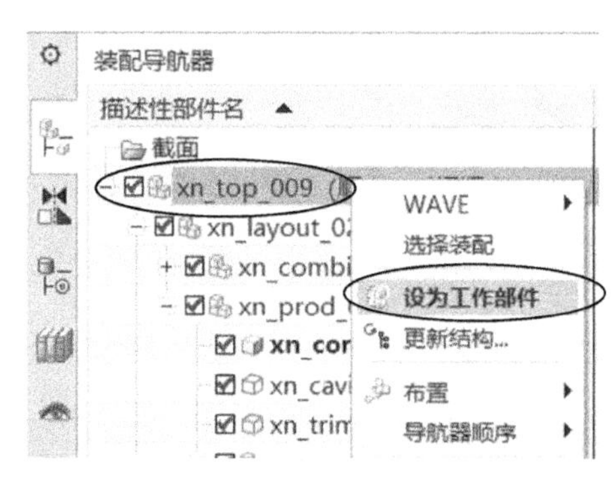

图 2-36　单击“设为工作部件”命令

（38）单击“保存”按钮，保存所有的文档（包括分型面和工件等过程文件）。所有文档都保存在起始目录下，如图 2-37 所示。

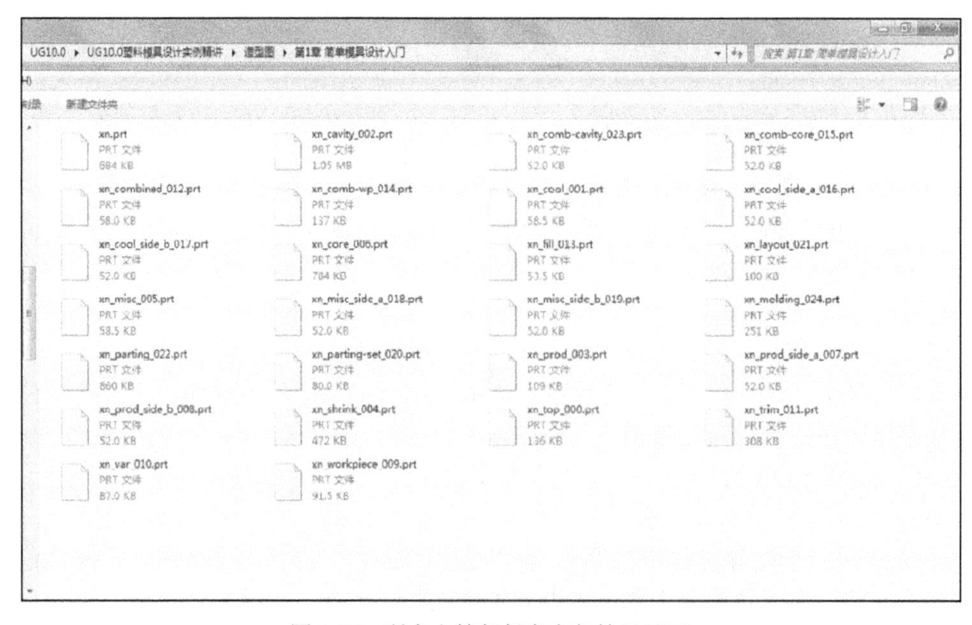

图 2-37　所有文档都保存在起始目录下

提示：如果不单击按钮☑xn_top_009，把它设为工作部件，那么就不能保存所有的文档。

2.3　在建模环境下的模具设计

在本节只介绍一模一腔的模具设计方法，一模多腔的设计方法将在第 9 章中介绍。

（1）启动 UG 12.0，打开 xn.prt 文件，产品外形参考图 2-1。

（2）单击“菜单｜插入｜偏置/缩放｜缩放体”命令，在弹出的【缩放体】对话框中，对“类型”选择“均匀”选项；单击“指定点”按钮，在【点】对话框中输入（0，0，0）。在“比例因子”区域，把“均匀”值设为 1.005，如图 2-38 所示。

图 2-38　设置【缩放体】对话框参数

（3）单击“确定”按钮，完成对工件的缩放。

（4）单击“菜单｜格式｜图层设置”命令，在弹出的【图层设置】对话框中设置参数，在“工作层”栏中输入“10”。然后，按 Enter 键，即可把第 10 个图层设定为工作层。

（5）单击“菜单｜插入｜关联复制｜抽取几何特征”命令，在弹出的【抽取几何特征】对话框中，对“类型”选择“面区域”选项，勾选“✓遍历内部边”和“✓使用相切边角度”选项。

（6）按住鼠标中键翻转实体后，选择圆弧面作为种子面，选择实体口部的平面作为边界面，如图 2-39 所示。

（7）单击“确定”按钮，抽取曲面特征。

（8）单击“菜单｜格式｜图层设置”命令，在弹出的【图层设置】对话框中，勾选“1”选项，隐藏第 1 个图层，只显示曲面，如图 2-40 所示。

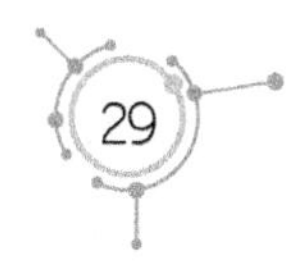

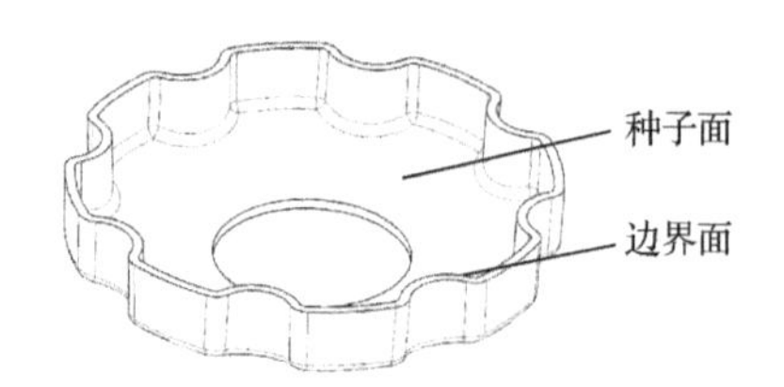

图 2-39　选择种子面与边界面

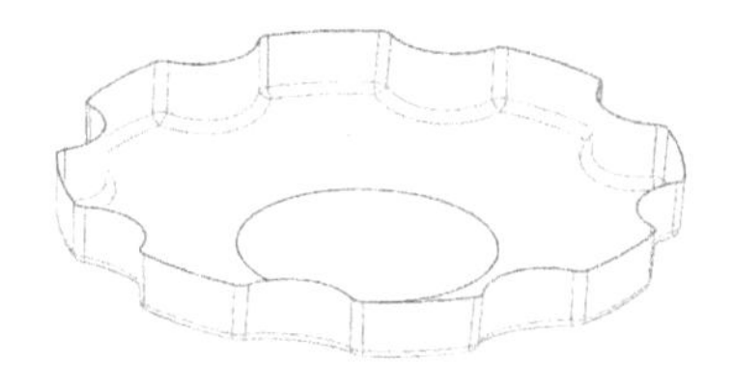

图 2-40　隐藏第 1 个图层，只显示曲面

（9）单击“菜单｜插入｜曲面｜有界平面”命令，选取曲面中间圆孔的边线，创建一个平面。

（10）单击“拉伸”按钮，在弹出的【拉伸】对话框中单击“绘制截面”按钮，选择 *YC-ZC* 平面作为草绘平面，以 *Y* 轴为水平参考线，绘制一条直线，使该直线与水平参考线重合，两个端点关于 *Y* 轴对称，如图 2-41 所示。

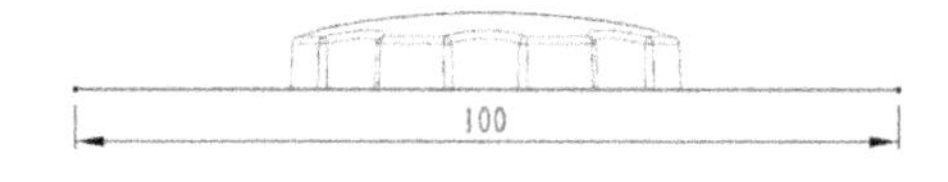

图 2-41　绘制一条与水平参考线重合的直线

（11）单击“完成”按钮，在【拉伸】对话框中，对“指定矢量”选择“YC↑”选项。在“结束”栏中选择“对称值”选项，把“距离”值设为 50mm，在“布尔”栏中选择“无”选项。

（12）单击“确定”按钮，创建的拉伸曲面如图 2-42 所示。

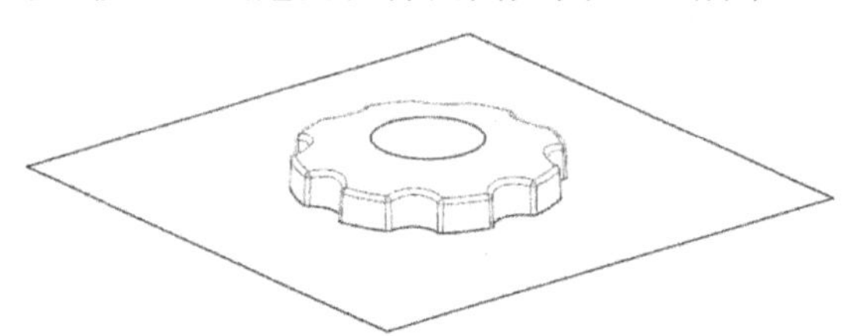

图 2-42　创建的拉伸曲面

（13）单击“菜单｜插入｜修剪｜修剪片体”命令，以步骤（2）创建的拉伸曲面作为目标片体，选择其他曲面作为边界对象。

（14）单击“确定”按钮，所选拉伸曲面的中间部分被修剪。按住鼠标中键翻转修剪片体，如图 2-43 所示。如果所修剪的曲面与图 2-43 中的不同，可在【修剪片体】对话框中切换“◉ 保留”与“◉ 放弃”单选框。

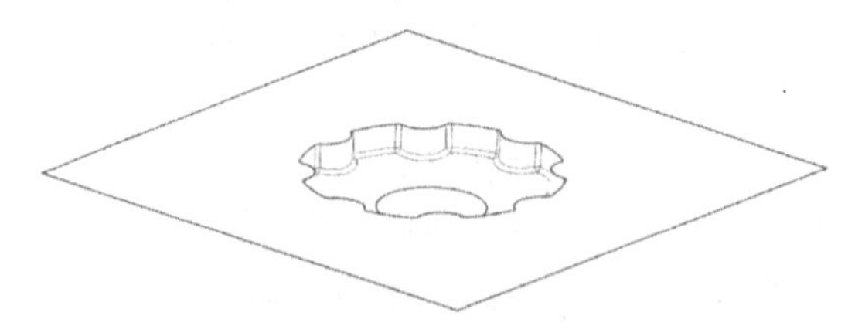

图 2-43　翻转后的修剪片体

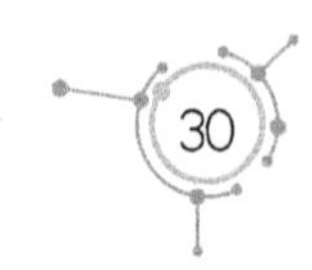

（15）单击“菜单｜插入｜组合｜缝合”命令，以其中任一曲面为目标片体，选择其他曲面作为工具片体。单击“确定”按钮，缝合所有曲面。

（16）单击“菜单｜格式｜图层设置”命令，弹出【图层设置】对话框。设置该对话框参数，在“工作层”栏中输入“2”，按Enter键，把第2个图层设定为工作层。

（17）单击“拉伸”按钮，在弹出的【拉伸】对话框中单击“绘制截面”按钮，选择*XC-YC*平面作为草绘平面，绘制一个矩形截面（80mm×80mm），如图2-44所示。

（18）单击“完成”按钮，在【拉伸】对话框中，对“指定矢量”选择“ZC↑”选项。把“开始距离”值设为-10mm、“结束距离”值设为30mm，在“布尔”栏中选择“无”选项。

（19）单击“确定”按钮，创建的工件如图2-45所示。

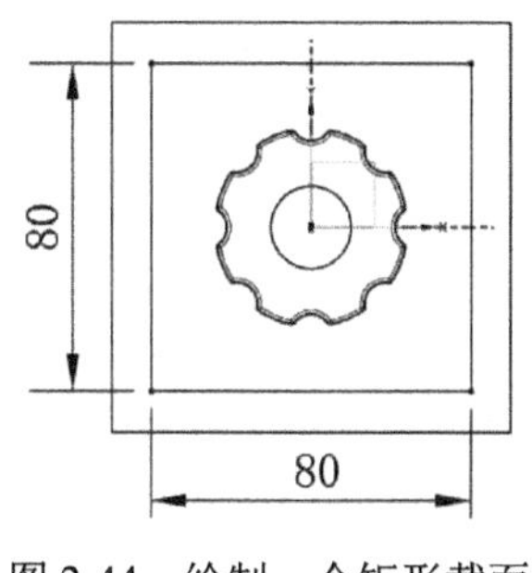

图2-44　绘制一个矩形截面

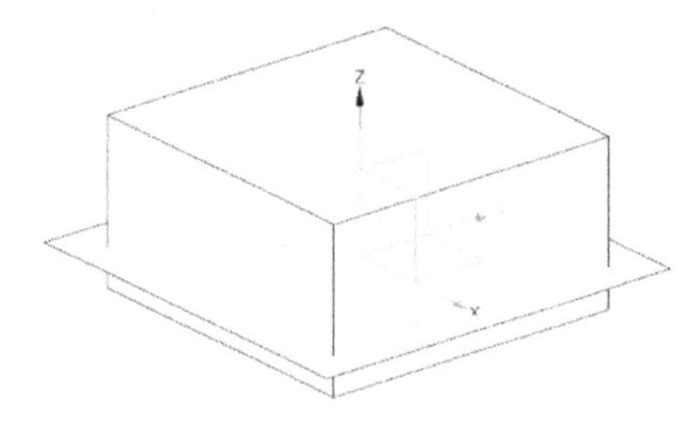

图2-45　创建的工件

（20）单击“菜单｜格式｜图层设置”命令，弹出【图层设置】对话框。在该对话框中勾选“1”选项，显示第1个图层的实体。

（21）单击“减去”按钮，选择所创建的工件为目标体，选择产品零件为工具体。在【求差】对话框中勾选“✓保存工具”复选框，单击“确定”按钮，创建减去特征。

提示：如果无法选中产品实体，可先单击“静态线框”按钮，再选择实体。

（22）单击“菜单｜插入｜修剪｜拆分体”命令，以所创建的工件为目标体，以缝合后的曲面为工具体。单击“确定”按钮，将所创建的工件分成两部分。

（23）单击“菜单｜编辑｜特征｜移除参数”命令，选择所创建的工件后，单击“确定”按钮，移除该工件的参数。

（24）单击“菜单｜编辑｜移动对象”命令，在弹出的【移动对象】对话框中，对“运动”选择“距离”选项，对“指定矢量”选择“ZC↑”选项，把“距离”值设为30mm。在“结果”栏中选择“◉移动原先的”单选框，在“图层选项”栏中选择“原始的”选项，如图2-46所示。

（25）选择上层实体，使上层实体向上移动30mm。

（26）采用同样的方法，移动下层实体，如图2-47所示。

（27）在工作界面左边的工具栏中单击“装配导航器”按钮，然后在☑ xn 下方的空白处单击右键，在弹出的快捷菜单中选择“WAVE”选项。

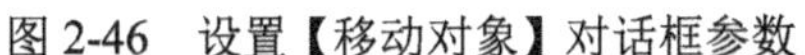
图 2-46　设置【移动对象】对话框参数

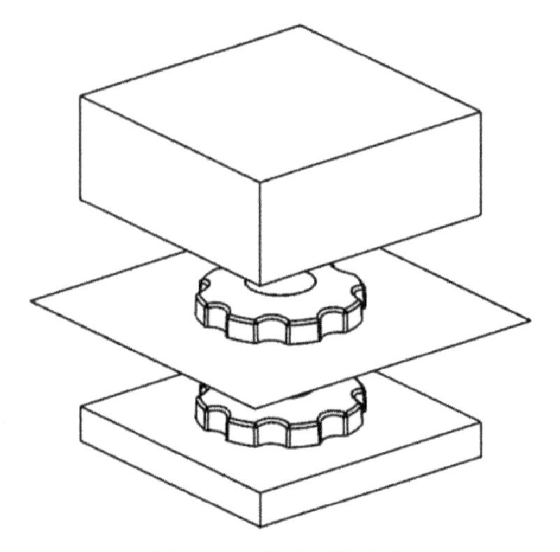
图 2-47　移动下层实体

（28）在“描述性部件名”栏中选择“xn”文件，单击鼠标右键，在弹出的快捷菜单中选择“WAVE”选项，单击“新建层”命令。在弹出的【新建层】对话框中单击“类选择”按钮，先在“装配导航器”上方的工具条中选择“实体”选项，再选择下层实体，把文件名设为“xncore”。

（29）再次在“描述性部件名”栏中选择“xn”文件，单击鼠标右键，在弹出的快捷菜单中选择“WAVE”文件，“新建层”命令。在弹出的【新建层】对话框中单击“类选择”按钮，先在“装配导航器”上方的工具条中选择“实体”选项，再选择上层实体，把文件名设为“xncavity”。

（30）在“装配导航器”的“描述性部件名”中创建两个下级目录文件，如图 2-48 所示。

（31）单击“保存”按钮，把在“WAVE 模式”建立的下级目录文件保存在指定目录中。

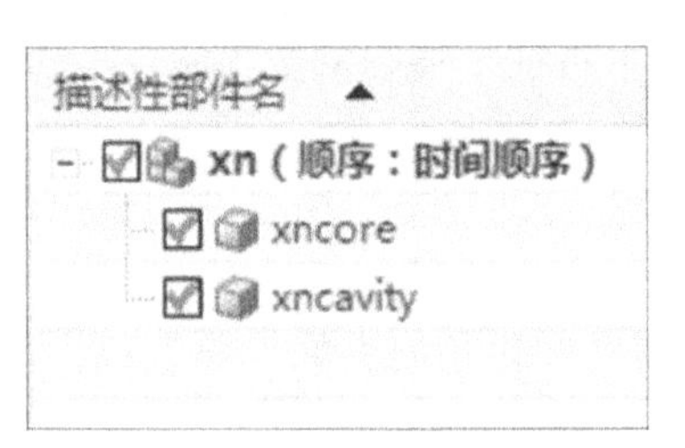

图 2-48　创建两个下级目录文件

习　　题

绘制如图 2-49 所示的产品结构简图，并进行模具设计，模具排位如图 2-50 所示。

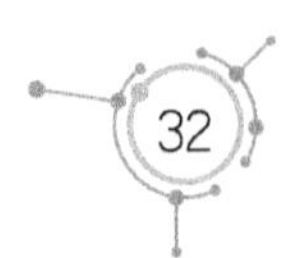

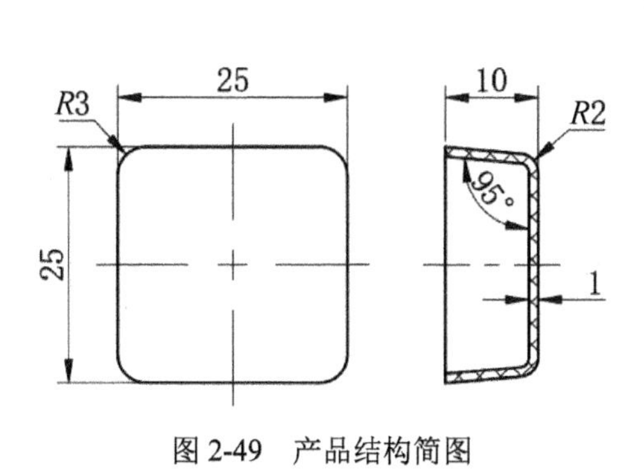

图 2-49　产品结构简图

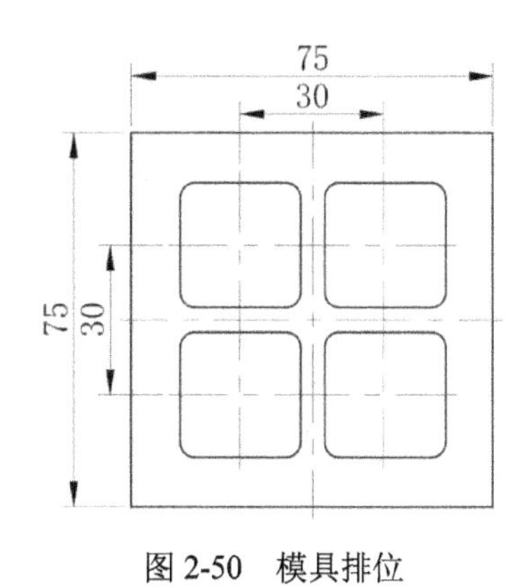

图 2-50　模具排位

进 阶 篇

第 3 章　圆弧形分型面的模具设计

本章以一个分型面为圆弧形的产品为例，介绍 UG 塑料模具设计过程，加深读者对 UG 塑料模具设计的理解。

（1）启动 UG 12.0，打开 suliaogai.prt 文件，产品外形如图 3-1 所示。

图 3-1　产品外形

（2）工件分析：分型面是一个异形面，并且有两个对称的通孔。

（3）先单击横向菜单栏中的“应用模块”选项卡，再单击“注塑模”按钮。

（4）在横向菜单栏中添加“注塑模向导”选项。

（5）单击“初始化项目”按钮，在弹出的【初始化项目】对话框中，把“收缩”值设为 1.005。

（6）单击“确定”按钮，完成【初始化项目】对话框参数的设置。

（7）在“分型刀具”区域单击“检查区域”按钮，在弹出的【检查区域】对话框中选择“计算”选项，对“指定脱模方向”选择“ZC↑”选项，选择“◉ 保持现有的”单选框，单击“计算”按钮。

（8）在【检查区域】对话框中，选择“区域”选项；在【检查区域】对话框中，取消“□内环”、“□分型边”和“□不完整的环”复选框中的“√”；选择“◉ 型腔区域”单选框，单击“设置区域颜色”按钮。工件呈现 3 种颜色，外表面（型腔曲面）呈棕色，内表面（型芯曲面）呈蓝色，通孔的侧面及实体的周边曲面呈青色。

（9）在【检查区域】对话框中，对“未定义区域”选择“√交叉竖直面”，对“指派到区域”选择“◉ 型腔区域”单选框，如图 3-2 所示。

（10）单击“确定”按钮，通孔的侧面及实体的周边曲面变成棕色（备注：将青色的侧面指派到型腔）。

（11）单击“曲面补片”按钮，在【边补片】对话框中，对“类型”选择“遍历”选项，取消“□按面的颜色遍历”复选框中的“√”，如图 3-3 所示。

图 3-2　设置【检查区域】对话框参数

图 3-3　取消“□按面的颜色遍历”复选框中的“√”

（12）按住鼠标中键翻转实体后，选择通孔的边线，如图 3-4 所示。

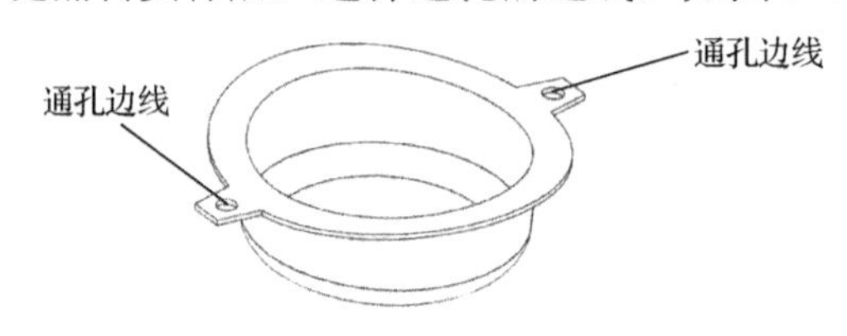

图 3-4　选择通孔的边线

（13）单击“应用”按钮，生成一个曲面，将通孔封住。

（14）采用相同的方法，选择另一个通孔的边线，将它封住。

（15）在工具栏中单击“工件”按钮，在弹出的【工件】对话框中，对“类型”选择“产品工件”选项，对“工件方法”选择“用户定义的块”选项，对“定义类型”选择“草图”选项，单击“绘制截面”按钮。在工具栏中单击“快速修剪”按钮，将默认的草图全部删除后(包括虚线框)，以原点为中心绘制一个矩形(150mm×130mm)，如图 3-5 所示。

（16）单击“完成”按钮，在【工件】对话框中，把“开始距离”值设为-20mm、“结束距离”值设为 50mm。

（17）单击“确定”按钮，创建工件，如图 3-6 所示。

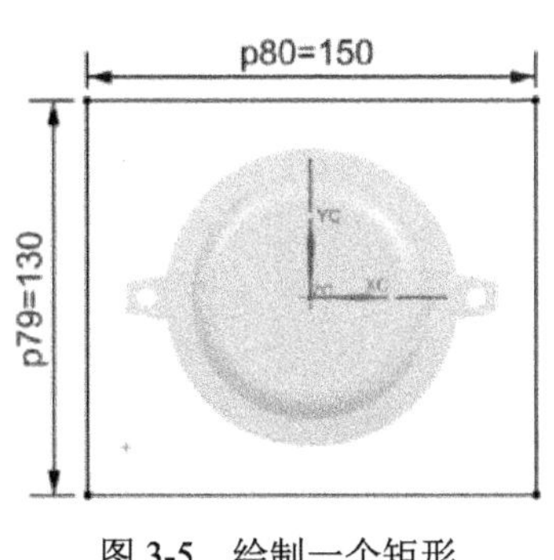

图 3-5　绘制一个矩形

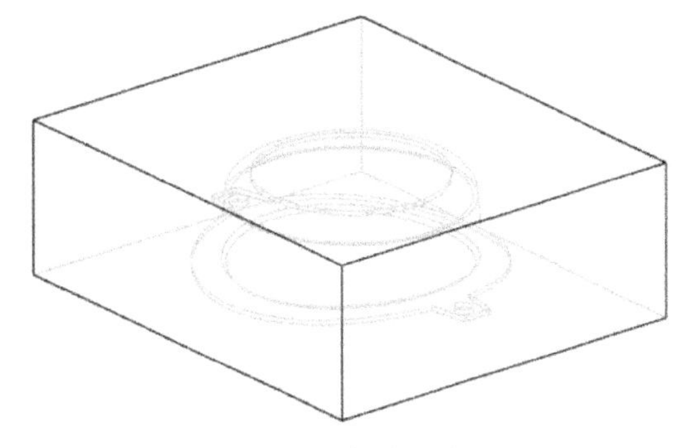

图 3-6　创建工件

（18）单击“定义区域”按钮，在弹出的【定义区域】对话框中勾选“✓创建区域”和“✓创建分型线”复选框。

（19）单击“确定”按钮，创建区域及分型线，分型线在实体的口部，呈灰白色，如图 3-7 所示。

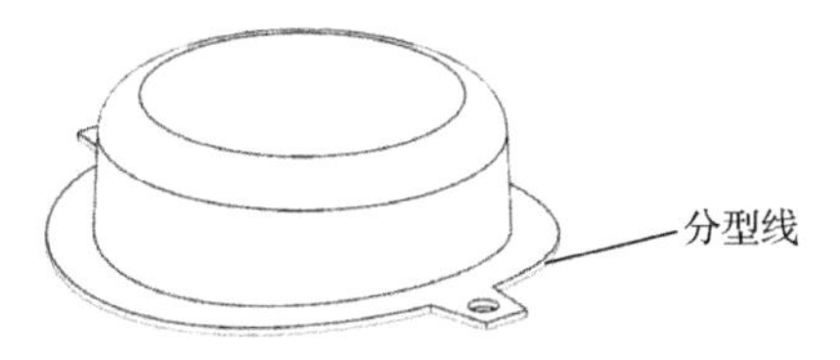

图 3-7　创建区域及分型线

（20）单击“设计分型面”按钮，在弹出的【设计分型面】对话框中单击“扩大曲面”按钮，如图 3-8 所示。

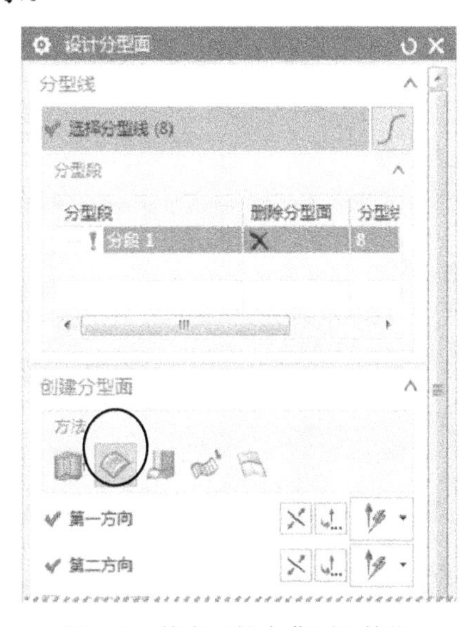

图 3-8　单击“扩大曲面”按钮

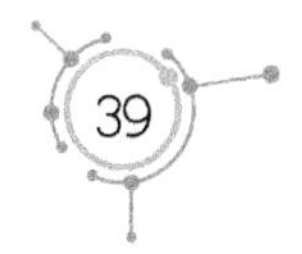

（21）拖动分型面上的控制点，使分型面的范围稍大于工件的截面范围，如图 3-9 所示，单击“确定”按钮。

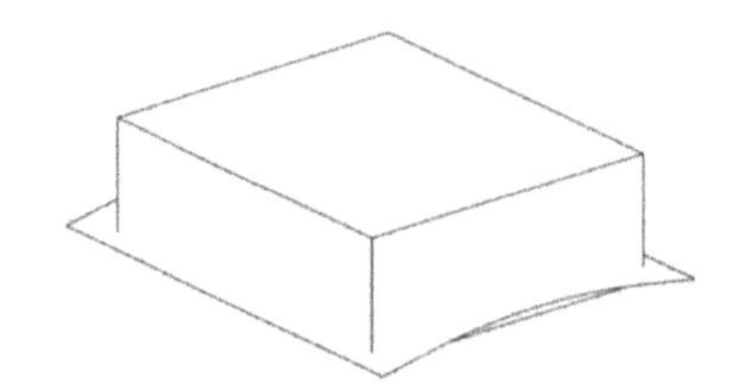

图 3-9　分型面的范围比工件的截面范围稍大

（22）单击“定义型腔和型芯”按钮，在弹出的【定义型腔和型芯】对话框中选择“所有区域”选项。

（23）单击“确定”按钮，创建型腔实体，如图 3-10 所示。再次单击“确定”按钮，创建型芯实体，如图 3-11 所示。在型芯上，与型腔配合的曲面用其他颜色显示。

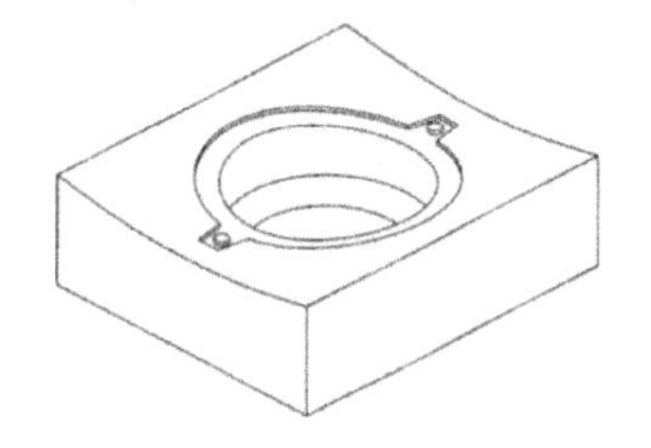

图 3-10　创建型腔实体

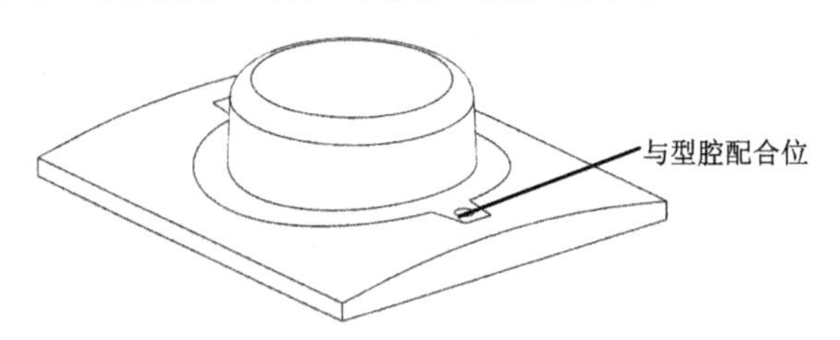

图 3-11　创建型芯实体

（24）在标题栏中先选择“窗口”选项卡，再选择“suliaogai_top_009.prt”文件并打开它。

（25）单击“装配导航器”按钮，在“描述性部件名”栏中选择 suliaogai_top_009文件。单击鼠标右键，在快捷菜单中单击“设为工作部件”命令，如图 3-12 所示。

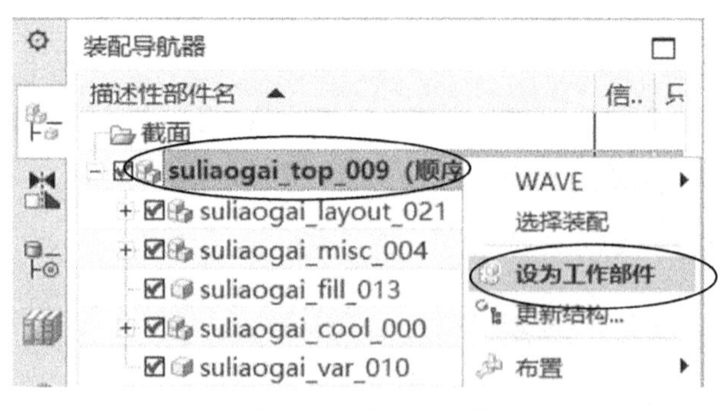

图 3-12　单击“设为工作部件”命令

（26）单击“菜单｜装配｜爆炸图｜新建爆炸图”命令，在弹出的【新建爆炸图】对话框中，把“名称”设为“Explosion 1”，如图 3-13 所示。

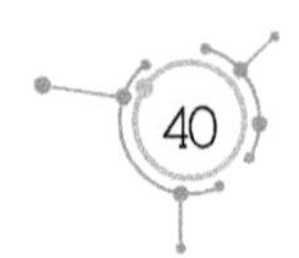

（27）单击“菜单｜装配｜爆炸图｜编辑爆炸”命令，在弹出的【编辑爆炸】对话框中选择“◉ 选择对象”单选框，如图 3-14 所示。

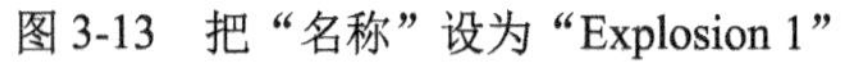
图 3-13　把“名称”设为“Explosion 1”

图 3-14　选择“◉ 选择对象”单选框

（28）选择实体，在【编辑爆炸】对话框中选择“◉ 移动对象”单选框。

（29）选择 *Z* 轴的箭头，如图 3-15 所示。然后，移动所选择的零件。

（30）采用相同的方法，移动其他零件，爆炸图如图 3-16 所示。

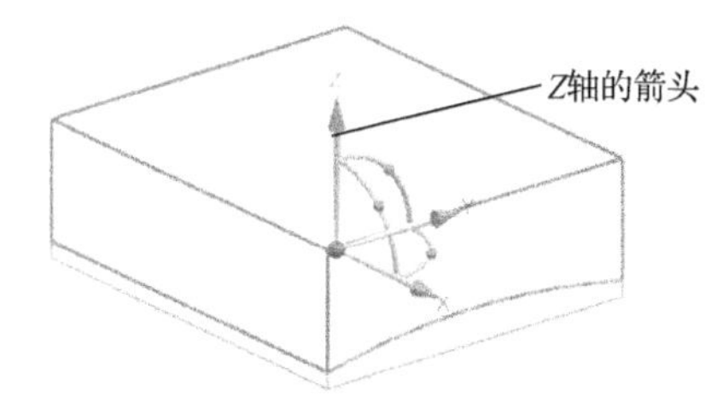

图 3-15　选择 *Z* 轴的箭头

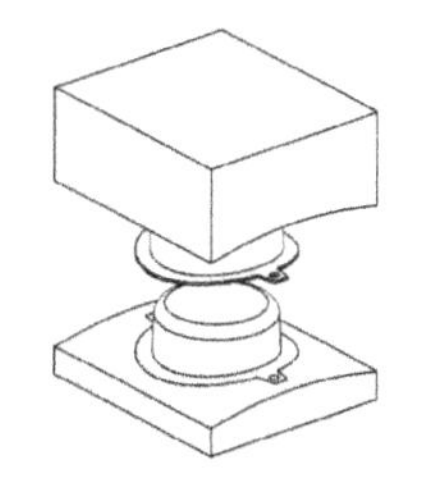

图 3-16　爆炸图

（31）在“描述性部件名”栏中选择☑ suliaogai_top_000文件。单击鼠标右键，在快捷菜单中单击“设为工作部件”命令。

（32）单击“保存”按钮，保存所有的文档（包括分型面和工件等），这些文档都保存在起始目录下。

习　　题

绘制如图 3-17 所示的零件图，并进行模具设计。

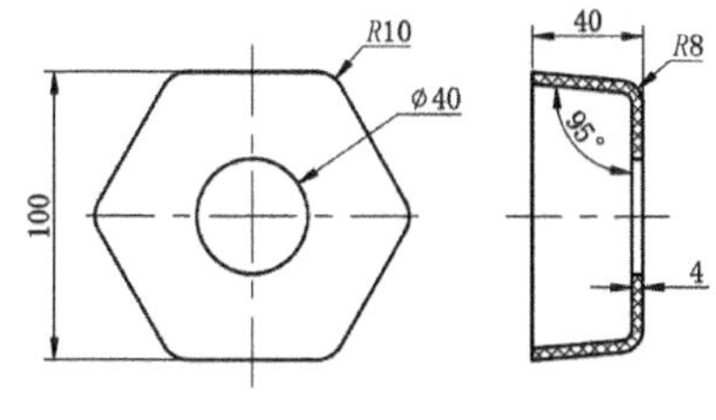

图 3-17　零件图

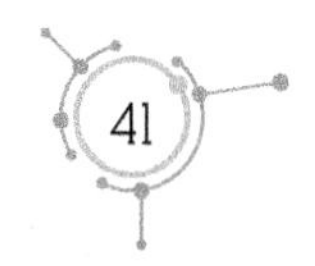

第4章 拆分面的模具设计

本章以一个需要把分型面进行拆分的产品为例，介绍 UG 塑料模具设计时拆分面的过程，使读者对需要进行分型面拆分的塑料模具设计有初步的了解。

（1）启动 UG 12.0，打开 gai.prt 文件，产品外形如图 4-1 所示。

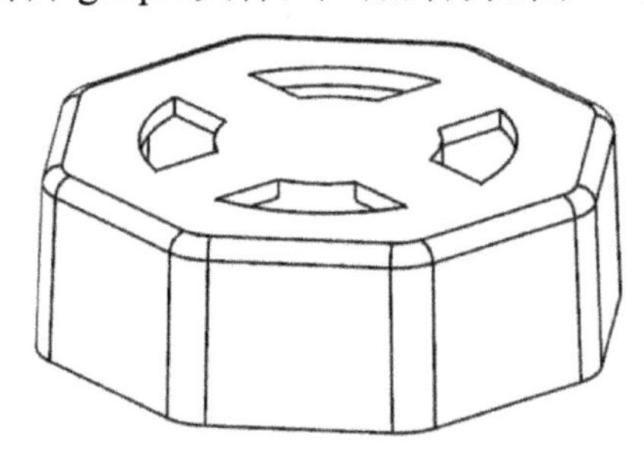

图 4-1 产品外形

（2）工件分析：工件上有 4 个扣位的曲面，一部分曲面属于型腔，另一部分曲面属于型芯。因此，需要对这 4 个曲面进行拆分。此外，工件上还有 4 个通孔，需补面。

（3）先单击横向菜单栏的“应用模块”选项卡，再单击“注塑模”按钮，在横向菜单栏中添加“注塑模向导”选项。

（4）单击“初始化项目”按钮，在弹出的【初始化项目】对话框中，把“收缩”值设为 1.005。

（5）单击“确定”按钮，完成【初始化项目】对话框参数的设置。

（6）在“分型刀具”区域单击“检查区域”按钮，在弹出的【检查区域】对话框中选择“计算”选项；对“指定脱模方向”选择“ZC↑”选项，选择“◉保持现有的”单选框，单击“计算”按钮。

（7）在【检查区域】对话框中选择“区域”选项，取消“□内环”、“□分型边”和“□不完整的环”复选框中的“√”，选择“◉型腔区域”单选框。单击“设置区域颜色”按钮，工件呈现 3 种颜色：外表面（型腔曲面）呈棕色，内表面（型芯曲面）呈蓝色，通孔的侧面呈青色。

（8）在【检查区域】对话框中，单击“面”选项；展开“命令”栏，单击“面拆分”按钮，如图 4-2 所示。

（9）在【拆分面】对话框中，对“类型”选择“平面/面”选项，如图 4-3 左上角所示。

图 4-2　单击“面拆分”按钮

图 4-3　对“类型”选择“平面/面”选项

（10）扣位的侧面一部分属于型腔，另一部分属于型芯，需要对其进行拆分。按图 4-4 所示，选择需要拆分的面。

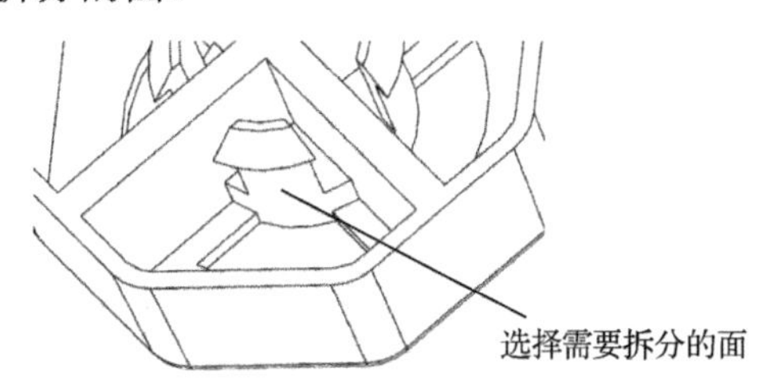

图 4-4　选择需要拆分的面

（11）在【拆分面】对话框中单击“添加基准平面”按钮，如图 4-3 右下角所示。

（12）在【基准平面】对话框中，对“类型”选择“通过对象”选项，如图 4-5 所示。

图 4-5　选择“通过对象”选项

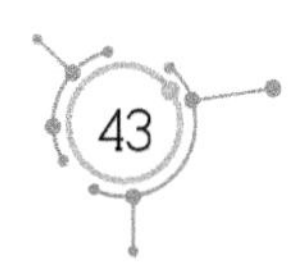

（13）选择通孔的侧面，如图 4-6 所示。

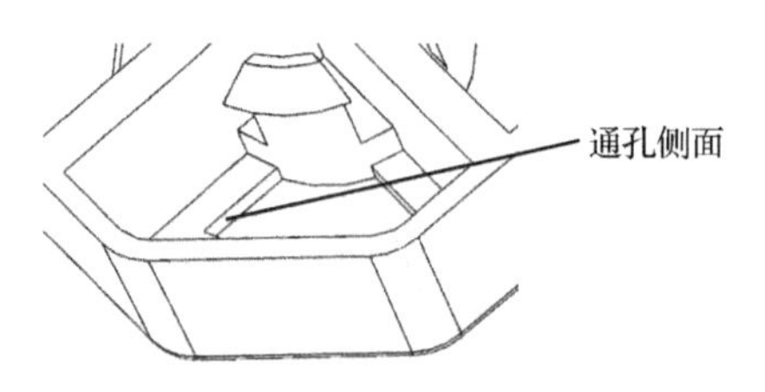

图 4-6　选择通孔的侧面

（14）单击两次“确定”按钮，扣位的侧面被拆分成两个曲面，中间出现一条拆分线。拆分线所在位置如图 4-7 所示。

（15）采用相同的方法，沿另一个侧面再次对扣位进行拆分，如图 4-8 所示。

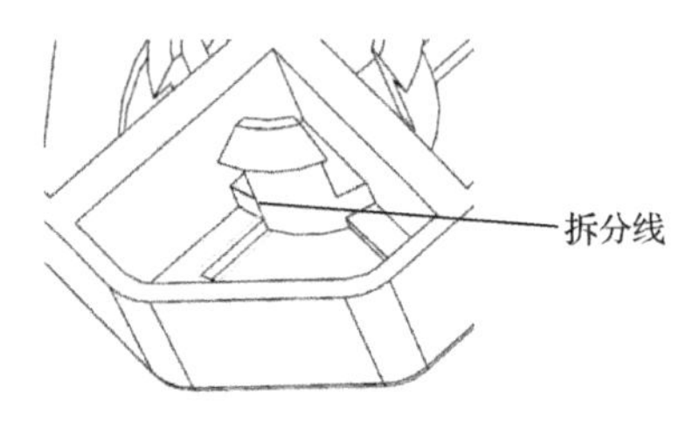

图 4-7　拆分线所在位置

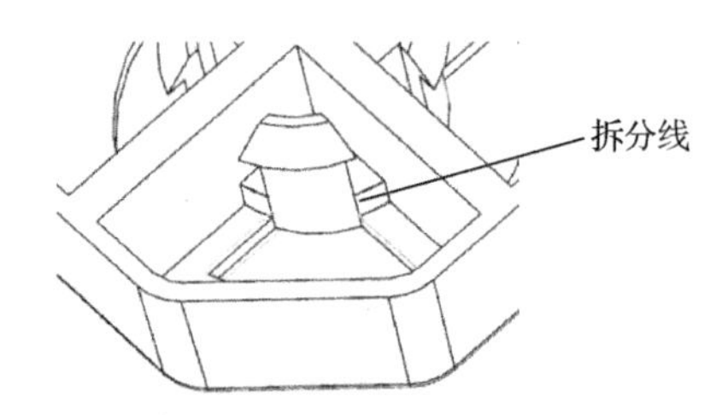

图 4-8　沿另一个侧面再次对扣位进行拆分

（16）采用相同的方法，拆分其余 3 个扣位的曲面。

（17）在【检查区域】对话框中，选择“区域”选项卡，选择“◉ 型腔区域”单选框。单击“选择区域面”按钮，选择通孔的侧面与扣位中间部分呈青色的曲面，如图 4-9 所示。

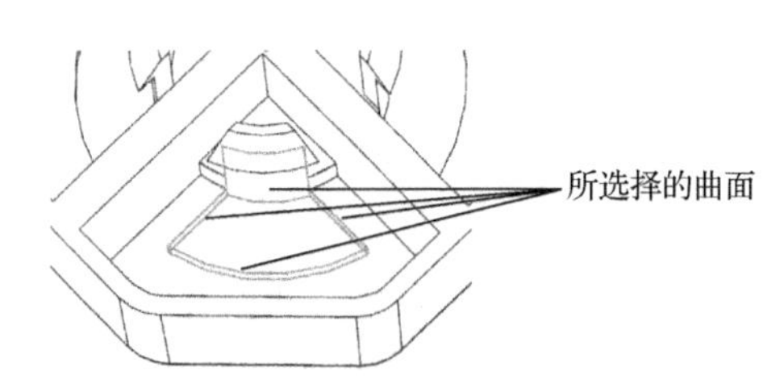

图 4-9　选择青色的曲面

（18）选择其余 3 个通孔相同位置的曲面，共选择 16 个曲面。

（19）单击“应用”按钮，所选择的曲面颜色变成棕色，这些侧面被指派到型腔。

（20）在【检查区域】对话框中，选择“◉ 型芯区域”单选框，单击“选择区域面”按钮，选择青色的曲面，如图 4-10 所示。

（21）选择其余 3 个通孔相同位置的曲面，共选择 8 个曲面。

（22）单击“确定”按钮，所选择的曲面颜色变成蓝色，这些侧面指派到型芯。

（23）在横向菜单中先选择“主页”选项卡，再单击“拉伸”按钮。按住鼠标中

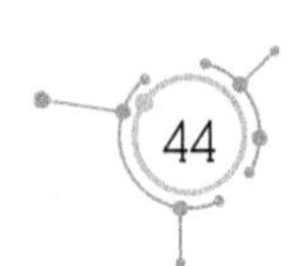

键翻转实体后，把光标移到内表面扣位的边线上，选择内表面扣位的 3 条边线，如图 4-11 所示。

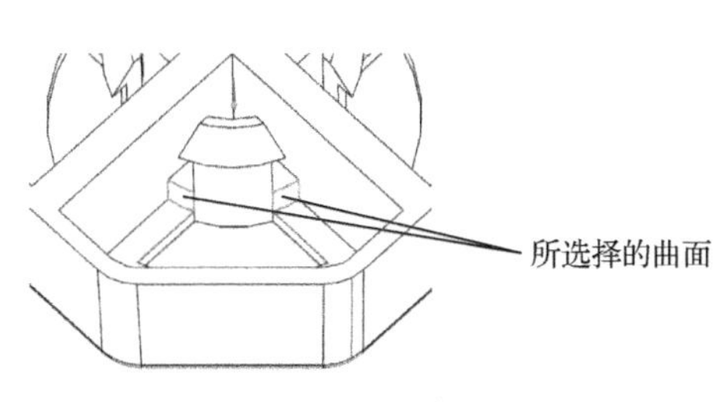

图 4-10　选择青色的曲面

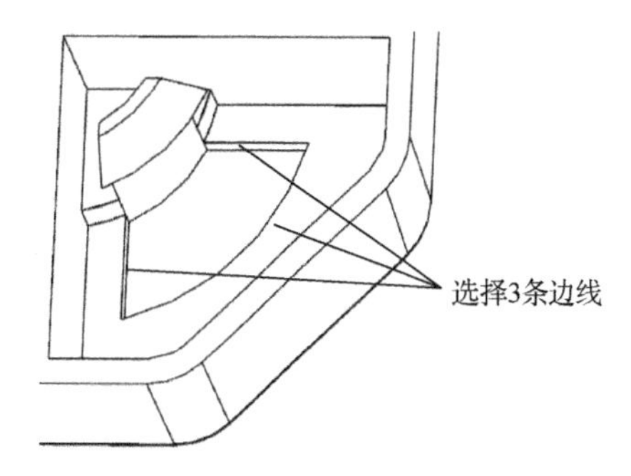

图 4-11　选择扣位的 3 条边线

（24）在【拉伸】对话框中，对“指定矢量”选择“-ZC↓”选项，把“开始距离”值设为 0。勾选“✓开放轮廓智能体”复选框，在“结束”栏中选择“直至延伸部分”选项，如图 4-12 所示。

（25）按住鼠标中键翻转实体后，选择扣位的平面，如图 4-13 所示。

图 4-12　设置【拉伸】对话框参数

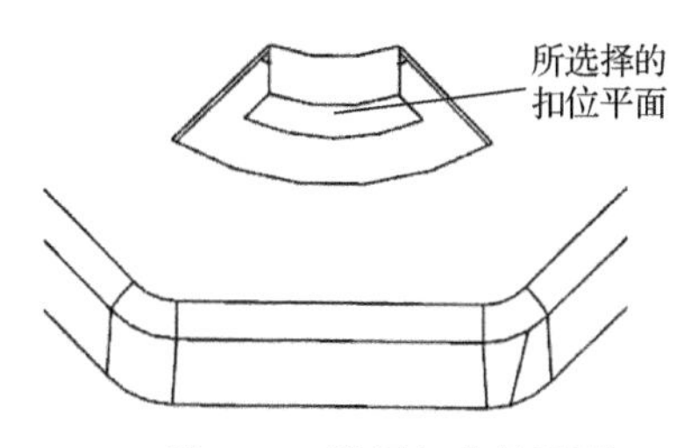

图 4-13　选择扣位的平面

（26）单击“确定”按钮，创建一个拉伸曲面，如图 4-14 所示。

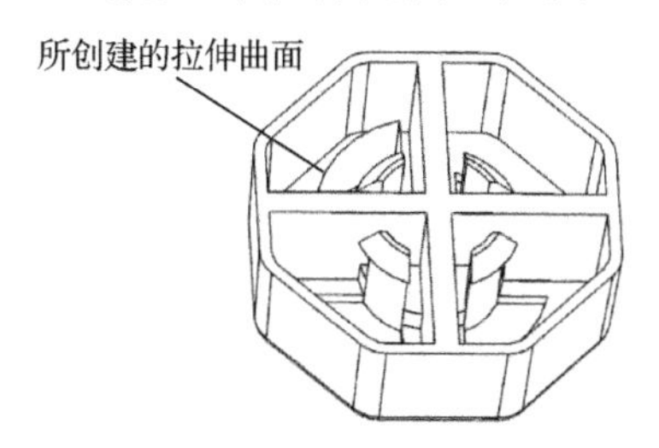

图 4-14　创建一个拉伸曲面

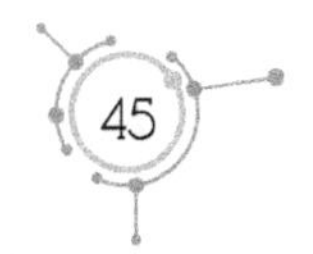

（27）单击“菜单丨插入丨曲面丨有界平面”命令，在工作区上方的工具条中选择“单条曲线”选项。然后，单击“在相交处停止”按钮，如图 4-15 所示。

图 4-15　选择“单条曲线”选项。然后，单击“在相交处停止”按钮

（28）按图 4-16 所示，选择拉伸曲面的边线及扣位边线，创建一个有界平面。

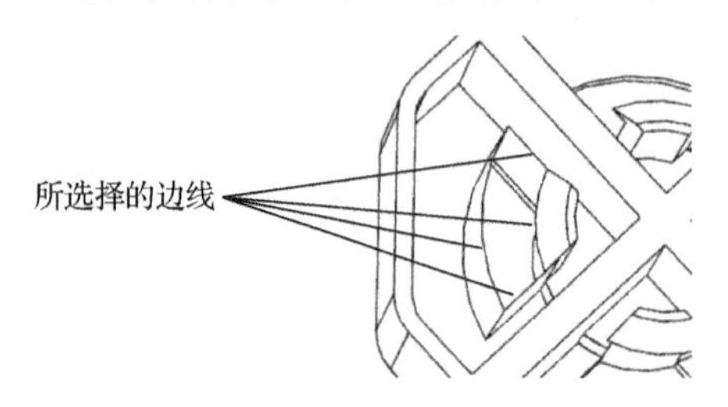

图 4-16　选择拉伸曲面的边线及扣位边线

（29）采用相同的方法，在其余 3 个扣位处创建拉伸曲面和有界平面。

提示： 这里，不能用阵列方式创建其他位置的曲面。

（30）在横向菜单中先选择“注塑模向导”选项，再单击“编辑分型面与曲面补片”按钮。用框选的方式，选择所有的拉伸曲面和有界平面。

（31）单击“确定”按钮，所有的拉伸曲面和有界平面转化为分型面，同时颜色变为灰白色。

（32）单击“定义区域”按钮，在弹出的【定义区域】对话框中选择“✓创建区域”和“✓创建分型线”复选框。

（33）单击“确定”按钮，创建区域及分型线。分型线在工件的口部，呈灰白色，如图 4-17 所示。

（34）在工具栏中单击“工件”按钮，在弹出的【工件】对话框中，对“类型”选择“产品工件”选项，对“工件方法”选择“用户定义的块”选项，对“定义类型”选择“草图”选项，单击“绘制截面”按钮。在工具栏中单击“快速修剪”按钮，将默认的草图全部删除后（包括虚线框），以原点为中心绘制一个矩形（40mm×40mm），如图 4-18 所示。

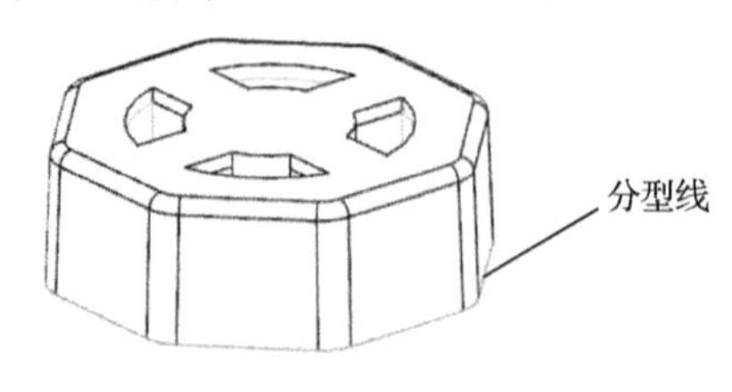

图 4-17　创建区域及分型线

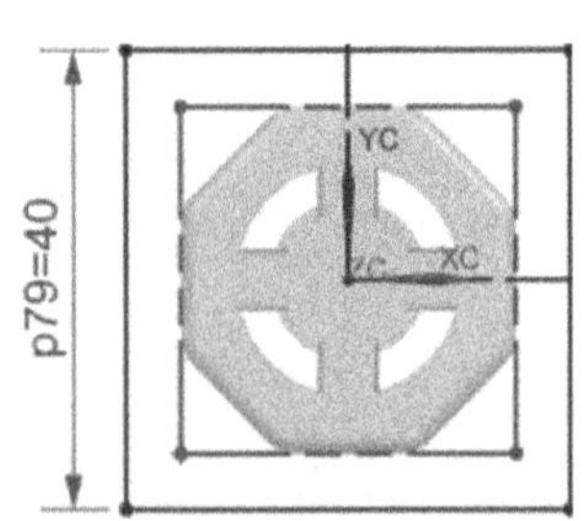

图 4-18　绘制一个矩形

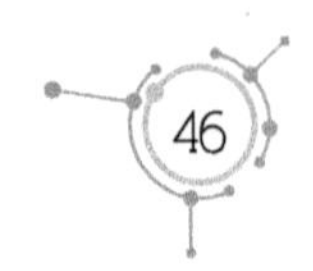

（35）单击“完成”按钮，在【工件】对话框中，把“开始距离”值设为-10mm，“结束距离”值设为 20mm。

（36）单击“确定”按钮，创建工件，如图 4-19 所示。

（37）单击“设计分型面”按钮，在弹出的【设计分型面】对话框中，单击“有界平面”按钮。

（38）拖动分型面上的控制点，使分型面的范围稍大于工件截面范围，如图 4-20 所示。

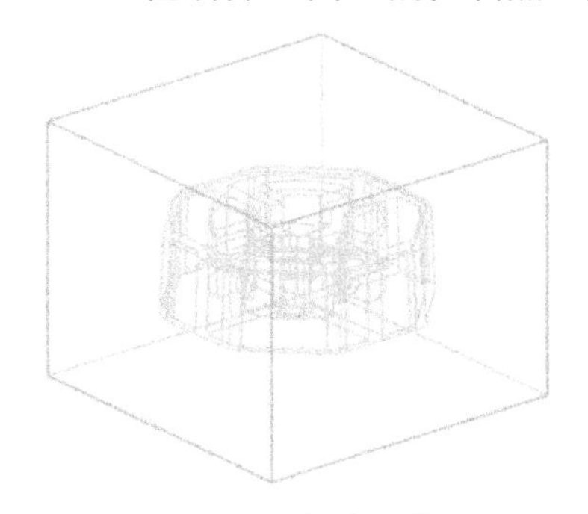
图 4-19　创建工件

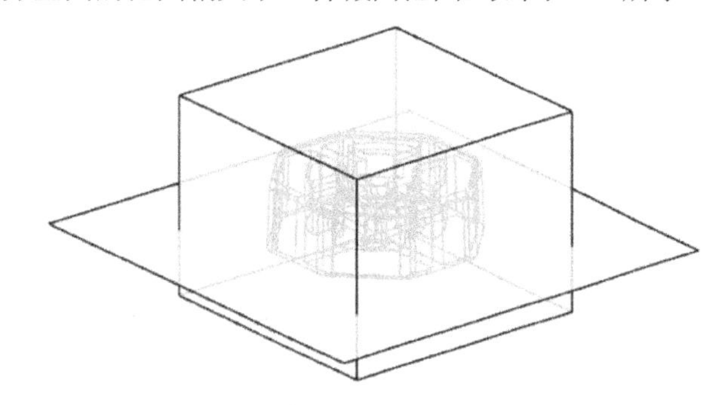
图 4-20　分型面范围稍大于工件截面范围

（39）单击“确定”按钮，退出【设计分型面】对话框。

（40）单击“定义型腔和型芯”按钮，在弹出的【定义型腔和型芯】对话框中选择“所有区域”选项。

（41）单击“确定”按钮，创建型腔实体，如图 4-21 所示。然后，创建型芯实体，如图 4-22 所示。在型芯上与型腔配合的曲面用其他颜色显示。

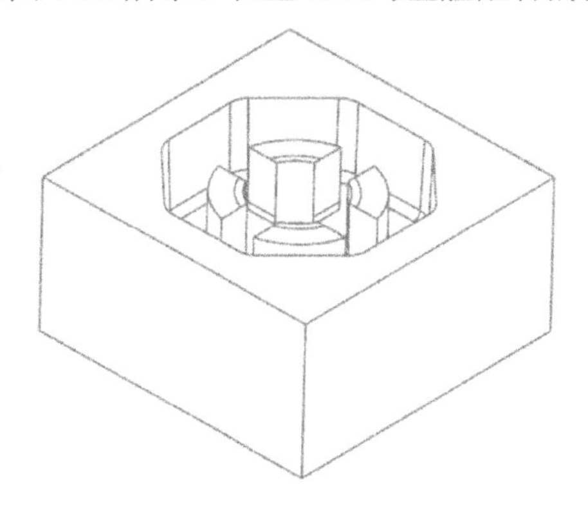
图 4-21　创建型腔实体

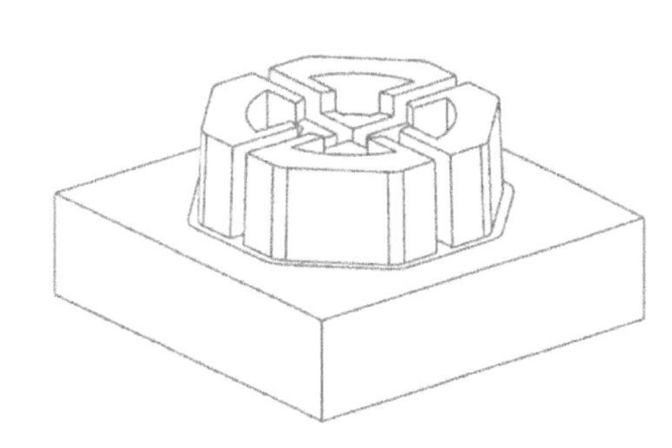
图 4-22　创建型芯实体

（42）在标题栏中选择“窗口”选项卡，选择“gai_top_009.prt”文件并打开它。

（43）在“描述性部件名”栏中，选择 gai_top_009文件。单击鼠标右键，在快捷菜单中单击“设为工作部件”命令。

（44）单击“保存”按钮，保存所有的文档（包括分型面和工件等），这些文档都保存在起始目录下。

（45）创建爆炸图。

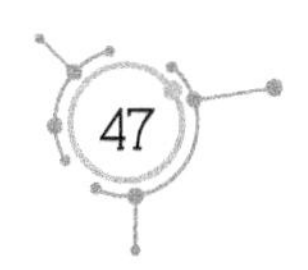

习　题

绘制如图 4-23 所示的产品结构图，并进行模具设计。

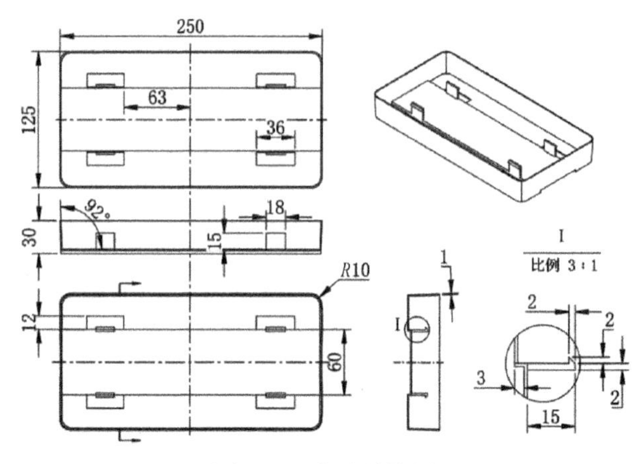

图 4-23　产品结构图

第5章 注塑模向导下带滑块的模具设计

本章以一个带滑块的产品为例，介绍如何运用 UG 进行滑块的塑料模具设计，使读者对滑块的塑料模具设计有初步的了解。

（1）启动 UG 12.0，打开 gaimao.prt 文件，产品外形如图 5-1 所示。

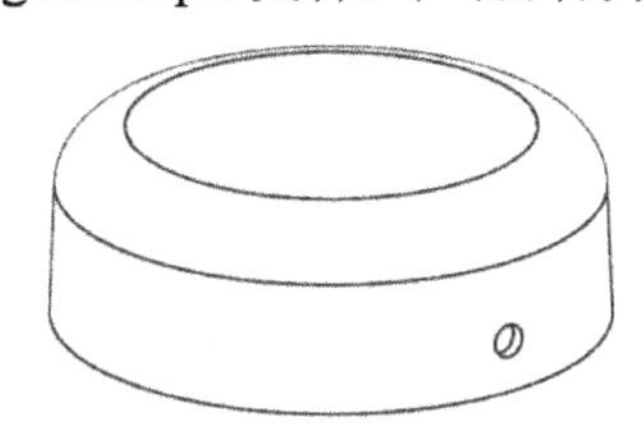

图 5-1 产品外形

（2）工件分析：工件侧面有两个通孔，模具需要配滑块。

（3）先单击横向菜单栏的“应用模块”选项卡，再单击“注塑模”按钮，在横向菜单栏中添加“注塑模向导”选项。

（4）单击“初始化项目”按钮，在弹出的【初始化项目】对话框中，把“收缩”值设为 1.005，完成【初始化项目】对话框参数的设置。

（5）在“分型刀具”区域，单击“检查区域”按钮。在弹出的【检查区域】对话框中选择“计算”选项，对“指定脱模方向”选择“ZC↑”选项，选择“◉保持现有的”单选框，单击“计算”按钮。

（6）在【检查区域】对话框中，选择“区域”选项，取消“□内环”、“□分型边”和“□不完整的环”复选框中的“√”，选择“◉型腔区域”单选框。单击“设置区域颜色”按钮，工件呈现 3 种颜色：外表面（型腔曲面）呈棕色，内表面（型芯曲面）呈蓝色，通孔的侧面呈青色。

（7）在【检查区域】对话框中选择“◉型腔区域”单选框和“√交叉区域面”复选框，如图 5-2 所示。

（8）单击“确定”按钮，通孔侧面的颜色变为棕色（备注：将通孔的侧面指派到型腔）。

（9）单击“曲面补片”按钮，在【边补片】对话框中，对“类型”选择“遍历”选项，取消“□按面的颜色遍历”复选框中的“√”，参考图 3-3。

（10）按住鼠标中键翻转零件后，选择通孔的内边线，如图 5-3 所示。

（11）单击“应用”按钮，生成一个曲面，将通孔封住。

（12）采用相同的方法，选择另一个通孔的边线，把该通孔封住。

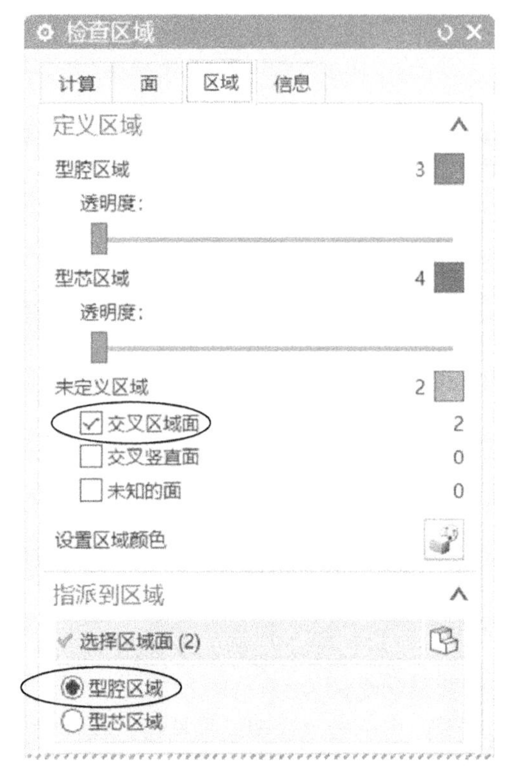

图 5-2　选择“◉ 型腔区域”单选框和“✓交叉区域面”复选框

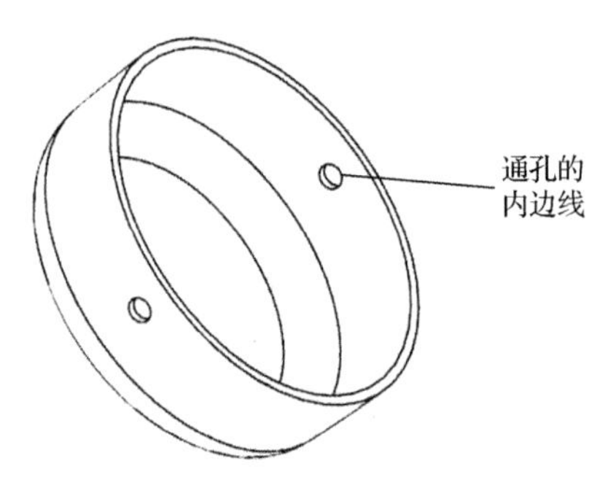

图 5-3　选择通孔的内边线

（13）在工具栏中单击“工件”按钮，在【工件】对话框中，对“类型”选择“产品工件”选项，对“工件方法”选择“用户定义的块”选项，对“定义类型”选择“草图”选项，单击“绘制截面”按钮。在工具栏中单击“快速修剪”按钮，将默认的草绘曲线全部删除后（包括虚线框），以原点为中心绘制一个矩形截面（180mm×120mm），如图 5-4 所示。

（14）单击“完成”按钮，在【工件】对话框中，把“开始距离”值设为-10mm、“结束距离”值设为 40mm。

（15）单击“确定”按钮，创建工件，如图 5-5 所示。

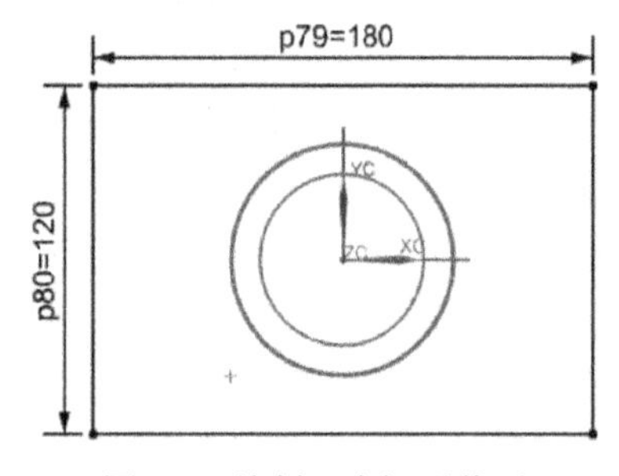

图 5-4　绘制一个矩形截面

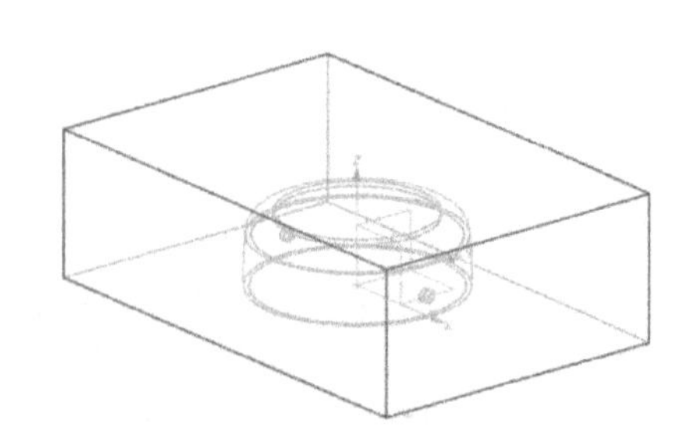

图 5-5　创建工件

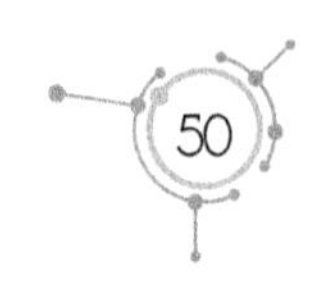

（16）单击“定义区域”按钮，在弹出的【定义区域】对话框中勾选“√创建区域”和“√创建分型线”复选框。

（17）单击“确定”按钮，创建区域及分型线。分型线在工件的口部，呈灰白色。分型线位置如图 5-6 所示。

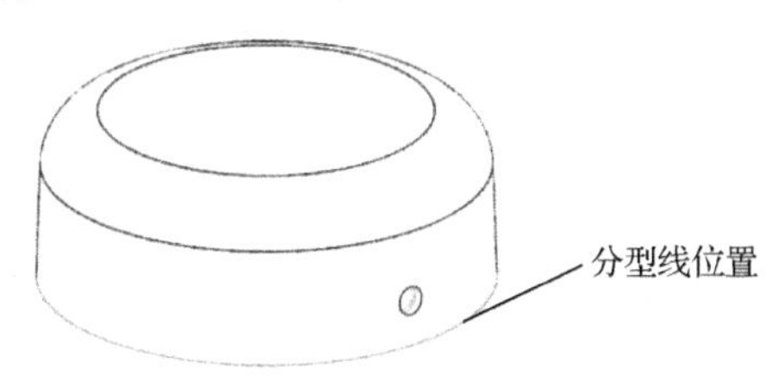

图 5-6　分型线位置

（18）单击“设计分型面”按钮，在弹出的【设计分型面】对话框中单击“有界平面”按钮，如图 5-7 所示。

（19）拖动分型面上的控制点，使分型面的范围稍大于工件截面的范围，如图 5-8 所示。然后，单击“确定”按钮。

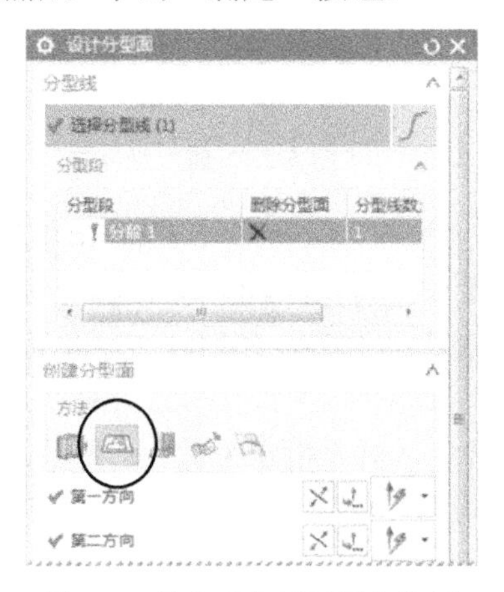

图 5-7　单击“有界平面”按钮

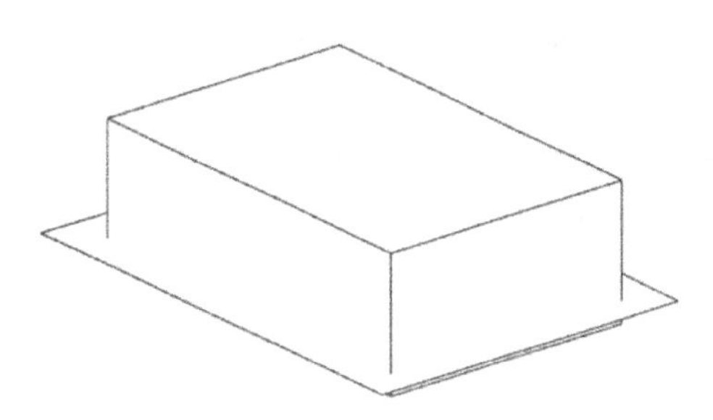

图 5-8　分型面的范围稍大于工件截面的范围

（20）单击“定义型腔和型芯”按钮，在弹出的【定义型腔和型芯】对话框中选择“所有区域”选项。

（21）单击“确定”按钮，创建型腔实体（型腔实体有两个小凸起），如图 5-9 所示。创建型芯实体，如图 5-10 所示。在型芯上与型腔配合的曲面用其他颜色显示。

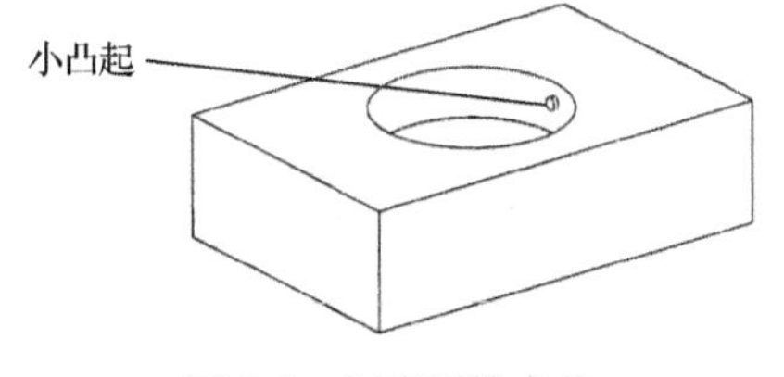

图 5-9　创建型腔实体

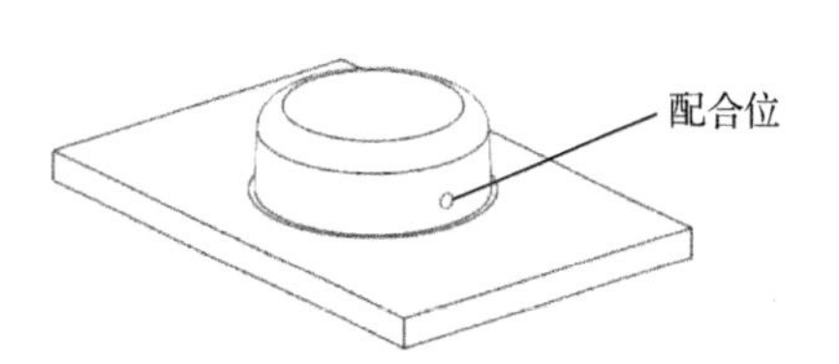

图 5-10　创建型芯实体

（22）在标题栏中选择“窗口”选项卡，选择“gaimao_top_009.prt”文件并打开它。

（23）单击“装配导航器”按钮，在“描述性部件名”栏中先展开 gaimao_layout_021 目录，再展开其下级目录 gaimao_prod_002，选择 gaimao_cavity_001 零件图。单击鼠标右键，在快捷菜单中单击“在窗口中打开”命令，如图 5-11 所示。

（24）单击“菜单｜插入｜基准/点｜基准坐标系”命令，在【基准坐标系】对话框中对“类型”选择“绝对坐标系”选项，单击“确定”按钮，插入坐标系，如图 5-12 所示。

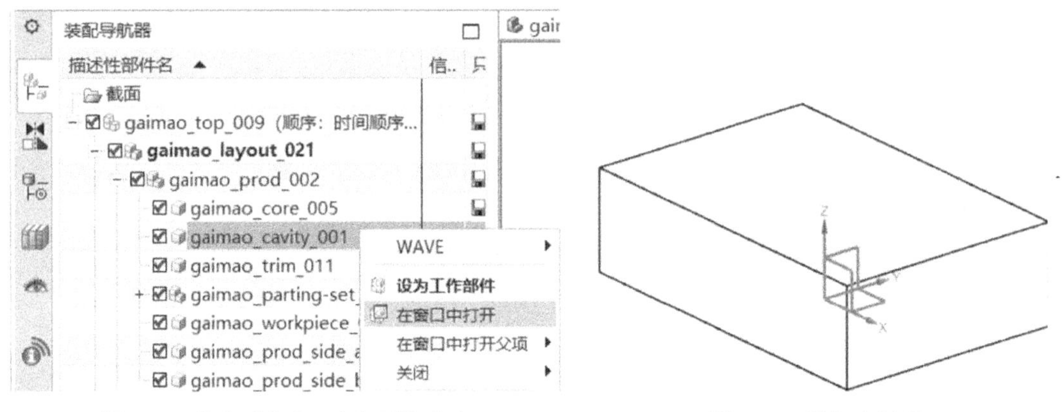

图 5-11　单击“在窗口中打开”命令　　　　图 5-12　插入坐标系

（25）在横向菜单中选择“主页”选项卡，单击“拉伸”按钮。在弹出的【拉伸】对话框中单击“绘制截面”按钮，选择 *YC-ZC* 平面作为草绘平面，以 *Y* 轴为水平参考线，绘制一个截面，如图 5-13 所示。其中，两条竖直边关于 *Y* 轴对称，一条水平边与实体边线重合。

（26）单击“完成”按钮，在【拉伸】对话框中，对“指定矢量”选择“XC↑”选项，在“开始”栏中选择“对称值”选项，把“距离”值设为 90mm，在“布尔”栏中选择“无”选项。

（27）单击“确定”按钮，创建一个拉伸体，如图 5-14 所示。

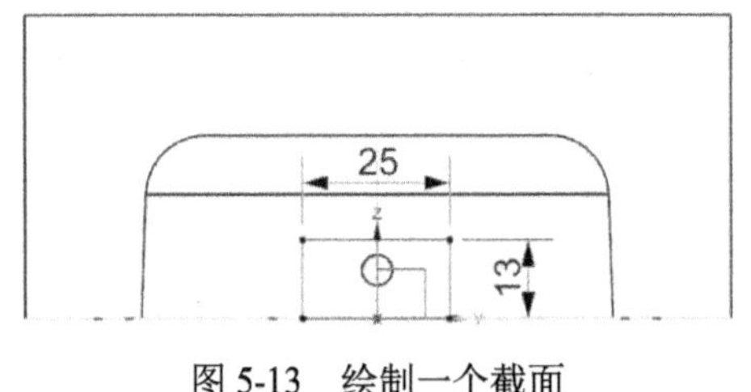

图 5-13　绘制一个截面

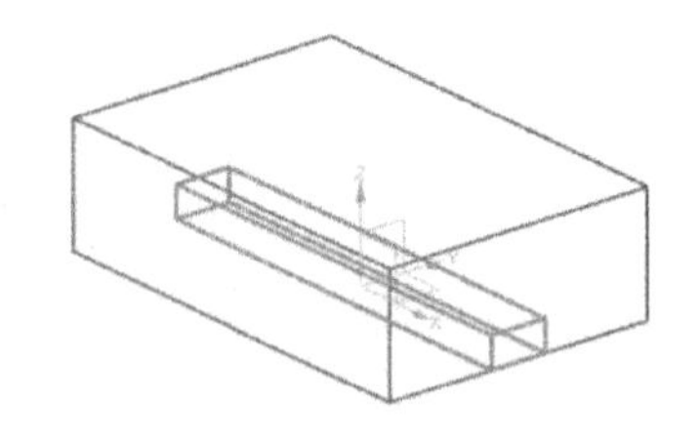

图 5-14　创建一个拉伸体

（28）单击“菜单｜插入｜组合｜相交”命令，选择步骤（27）所创建的拉伸体作为目标体，以型腔实体为工具体。在【相交】对话框中，勾选“✓保存工具”复选框，如图 5-15 所示。

（29）单击“确定”按钮，创建相交特征，如图 5-16 所示。按住鼠标中键，翻转实体。

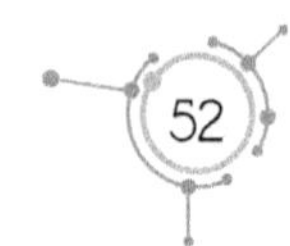

图 5-15　勾选“√保存工具”复选框

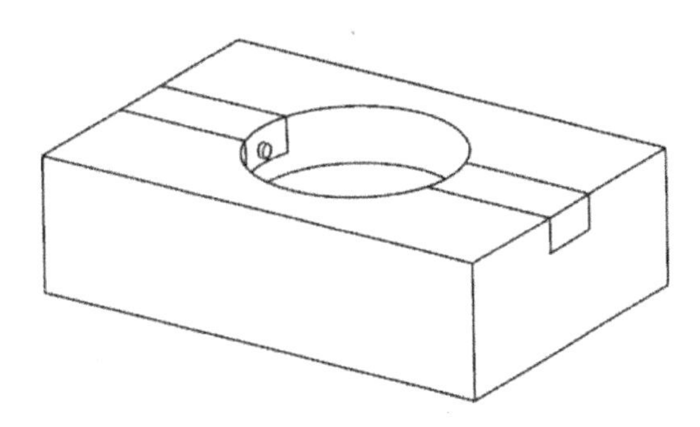

图 5-16　创建相交特征

（30）单击“菜单｜插入｜组合｜减去”命令，选择型腔实体作为目标体，以拉伸特征为工具体。在【求差】对话框中，勾选“√保存工具”复选框，如图 5-17 所示。

（31）在【求差】对话框中，勾选“√预览”复选框。预览效果如图 5-18 所示。

（32）单击“确定”按钮，创建减去特征。

图 5-17　选择“√保存工具”复选框

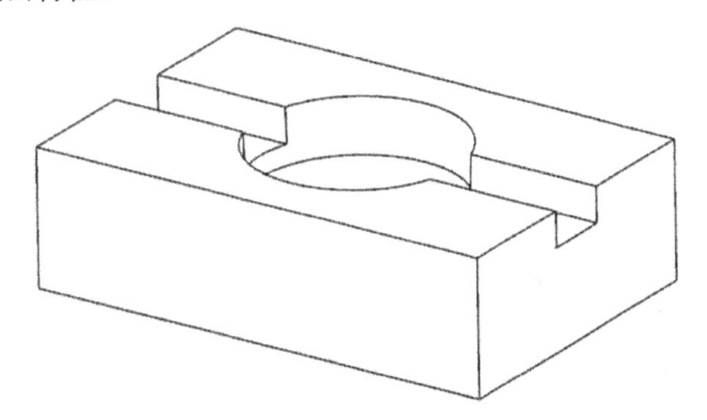

图 5-18　预览效果

（33）单击“装配导航器”按钮，在“描述性部件名”栏中的空白处，单击鼠标右键，在快捷菜单中选择“WAVE 模式”，如图 5-19 所示。

（34）选择☑ **gaimao_cavity_001**选项，单击鼠标右键，在快捷菜单中先选择“WAVE”选项，再单击“新建层”命令，如图 5-20 所示。

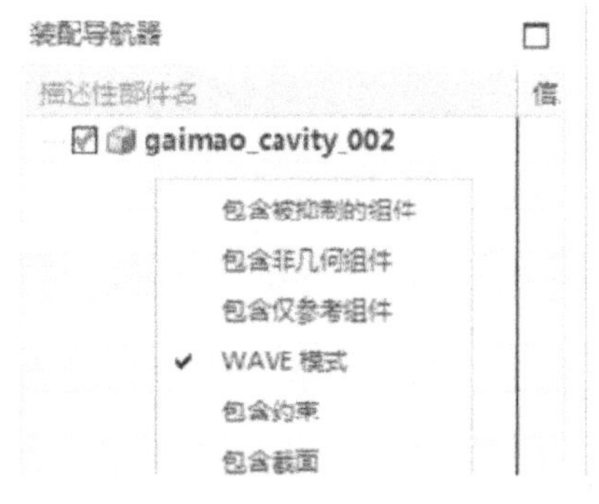

图 5-19　选择“WAVE 模式”

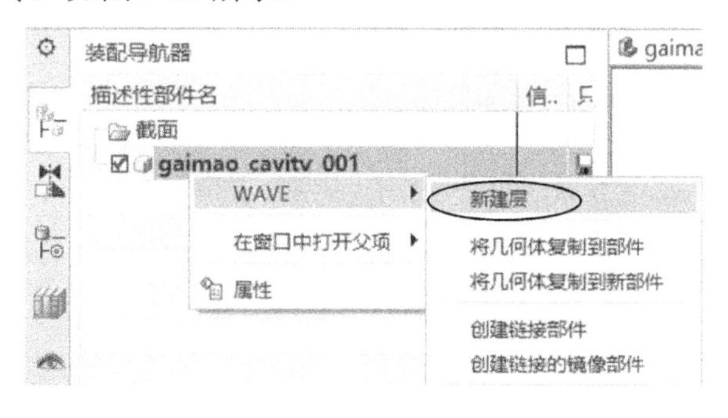

图 5-20　先选择“WAVE”选项，再单击“新建层”命令

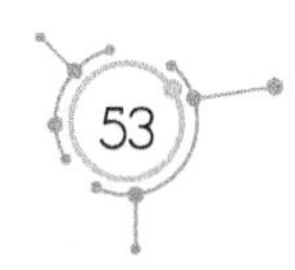

（35）在【新建层】对话框中单击“类选择”按钮，如图 5-21 所示。

（36）在“装配导航器”上方的工具条中选择“实体”选项，如图 5-22 所示。

图 5-21　单击“类选择”按钮

图 5-22　选择“实体”选项

（37）在工作区中选择两个拉伸体，如图 5-23 所示。

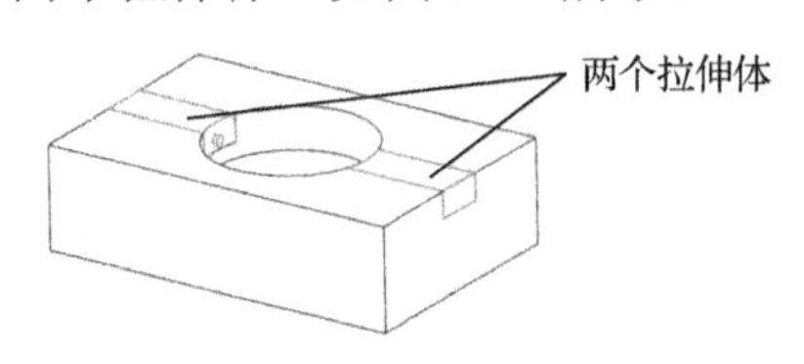

图 5-23　选择两个拉伸体

（38）在图 5-21 所示的【新建层】对话框中单击“指定部件名”按钮。

（39）在【选择部件名】对话框中将“名称”设为“hk”。

（40）单击“确定”按钮，在“描述性部件名”栏中创建一个下级目录文件“hk”，如图 5-24 所示。

（41）再次选择☑ gaimao_cavity_001选项，单击鼠标右键，在快捷菜单中先选择“WAVE”选项，再单击“新建层”命令。

（42）在【新建层】对话框中单击“类选择”按钮，参考图 5-21。

（43）在“装配导航器”上方的工具条中选择“实体”选项，参考图 5-22。

（44）在工作区中选择型腔实体，如图 5-25 所示。

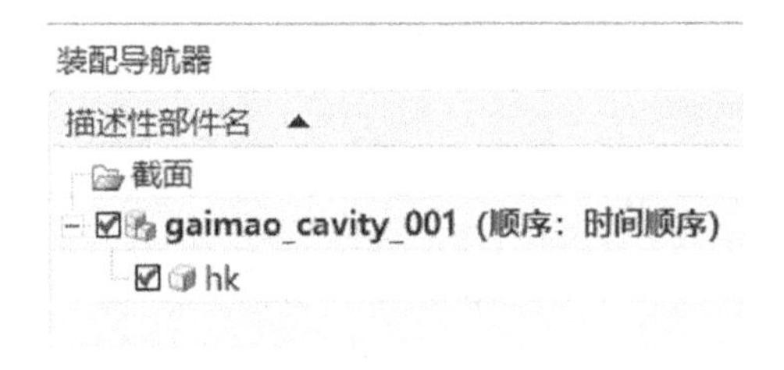

图 5-24　创建一个下级目录文件“hk”

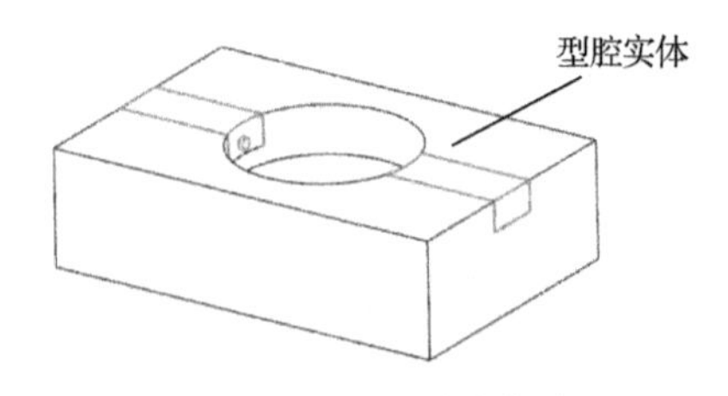

图 5-25　选择型腔实体

（45）在【新建层】对话框中单击“指定部件名”按钮。

（46）在【选择部件名】对话框中将“名称”设为“cavity”。

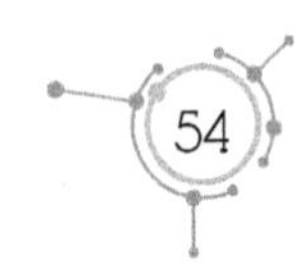

（47）单击“确定”按钮，在“描述性部件名”栏中创建另一个下级目录文件“cavity”，如图 5-26 所示。

（48）在标题栏中选择“窗口”选项卡，选择“gaimao_top_009.prt”文件并打开它。

（49）单击“装配导航器”按钮，在“描述性部件名”栏中选择☑ gaimao_top_009选项。单击鼠标右键，在快捷菜单中单击“设为工作部件”命令，参考图 3-12。

（50）单击“菜单｜装配｜爆炸图｜新建爆炸图”命令，在弹出的【新建爆炸图】对话框中，把“名称”设为“explosion 1”。

（51）单击“菜单｜装配｜爆炸图｜编辑爆炸图”命令，移动各零件组成爆炸图。所得爆炸图如图 5-27 所示。

图 5-26　创建另一个下级目录文件“cavity”

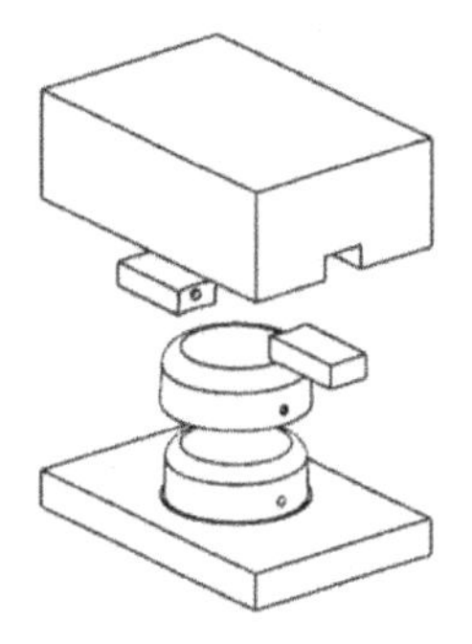

图 5-27　爆炸图

（52）在“描述性部件名”栏中选择☑ gaimao_top_009文件。单击鼠标右键，在快捷菜单中单击“设为工作部件”命令。

（53）单击“保存”按钮，保存所有文档。

习　　题

绘制如图 5-28 所示的产品结构图，然后进行模具设计，并在型腔上设计滑块。

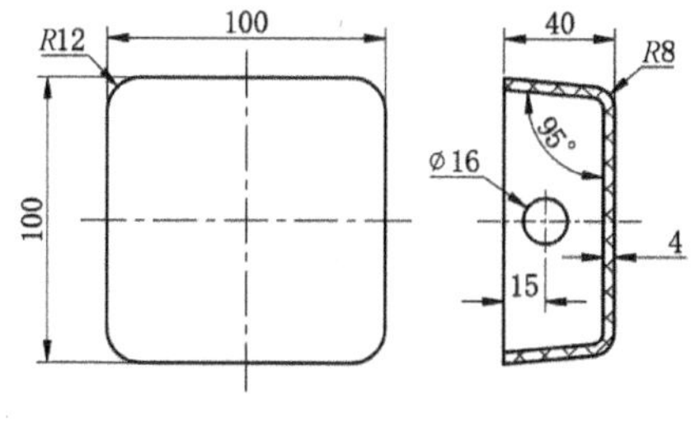

图 5-28　产品结构图

第6章　异形分型面的模具设计

本章以一个异形分型面产品为例，介绍其模具设计过程，使读者加深对 UG 塑料模具设计的理解。

（1）启动 UG 12.0，打开 fanggai.prt 文件，产品外形如图 6-1 所示。

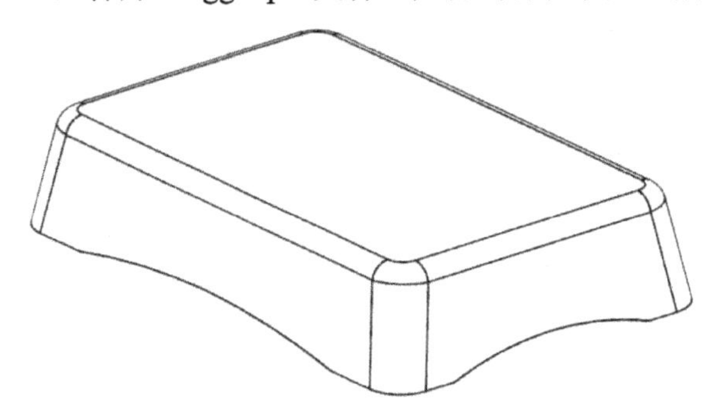

图 6-1　产品外形

（2）工件分析：分型面不规则；本例产品的 4 个角位是圆弧，所设计的分型面需要过渡曲线。

（3）先单击横向菜单栏的“应用模块”选项卡，再单击“注塑模”按钮，在横向菜单栏中添加“注塑模向导”选项。

（4）单击“初始化项目”按钮，在弹出的【初始化项目】对话框中，把“收缩”值设为 1.005。单击“确定”按钮，完成【初始化项目】对话框参数的设置。

（5）在“分型刀具”区域单击“检查区域”按钮，在弹出的【检查区域】对话框中选择“计算”选项，对“指定脱模方向”选择“ZC↑”选项，选择“◉保持现有的”单选框，单击“计算”按钮。

（6）在【检查区域】对话框中选择“区域”选项卡，取消“☐内环”、“☐分型边”和“☐不完整的环”复选框中的“√”，选择“◉型腔区域”单选框。单击“设置区域颜色”按钮，工件呈现 2 种颜色：外表面（型腔曲面）呈棕色，内表面（型芯曲面）呈蓝色。

（7）在工具栏中单击“工件”按钮，在弹出的【工件】对话框中，对“类型”选择“产品工件”选项，对“工件方法”选择“用户定义的块”选项，对“定义类型”选择“草图”选项，单击“绘制截面”按钮。在工具栏中单击“快速修剪”按钮，将默认的草绘曲线全部删除后（包括虚线框），以原点为中心绘制一个矩形

（210mm×160mm），如图 6-2 所示。

（8）单击“完成”按钮，在【工件】对话框中把“开始距离”值设为-10mm、“结束距离”值设为 40mm。

（9）单击“确定”按钮，创建工件，如图 6-3 所示。

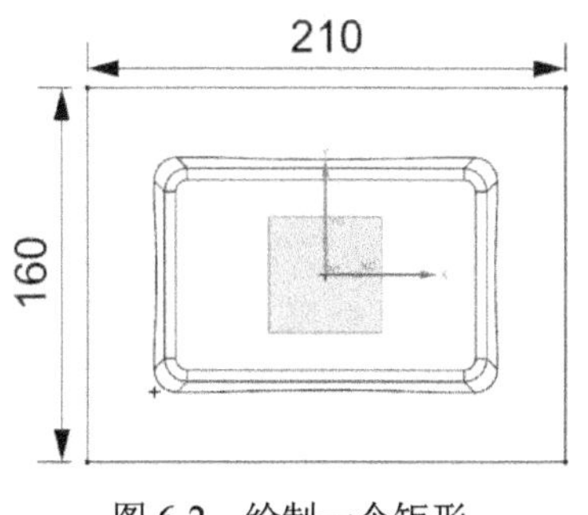

图 6-2　绘制一个矩形

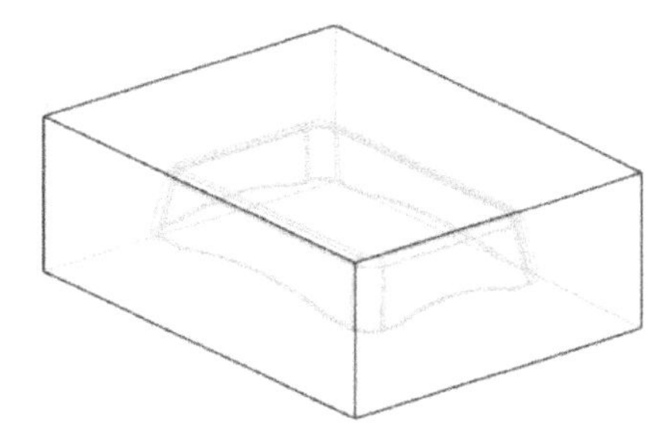

图 6-3　创建工件

（10）单击“定义区域”按钮，在弹出的【定义区域】对话框中勾选“✓创建区域”和“✓创建分型线”复选框。

（11）单击“确定”按钮，创建区域及分型线。分型线在工件的口部，呈灰白色。分型线位置如图 6-4 所示。

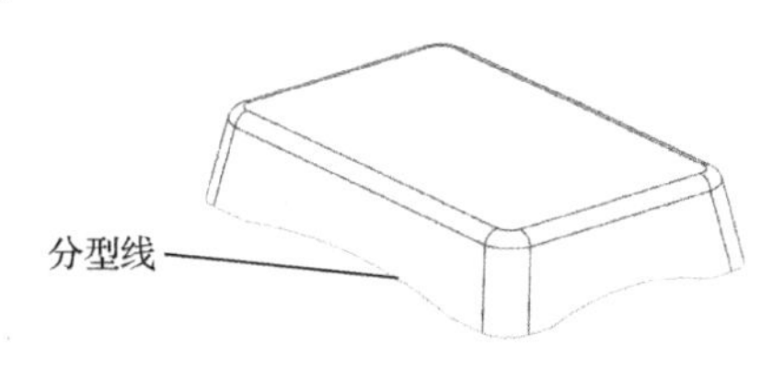

图 6-4　分型线位置

（12）单击“设计分型面”按钮，在弹出的【设计分型面】对话框中展开“编辑分型段”栏，单击“选择过渡曲线”按钮，如图 6-5 所示。

图 6-5　单击“选择过渡曲线”按钮

（13）选择工件 4 个角位处的分型曲线作为过渡曲线，如图 6-6 所示（图中只显示可见的 3 个角位）。

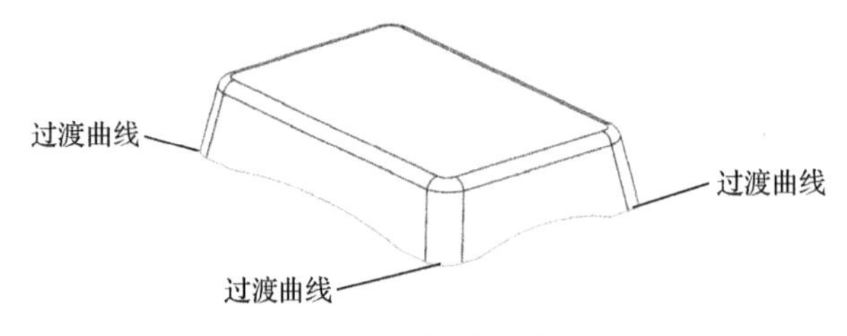

图 6-6　选择过渡曲线

（14）再次单击“设计分型面”按钮，在弹出的【设计分型面】对话框中单击“条带曲面”按钮，如图 6-7 所示。

图 6-7　单击“条带曲面”按钮

（15）在活动窗口中把“延伸距离”值设为 100（单位：mm），如图 6-8 所示。

注意：需要确保条带曲面的范围比工件稍大。

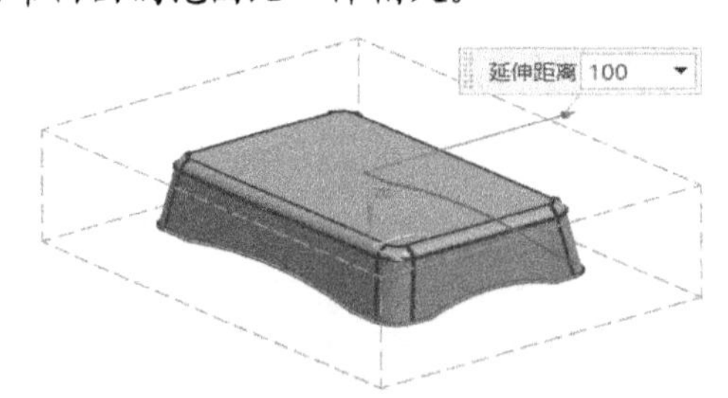

图 6-8　把“延伸距离”值设为 100

（16）单击“应用”按钮，创建第一个方向上的条带曲面（分型面）。

（17）重复在【设计分型面】对话框中选择“条带曲面”按钮，单击“应用”按钮。

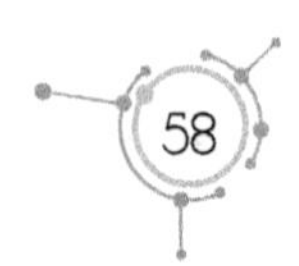

（18）重复三次，创建整个工件的分型面，如图 6-9 所示。

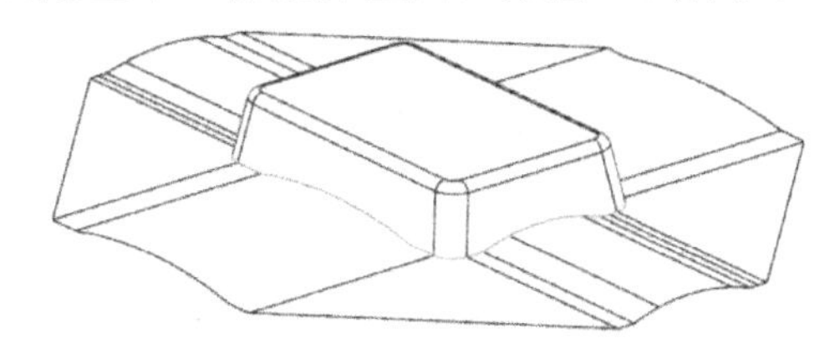

图 6-9　创建整个工件的分型面

（19）单击“定义型腔和型芯”按钮，在弹出的【定义型腔和型芯】对话框中选择“所有区域”。

（20）单击“确定”按钮，创建型腔实体，如图 6-10 所示。创建型芯实体，如图 6-11 所示。

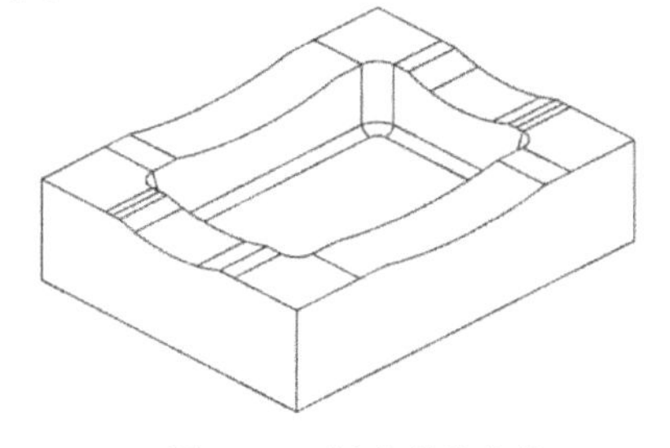

图 6-10　创建型腔实体

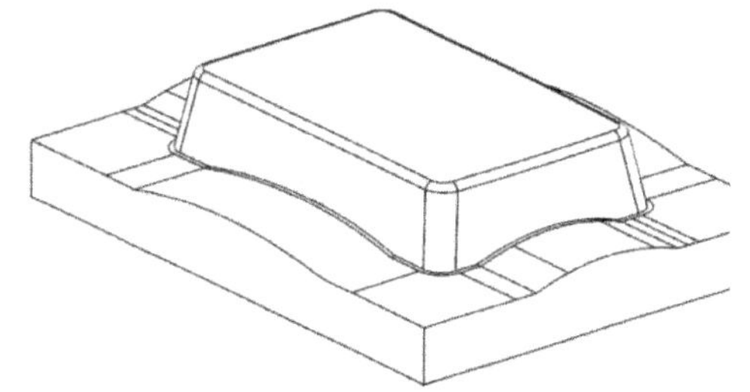

图 6-11　创建型芯实体

（21）在标题栏中选择“窗口”选项卡，选择“fangai_ top_009.prt”文件并打开它。

（22）单击“装配导航器”按钮，在“描述性部件名”栏中选择☑ fangai_top_009 选项。单击鼠标右键，在快捷菜单中，单击“设为工作部件”命令，参考图 3-12。

（23）单击“菜单｜装配｜爆炸图｜新建爆炸图”命令，在弹出的【新建爆炸图】对话框中，把“名称”设为“explosion 1”。

（24）单击“菜单｜装配｜爆炸图｜编辑爆炸图”命令，在弹出的【编辑爆炸图】对话框中选择“◉ 选择对象”单选框，在工作区中选择工件上表面。在【编辑爆炸图】对话框中选择“◉ 移动对象”单选框，选择 *Z* 轴的箭头，移动所选择的零件。

（25）采用相同的方法，移动其他部件，如图 6-12 所示。

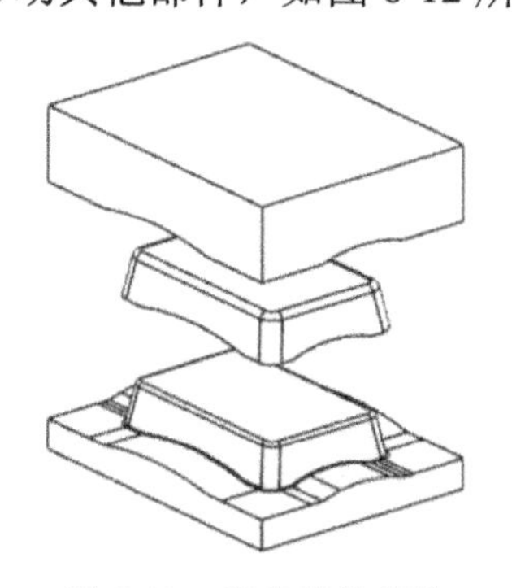

图 6-12　移动其他部件

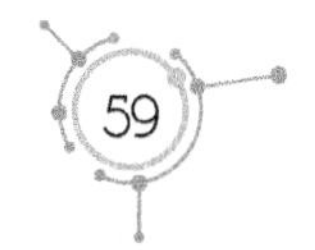

（26）在“描述性部件名”栏中，选择☑ fangai_top_000选项。单击鼠标右键，在快捷菜单中，单击“设为工作部件”命令。

（27）单击“保存”按钮，保存所有文档（包括分型面和工件等）。这些文档都保存在起始目录下。

习　题

绘制如图 6-13 所示的产品结构图，并进行模具设计。

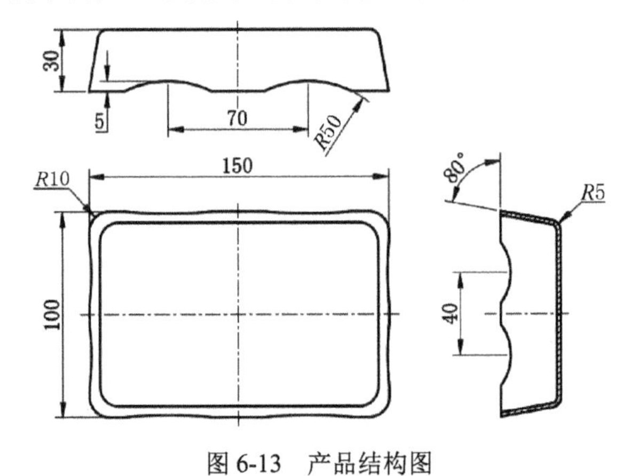

图 6-13　产品结构图

第7章　管件类的模具设计

本章以一个三通管件为例，介绍如何运用 UG 进行模具设计，使读者加深对管件类塑料模具设计的理解。

（1）启动 UG 12.0，打开 santong.prt 文件，零件图如图 7-1 所示。

（2）先单击横向菜单栏的“应用模块”选项卡，再单击“注塑模”按钮，在横向菜单栏中添加“注塑模向导”选项卡。

（3）单击“初始化项目”按钮，在弹出的【初始化项目】对话框中，把“收缩”值设为 1.005。单击“确定”按钮，完成【初始化项目】对话框参数的设置。

（4）按键盘上的 W 键，显示动态坐标系，如图 7-2 所示。

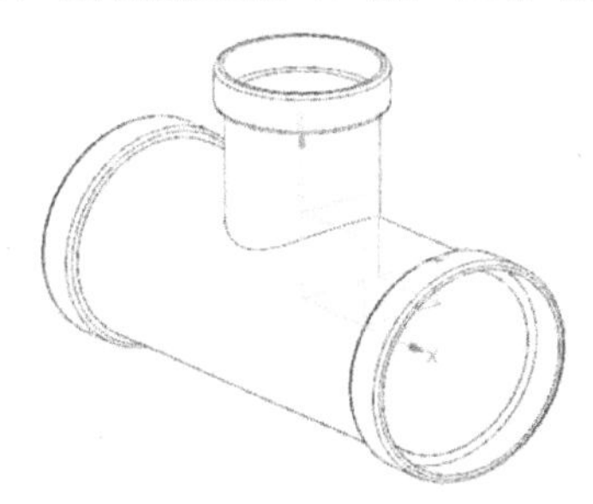

图 7-1　零件图

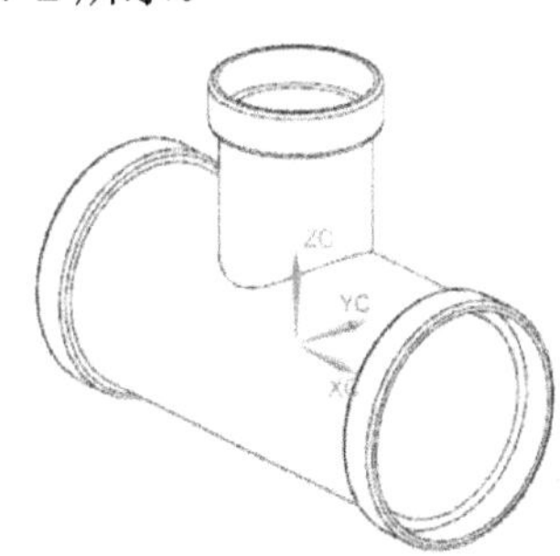

图 7-2　显示动态坐标系

（5）单击“菜单｜格式｜WCS｜旋转”命令，在【旋转 WCS】对话框中选择“◉ -XC 轴：ZC→YC”选项，把“角度”值设为 90.0000，如图 7-3 所示。

（6）单击“确定”按钮，模具坐标系旋转 90°，效果如图 7-4 所示。

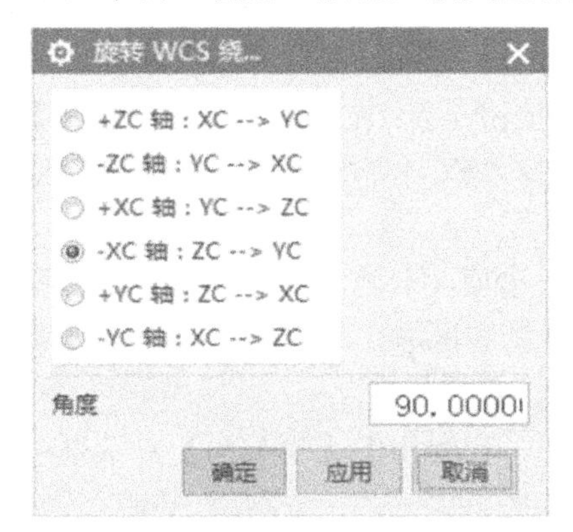

图 7-3　设置【旋转 WCS】对话框参数

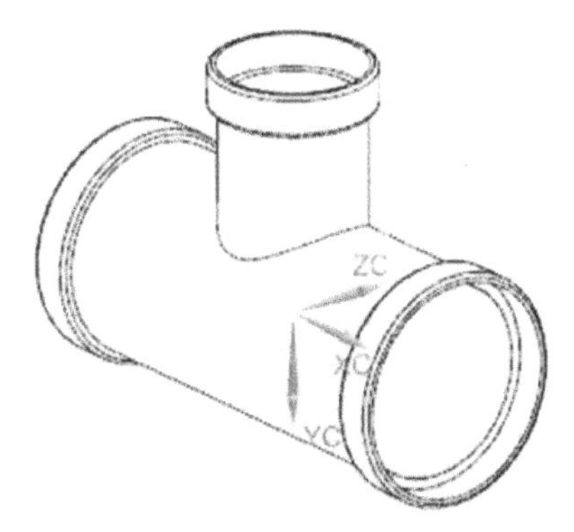

图 7-4　模具坐标系旋转 90°后的效果

（7）在工具栏中单击“模具坐标系”按钮，在弹出的【模具坐标系】对话框中选择“◉ 当前 WCS”单选框，如图 7-5 所示。

（8）单击“确定”按钮，产品旋转 90°，效果如图 7-6 所示。

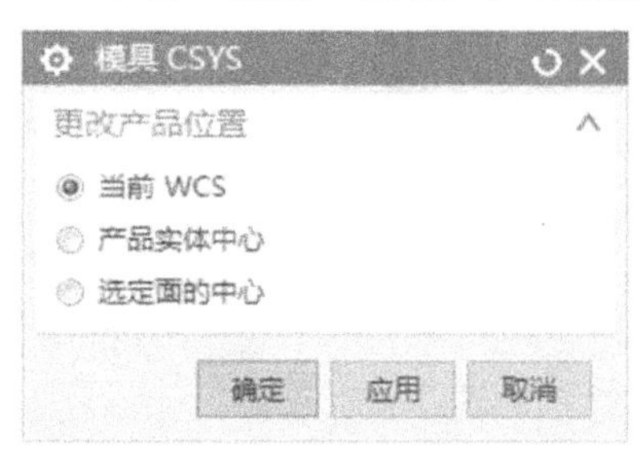

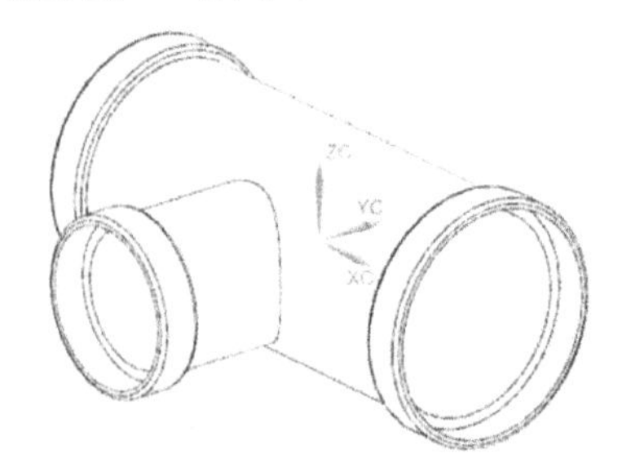

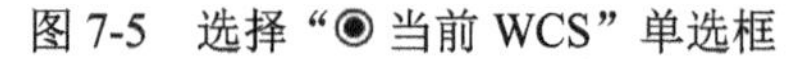

图 7-5　选择“◉ 当前 WCS”单选框

图 7-6　产品旋转 90° 后的效果

（9）在工具栏中单击“工件”按钮，在弹出的【工件】对话框中，对“类型”选择“产品工件”选项，对“工件方法”选择“用户定义的块”选项，对“定义类型”选择“草图”选项，单击“绘制截面”按钮。在工具栏中单击“快速修剪”按钮，将默认的草绘曲线全部删除后（包括虚线框），绘制一个矩形（170mm×135mm），如图 7-7 所示。

（10）单击“完成”按钮，在【工件】对话框中，把“开始距离”值设为-50mm、“结束距离”值设为 50mm。

（11）单击“确定”按钮，创建一个工件，如图 7-8 所示。

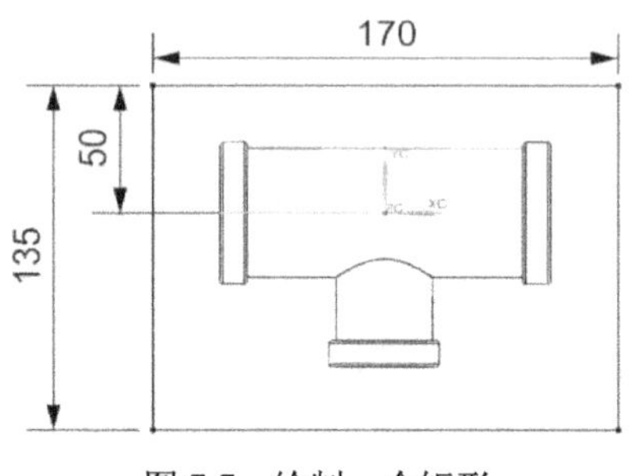

图 7-7　绘制一个矩形

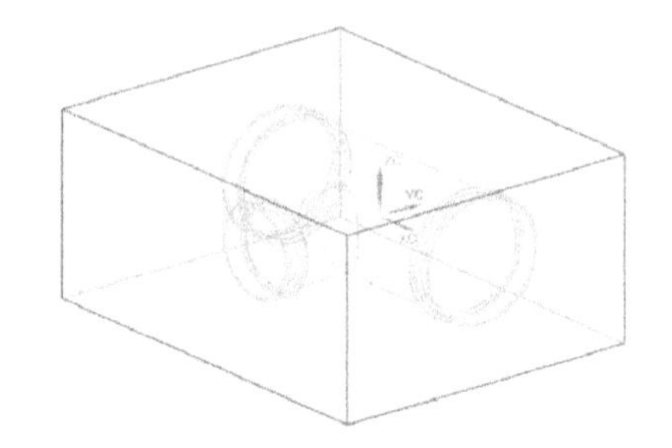

图 7-8　创建一个工件

（12）在“分型刀具”区域单击“检查区域”按钮，在弹出的【检查区域】对话框中选择“计算”选项，对“指定脱模方向”选择“YC↑”选项，选择“◉ 保持现有的”单选框，单击“计算”按钮。

（13）在【检查区域】对话框中选择“区域”选项，取消“□内环”、“□分型边”和“□不完整的环”复选框中的“√”。选择“◉ 型腔区域”单选框，单击“设置区域颜色”按钮，所有曲面都变成青色。

（14）选择“面”选项，单击“面拆分”按钮，在弹出的【拆分面】对话框中，对“类型”选择“□平面/面”选项。

（15）用框选方式，选择产品所有面作为需要分割的面。

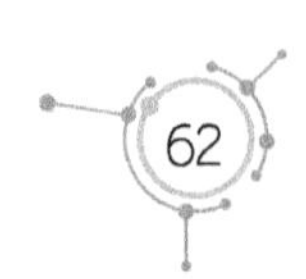

（16）在【拆分面】对话框中单击“添加基准平面”按钮，在【基准平面】对话框中，对“类型”选择“XC-ZC 平面”选项，选择“◉ WCS”单选框，把“距离”值设为 0mm，如图 7-9 所示。

（17）单击 3 次“确定”按钮，产品的曲面被拆分。拆分后的曲面中间出现一条拆分线，如图 7-10 所示。

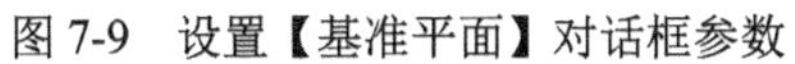
图 7-9　设置【基准平面】对话框参数

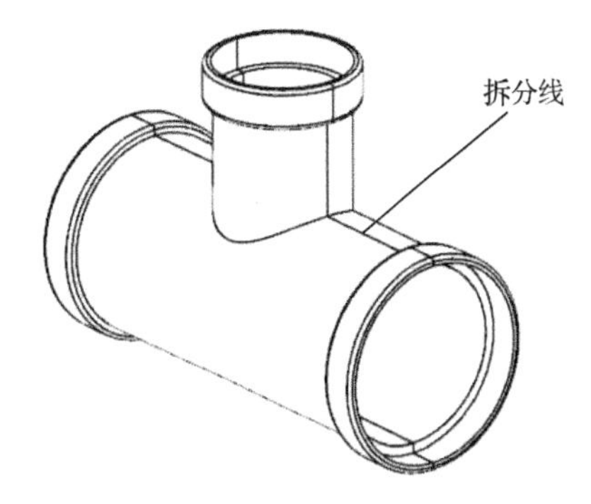

图 7-10　拆分后的曲面中间出现一条拆分线

（18）再次在“分型刀具”区域单击“检查区域”按钮，在弹出的【检查区域】对话框中选择“计算”选项，对“指定脱模方向”选择“YC↑”选项。单击“◉ 保持现有的”单选框，单击“计算”按钮。

（19）在【检查区域】对话框中选择“区域”选项，选择“◉ 型腔区域”单选框，单击“设置区域颜色”按钮。曲面呈现 3 种颜色：棕色（型腔）、蓝色（型芯）和青色（内表面），如图 7-11 所示。

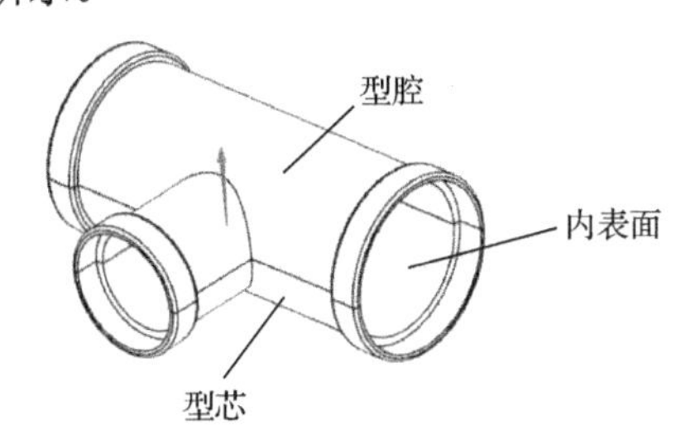

图 7-11　曲面的型腔、型芯和内表面以 3 种颜色显示

（20）再次在【检查区域】对话框中选择“◉ 型芯区域”单选框，勾选“✓未知的面”复选框。单击“确定”按钮，青色的内表面变成蓝色。此时，产品上只有棕色和蓝色两种颜色。

（21）单击“菜单｜格式｜图层设置”命令，在弹出【图层设置】对话框中设置参数，在“工作层”栏中输入“2”，按 Enter 键，把第 2 个图层设定为工作层。

（22）单击“定义区域”按钮，在弹出的【定义区域】对话框中勾选“✓创建区域”和“✓创建分型线”复选框。单击“确定”按钮，创建区域与分型线，分型线呈浅白色。分型线位置如图 7-12 所示。

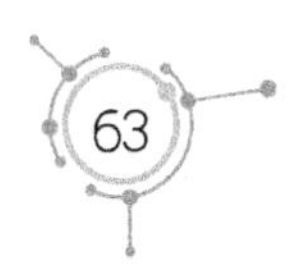

（23）单击“菜单丨格式丨图层设置”命令，取消“□1”复选框中的“√”，隐藏第1个图层，只显示分型线，如图7-13所示。

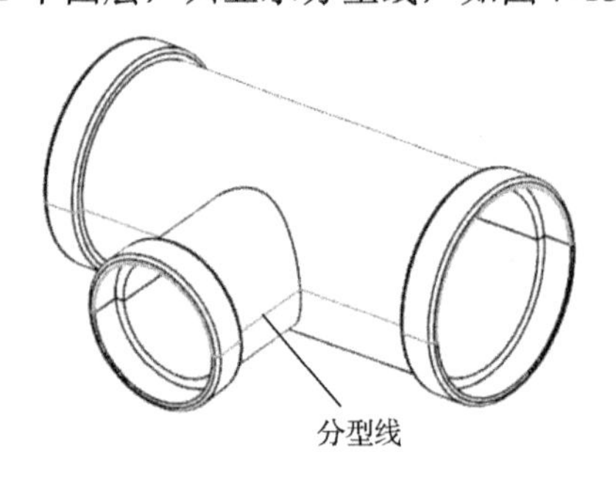

图7-12　分型线位置

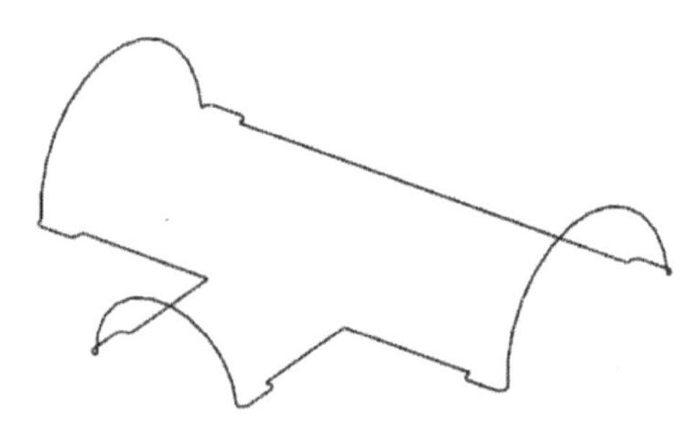

图7-13　只显示分型线

（24）在“分型刀具”栏中单击“分型导航器”按钮，如图7-14所示。

（25）在“分型导航器”对话框中取消“□产品实体”复选框中的“√”，如图7-15所示。隐藏产品实体，只显示分型线和工件。

图7-14　单击“分型导航器”按钮

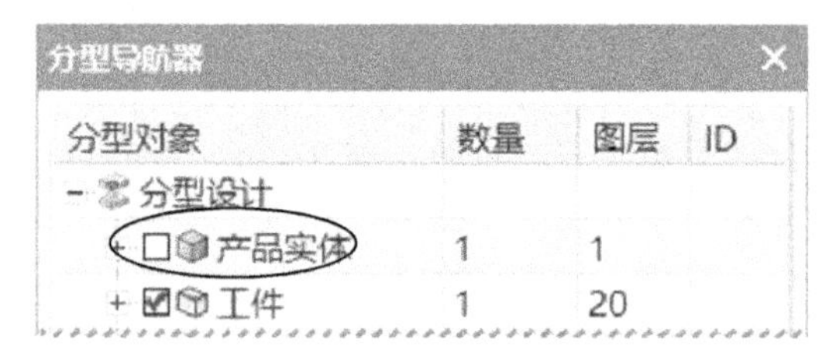

图7-15　取消“□产品实体”复选框中的“√”

（26）在横向菜单中先单击“应用模块”选项卡，再单击“建模”按钮，切换到建模环境。

（27）在横向菜单中先选择“主页”选项卡，再单击“拉伸”按钮，在工作区上方的辅助工具条中选择“单条曲线”选项，如图7-16所示。

图7-16　选择“单条曲线”

（28）选择管口分型线，对【拉伸】对话框中，对“指定矢量”选择“XC↑”选项，选择“✓开放轮廓智能体”复选框。在“开始”栏中选择“值”选项，把“距离”值设为0mm。在“结束”栏中选择“直至选定”选项，在“拔模”栏中选择“从起始限制”选项，把“角度”值设为-5deg，如图7-17所示。

（29）选择工件的侧面，创建1个曲面，曲面呈喇叭形，逐渐变大（如果曲面逐渐变小，就把“角度”值设为5deg）。

（30）采用相同的方法，创建其余2个曲面，共创建3个曲面，如图7-18所示。

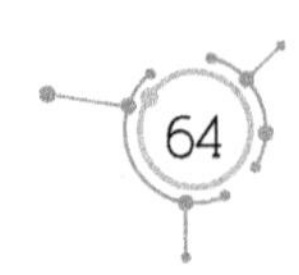

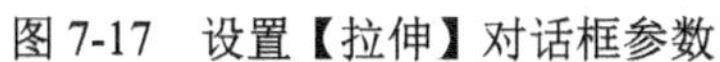
图 7-17　设置【拉伸】对话框参数

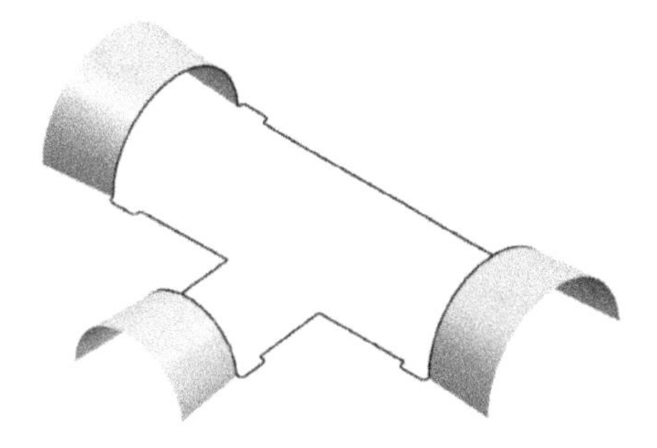
图 7-18　共创建 3 个曲面

（31）单击“拉伸”按钮，以工件的侧面为草绘平面，绘制一条直线（与水平轴重合）如图 7-19 所示。

（32）单击“确定”按钮，拉伸长度为 135mm，创建拉伸曲面（该曲面的面积不能比工件的面积小），如图 7-20 所示。

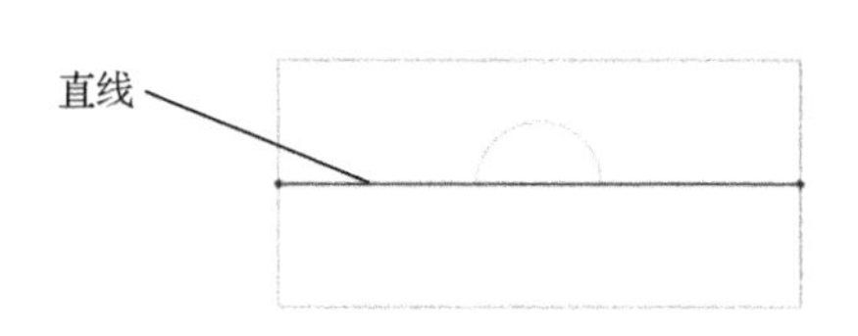

图 7-19　绘制一条直线（与水平轴重合）

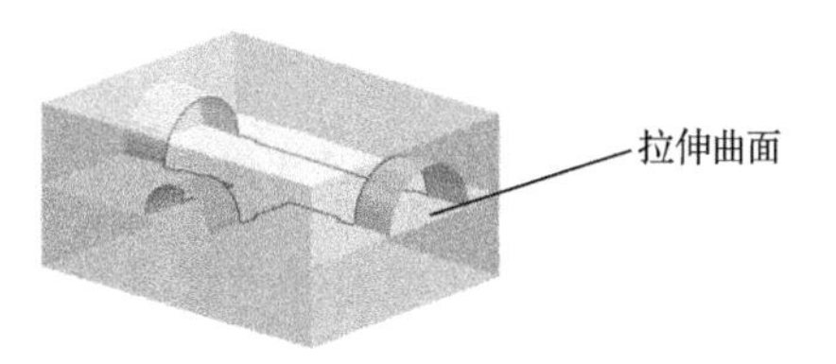

图 7-20　创建拉伸曲面

（33）单击“菜单 | 插入 | 修剪 | 修剪片体”命令，以步骤（32）创建的拉伸曲面为修剪对象，选择如图 7-21 所示的位置。

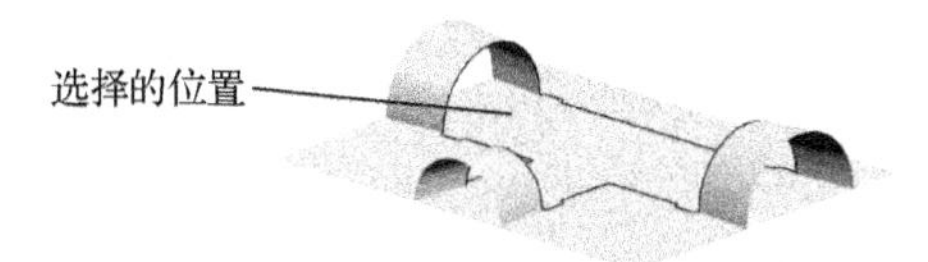

图 7-21　选择的位置

（34）选择图 7-18 的 3 个拉伸曲面和图 7-13 的分型线（3 条半圆曲线除外）作为修剪边界，在【修剪片体】对话框中，选择“◉ 放弃”单选框，修剪后的分型面如图 7-22 所示。

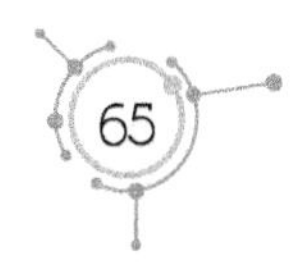

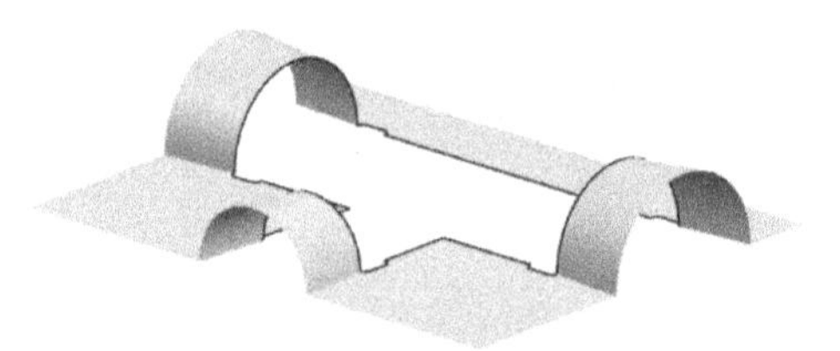

图 7-22　修剪后的分型面

（35）在横向菜单中先单击“应用模块”选项卡，再单击“注塑模向导”按钮，切换到注塑模向导模块。

（36）单击“编辑分型面与曲面补片”按钮，选择图 7-22 所示的曲面。单击“确定”按钮，所选择的曲面转换为分型面。

（37）单击“定义型腔和型芯”按钮，在弹出的【定义型腔和型芯】对话框中选择“所有区域”选项。单击“确定”按钮，创建型腔实体（见图 7-23）和型芯实体（见图 7-24）。

提示：如果不能完成这个步骤，那就将 4 个拉伸曲面稍微做大一些，范围需超出工件。

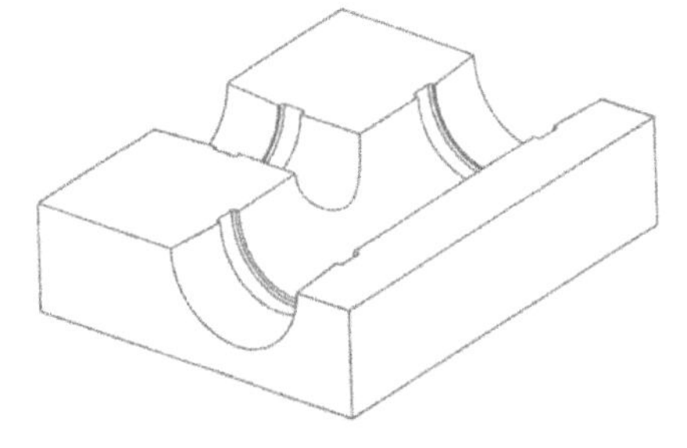

图 7-23　型腔实体

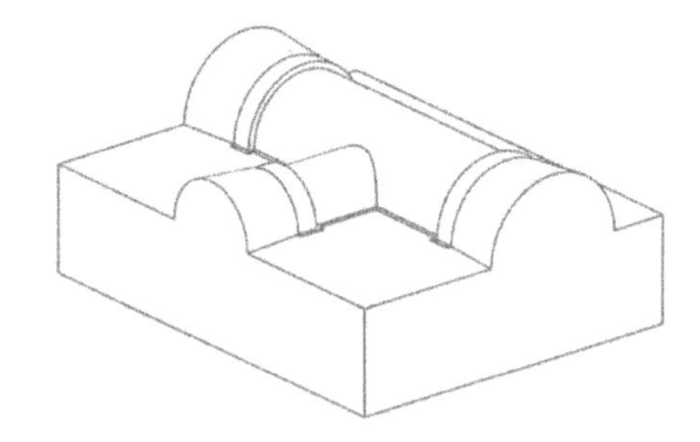

图 7-24　型芯实体

（38）在标题栏中选择“窗口”选项卡，选择 santong_core_005.prt 文件，打开型芯实体，如图 7-25 所示。

（39）单击“菜单｜插入｜基准/点｜基准坐标系”命令，插入基准坐标系。

（40）单击“菜单｜格式｜图层设置”命令，弹出【图层设置】对话框。设置该对话框参数，在“工作层”栏中输入“2”，按 Enter 键，把第 2 个图层设定为工作层。

（41）单击“菜单｜插入｜设计特征｜旋转”命令，选择 *XC-YC* 平面作为草绘平面，以 *X* 轴为水平参考线，连接各个端点和圆心，绘制一个截面，如图 7-26 中的粗线所示。

（42）单击“完成”按钮，在【旋转】对话框中，对“指定矢量”选择“XC↑”选项，把“旋转点”设为（0，0，0）、“开始角度”值设为 0、“结束角度”值设为 360°；在“布尔”栏中，选择“无”选项。

（43）单击“确定”按钮，创建旋转体 1，如图 7-27 所示。

（44）单击“菜单｜格式｜图层设置”命令，取消其他图层前面的“√”，只显示第 2 个图层的旋转体，如图 7-28 所示。

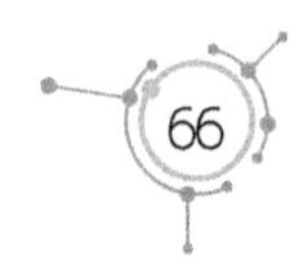

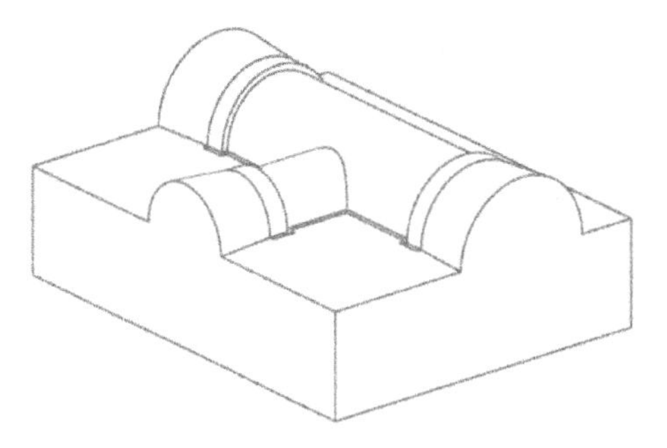

图 7-25　打开型芯实体

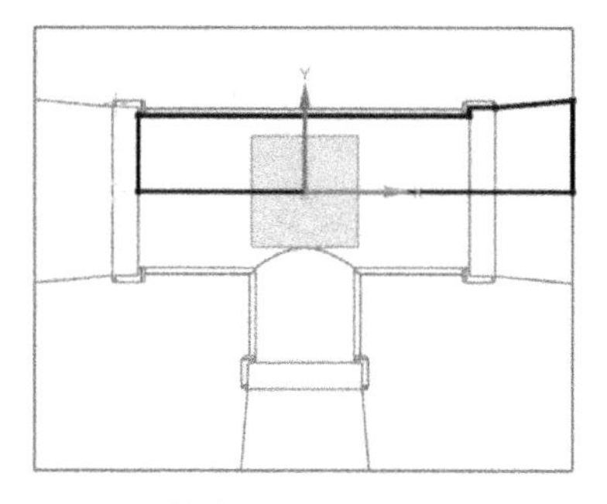

图 7-26　按步骤（41）绘制一个截面

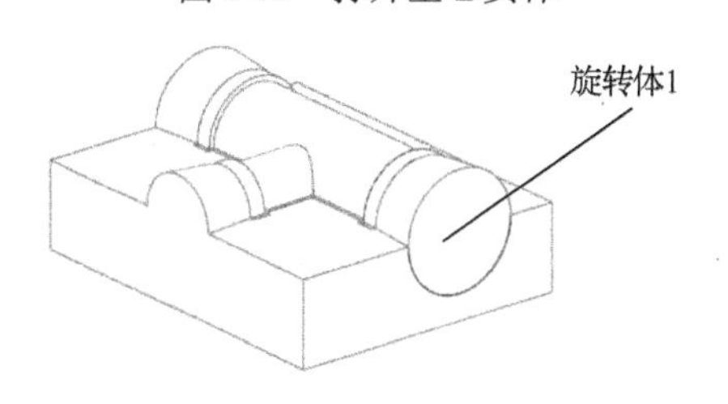

图 7-27　创建旋转体 1

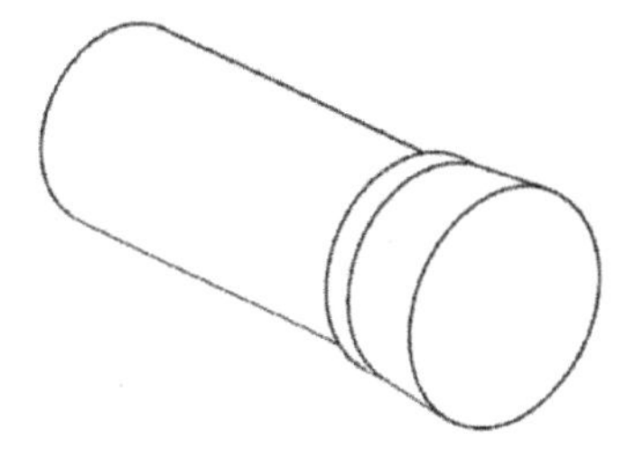

图 7-28　只显示第 2 个图层的旋转体

（45）单击“菜单 | 格式 | 图层设置”命令，显示其他图层。

（46）单击“菜单 | 插入 | 设计特征 | 旋转”命令，选择 *XC-YC* 平面作为草绘平面，以 *X* 轴为水平参考线，绘制一个截面，如图 7-29 中的粗线所示。

（47）单击“完成”按钮🏁，在【旋转】对话框中，对“指定矢量”选择“XC↑”选项，把“旋转点”坐标设为（0，0，0）、“开始角度”值设为 0、“结束角度”值设为 360°；在“布尔”栏中，选择“无”选项。

（48）单击“确定”按钮，创建旋转体 2，如图 7-30 所示。

（49）单击“菜单 | 格式 | 图层设置”命令，取消其他图层前面的“√”，只显示第 2 个图层的实体。

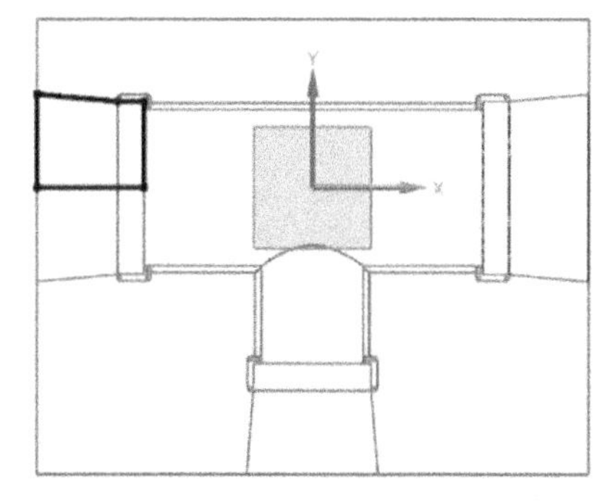

图 7-29　按步骤（46）绘制一个截面

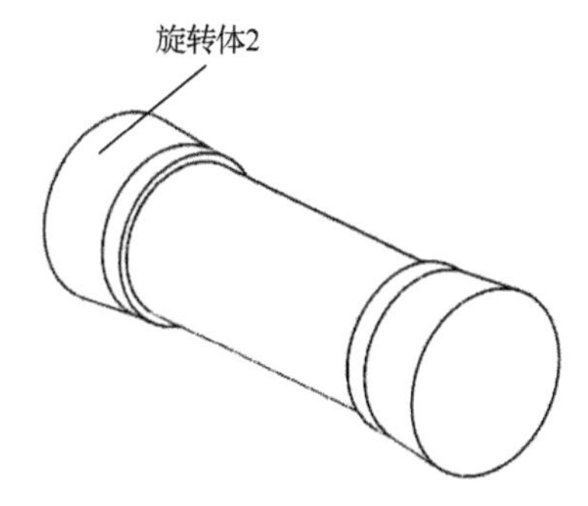

图 7-30　创建旋转体 2

（50）单击“菜单 | 格式 | 图层设置”命令，显示其他图层。

（51）单击“菜单 | 插入 | 设计特征 | 旋转”命令，选择 *XC-YC* 平面作为草绘平面，

以 X 轴为水平参考线，绘制一个截面，如图 7-31 中的粗线所示。

（52）单击“完成”按钮，在【旋转】对话框中，对“指定矢量”选择“YC↑”选项，把“旋转点”设为（0，0，0）、“开始角度”值设为 0，“结束角度”值设为 360°；在“布尔”栏中，选择“无”选项。

（53）单击“确定”按钮，创建旋转体 3，如图 7-32 所示。

（54）单击“菜单｜格式｜图层设置”命令，取消其他图层前面的“√”，只显示第 2 个图层的旋转体。

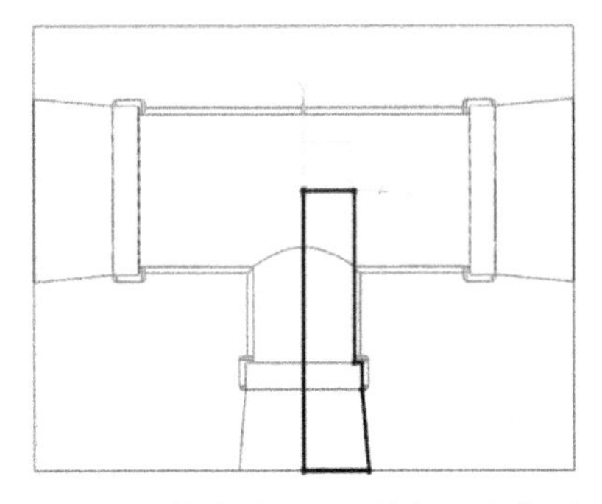

图 7-31　按步骤（51）绘制一个截面

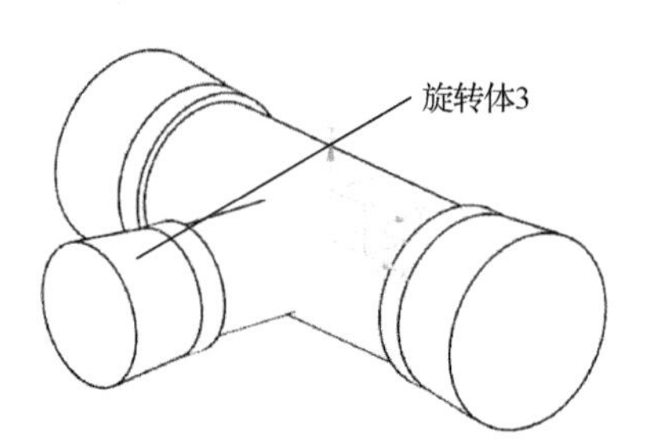

图 7-32　创建旋转体 3

（55）单击“菜单｜插入｜组合｜减去”命令，以旋转体 3 为目标体，以旋转体 1 为工具体。在【求差】对话框中选择“√保存工具”复选框，如图 7-33 所示。

（56）单击“确定”按钮，修整旋转体 3。此时，旋转体 3 与旋转体 1 有相交线，如图 7-34 所示。

图 7-33　选择“√保存工具”复选框

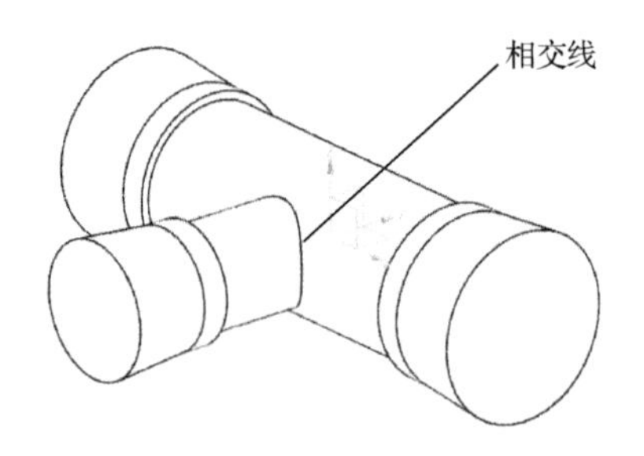

图 7-34　旋转体 3 与旋转体 1 有相交线

（57）隐藏旋转体 1 与旋转体 2，只显示旋转体 3，如图 7-35 所示。

（58）单击“菜单｜格式｜图层设置”命令，显示其他图层。

（59）单击“菜单｜插入｜组合｜减去”命令，以型芯实体为目标体，以 3 个旋转体为工具体。在【求差】对话框中勾选“√保存工具”复选框，单击“确定”按钮，修整型芯。

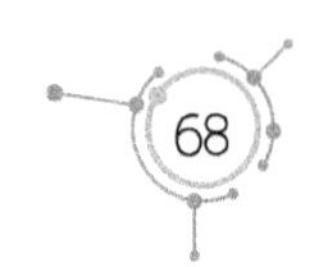

（60）单击“菜单 | 格式 | 图层设置”命令，弹出【图层设置】对话框。设置该对话框参数，在“工作层”栏中输入“2”，按 Enter 键，把第 2 个图层设定为工作层；取消其他图层前面的“ √”，只显示型芯，如图 7-36 所示。

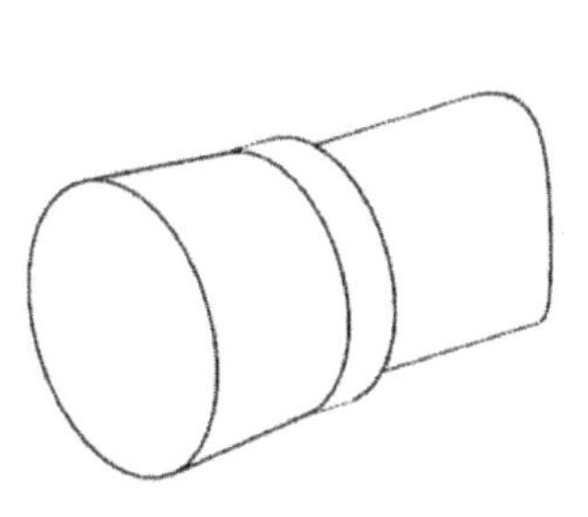

图 7-35　只显示旋转体 3

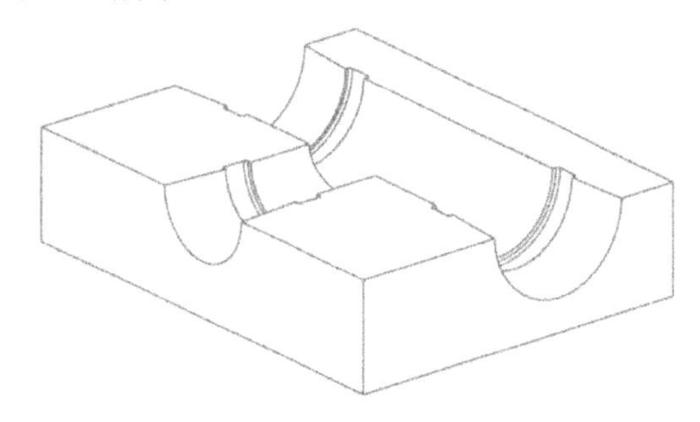

图 7-36　只显示型芯

（61）单击“菜单 | 格式 | 图层设置”命令，弹出【图层设置】对话框。设置该对话框参数，在“工作层”栏中输入“2”，按 Enter 键，把第 2 个图层设定为工作层；取消其他图层前面的“√”，只显示抽芯，如图 7-37 所示。

（62）单击“菜单 | 格式 | 图层设置”命令，显示所有图层。

（63）在“描述性部件名”栏中，选择“√santong_core_005”文件。单击鼠标右键，在快捷菜单中选择“WAVE”选项，单击“新建层”命令。

（64）在【新建层】对话框中单击“类选择”按钮。

（65）在“装配导航器”上方的工具条中选择“实体”选项。

（66）选择型芯实体，把文件“名称”设为“santong_core”。

（67）单击“确定”按钮，创建第 1 个下级目录文件。

（68）采用相同的方法，创建其余 2 个下级目录文件，把旋转体 1 的名称设为“santong-hk1”、旋转体 2 的名称设为“santong-hk2”、旋转体 3 的名称设为“santong-hk3”，如图 7-38 所示。

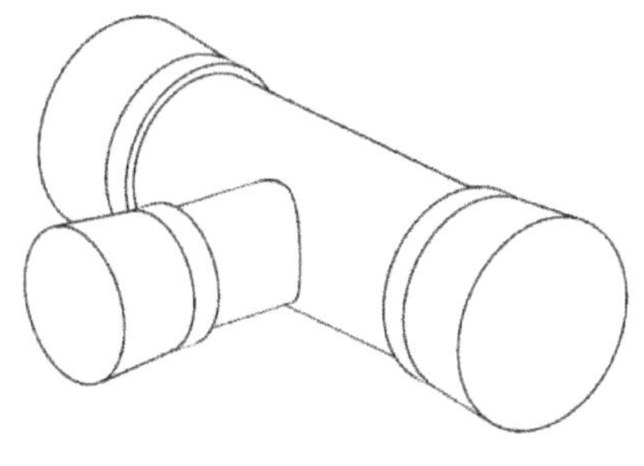

图 7-37　只显示抽芯

santong_core_005（顺序:
santong-hk1
santong-hk2
santong-hk3

图 7-38　创建 3 个下级目录文件

（69）在标题栏中选择“窗口”选项卡，选择 santong_top_009.prt 文件，打开整个模具零件。

（70）单击“菜单 | 格式 | 图层设置”命令，显示所有图层。

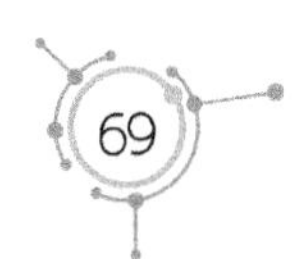

（71）在横向菜单中单击“应用模块”选项卡，单击“装配”命令，进入装配环境。

（72）单击“菜单｜装配｜爆炸图｜新建爆炸图”命令，创建新的爆炸图。

（73）单击“菜单｜装配｜爆炸图｜编辑爆炸图”命令，移动各零件组成爆炸图，如图 7-39 所示。

（74）在“描述性部件名”栏中选择☑ santong_top_009选项。单击鼠标右键，在快捷菜单中单击“设为工作部件”命令。

（75）单击“保存”按钮，所有文件都保存在起始目录下。

习　题

绘制如图 7-40 所示的产品结构图，并进行模具设计。

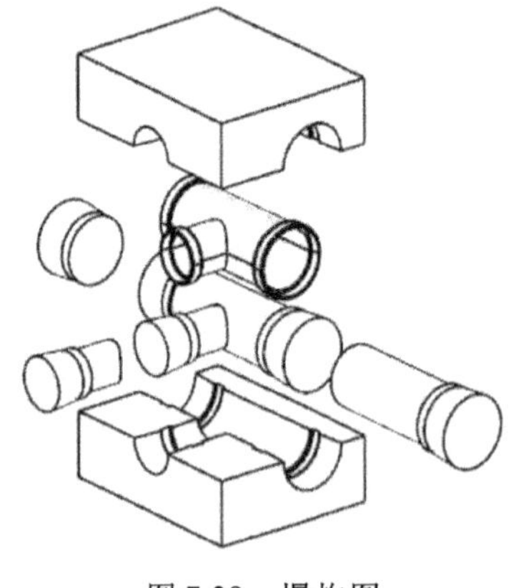
图 7-39　爆炸图

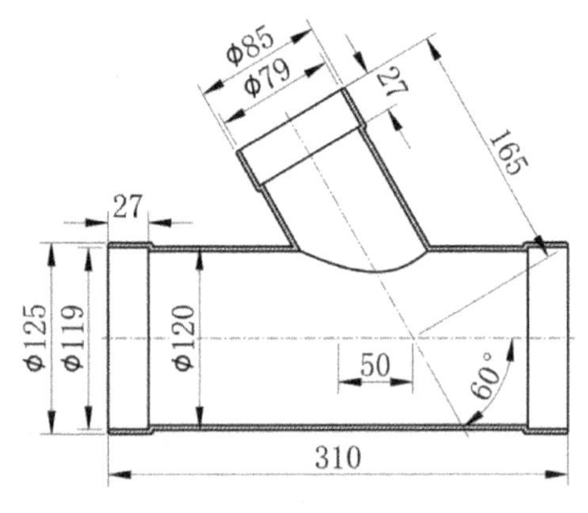

图 7-40　产品结构图

第8章 补面的模具设计

在建模环境下，对一个带通孔的产品（见图 8-1）进行塑料模具设计前，必须先把通孔封堵，才能进行分模。本章详细介绍封堵通孔的基本方法。

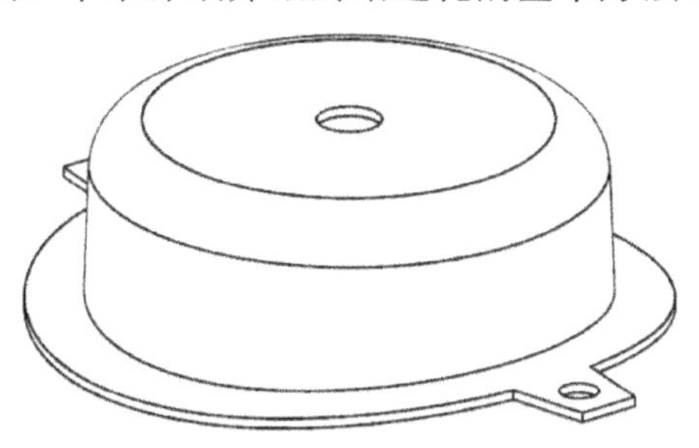

图 8-1 产品外形

（1）启动 UG 12.0，单击“新建”按钮。在弹出的【新建】对话框中，把“单位”设为“毫米”；选择“模型”模块，把新文件“名称”设为 bwg.prt，如图 8-2 所示。

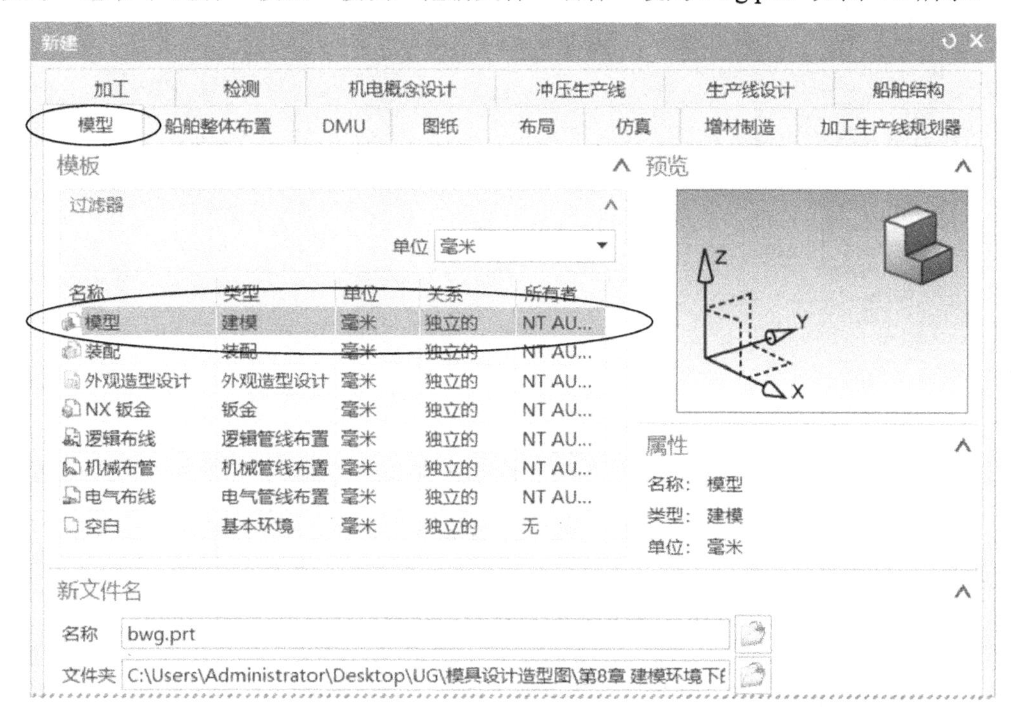

图 8-2 设置【新建】对话框参数

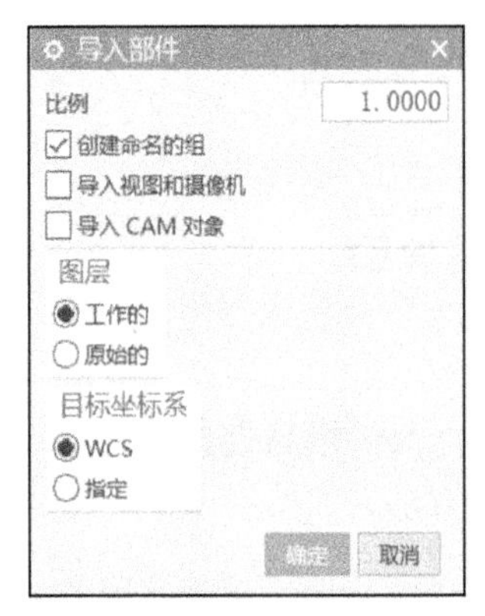

图 8-3 设置【导入部件】对话框参数

（2）单击“确定”按钮，进入建模环境。

（3）单击“菜单｜文件｜导入部件”命令，在弹出的【导入部件】对话框中，把“比例”设为 1.0000；对“图层”选择“◉工作的”单选框，对“目标坐标系”选择“◉WCS”单选框，如图 8-3 所示。

（4）单击“确定”按钮，打开第 8 章的 baowengai.prt 文件，在【点】对话框中输入（0,0,0）。

（5）先单击“确定”按钮，再单击“取消”按钮，加载产品图。

（6）单击“菜单｜插入｜偏置/缩放｜缩放体”命令，在弹出的【缩放体】对话框中，对“类型”选择“均匀”选项，在“比例因子”区域，把“均匀”值设为 1.005。

（7）单击“点对话框中”的按钮，输入（0，0，0）。

（8）连续 2 次单击“确定”按钮，完成对产品实体的缩放。

（9）单击“菜单｜格式｜图层设置”命令，弹出【图层设置】对话框。设置该对话框参数，在“工作层”栏中输入“10”，如图 8-4 所示。

（10）按 Enter 键，把第 10 个图层设定为工作层。

（11）单击“菜单｜插入｜关联复制｜抽取几何特征”命令，在弹出的【抽取几何特征】对话框中，对“类型”选择“面”选项，对“面选项”选择“单个面”选项，勾选“✓关联”和“✓不带孔抽取”复选框，如图 8-5 所示。

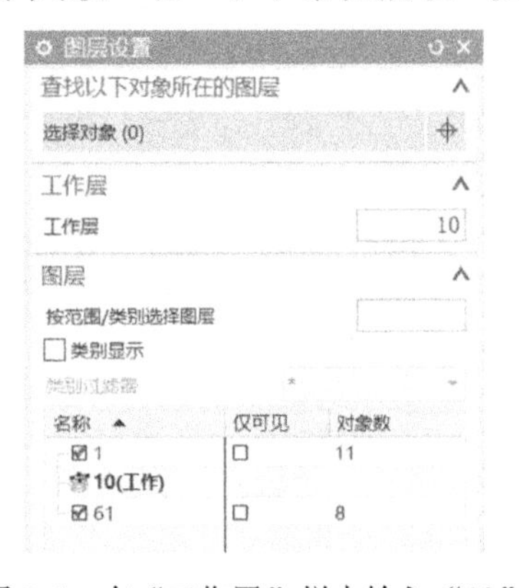

图 8-4 在“工作层”栏中输入“10”

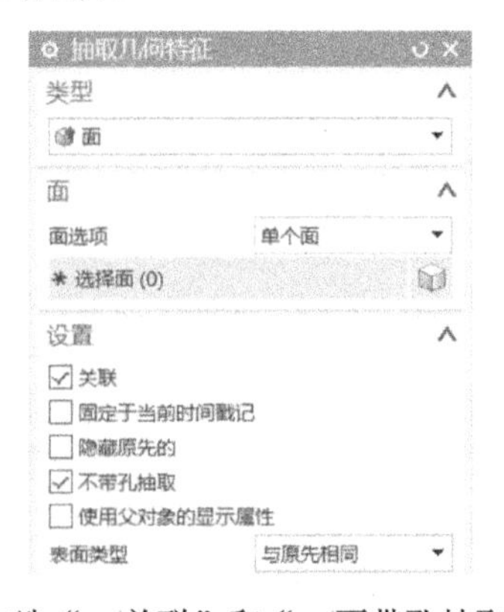

图 8-5 勾选“✓关联”和“✓不带孔抽取”复选框

（12）按住鼠标中键翻转实体后，选择内表面的 3 个曲面，即如图 8-6 所示的 3 个深色曲面。

（13）单击“确定”按钮，实体底部中间的通孔被封闭，如图 8-7 所示。

（14）再次单击“菜单｜插入｜关联复制｜抽取几何特征”命令，在弹出的【抽取几何特征】对话框中，对“类型”选择“面”选项，对“面选项”选择“单个面”选项，勾选“✓关联”和“✓不带孔抽取”复选框，参考图 8-5。

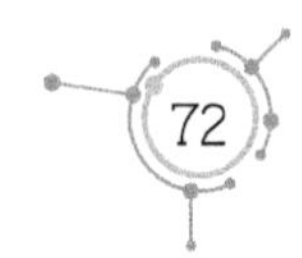

图 8-6　选择 3 个深色的曲面

图 8-7　实体底部中间的通孔被封闭

（15）按住鼠标中键翻转实体后，选择口部深色的曲面，如图 8-8 所示。

（16）单击“确定”按钮，实体整个口部被封闭，如图 8-9 所示。

图 8-8　选择口部深色的曲面

图 8-9　实体整个口部被封闭

（17）单击“菜单｜插入｜修剪｜修剪片体”命令，以步骤（16）得到的曲面为目标片体，以中间凹部的边沿线为修剪边界，在【修剪片体】对话框中选择“◉保留”单选框，对“投影方向”选择“沿矢量”选项，对“指定矢量”选择“ZC↑”选项。

（18）单击“确定”按钮，修剪步骤（17）抽取的曲面，如图 8-10 所示。

提示：如果修剪后的效果不符合要求，可在【修剪片体】对话框中选择“◉放弃”单选框。

（19）单击“菜单｜插入｜修剪｜延伸片体”命令，选择片体的边线，在活动窗口的“偏置”栏中输入 50（单位：mm），如图 8-11 所示。

图 8-10　修剪步骤（17）抽取的曲面

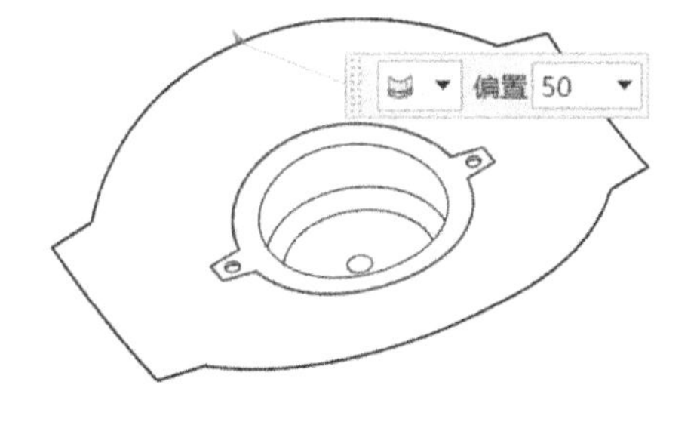

图 8-11　延伸片体

（20）单击“确定”按钮，曲面延伸 50mm。

（21）单击“菜单｜插入｜组合｜缝合”命令，以其中任一曲面为目标片体，选择

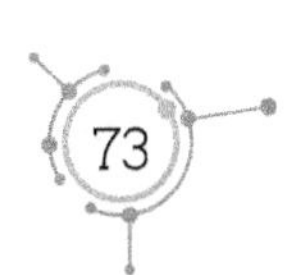

其余曲面作为工具片体。单击“确定”按钮，缝合所有曲面。

（22）单击“菜单｜格式｜图层设置”命令，弹出【图层设置】对话框。设置该对话框参数，在“工作层”栏中输入“1”。按 Enter 键，把第 1 个图层设定为工作层。

（23）单击“拉伸”按钮，在弹出的【拉伸】对话框中单击“绘制截面”按钮，选择 *XC-YC* 平面作为草绘平面，绘制一个矩形截面（150mm×130mm），如图 8-12 所示。

（24）单击“完成”按钮，在弹出的【拉伸】对话框中，对“指定矢量”选择“ZC↑”选项，把“开始距离”值设为-30mm、“结束距离”值设为 50mm，在“布尔”栏中选择“无”选项。

（25）单击“确定”按钮，创建工件，如图 8-13 所示。

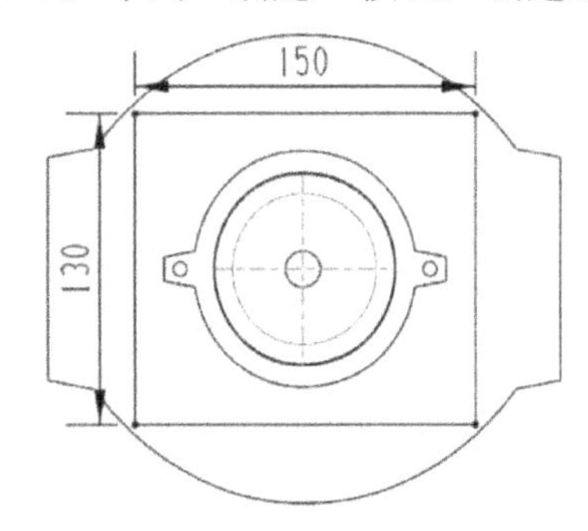

图 8-12　绘制一个矩形截面

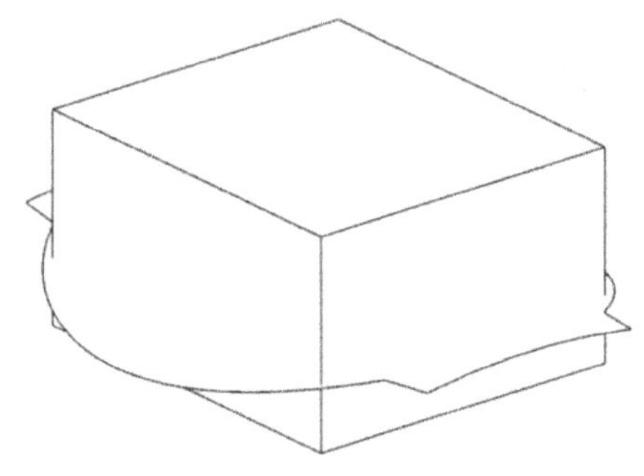

图 8-13　创建工件

（26）单击“菜单｜插入｜组合｜减去”命令，选择工件作为目标体，以产品零件为工具体，在【求差】对话框中勾选“√保存工具”复选框。单击“确定”按钮，创建减去特征。

（27）单击“菜单｜插入｜修剪｜拆分体”命令，以工件为目标体，以组合后的分型面为工具体。单击“确定”按钮，工件被分成上、下两部分。

（28）单击“菜单｜编辑｜特征｜移除参数”命令，选择工件后，单击“确定”按钮，移除工件的参数。

（29）单击“菜单｜格式｜图层设置”命令，取消“□10”复选框中的“√”，隐藏第 10 个图层。

（30）单击“菜单｜编辑｜移动对象”命令，在弹出的【移动对象】对话框中，对“运动”选择“距离”选项，对“指定矢量”选择“ZC↑”选项，把“距离”值设为 50mm；在“结果”栏中选择“◉移动原先的”单选框，在“图层选项”栏中选择“原始的”选项。

（31）选择上层实体，使上层实体向上移动 50mm。

（32）采用同样的方法，移动下层实体，如图 8-14 所示。

（33）在“描述性部件名”栏中，选择“bwg”文件。单击鼠标右键，在快捷菜单中选择“WAVE”选项，单击“新建层”命令。在弹出的【新建层】对话框中单击“类选择”按钮，先在“装配导航器”上方的工具条中选择“实体”选项，再选择下层实体，

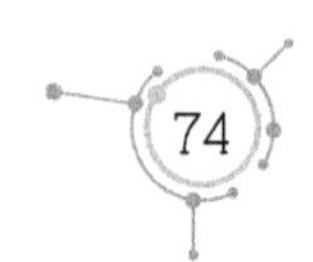

把文件名设为“core”。

（34）再次在“描述性部件名”栏中选择“bwg”文件。单击鼠标右键，在快捷菜单中选择“WAVE”选项，单击“新建层”命令。在弹出的【新建层】对话框中单击“类选择”按钮，先在“装配导航器”上方的工具条中选择“实体”选项，再选择上层实体，把文件名设为“cavity”，创建两个下级目录文件，如图 8-15 所示。

（35）单击“保存”按钮，把“WAVE”模式下建立的下级目录文件保存在指定目录中。

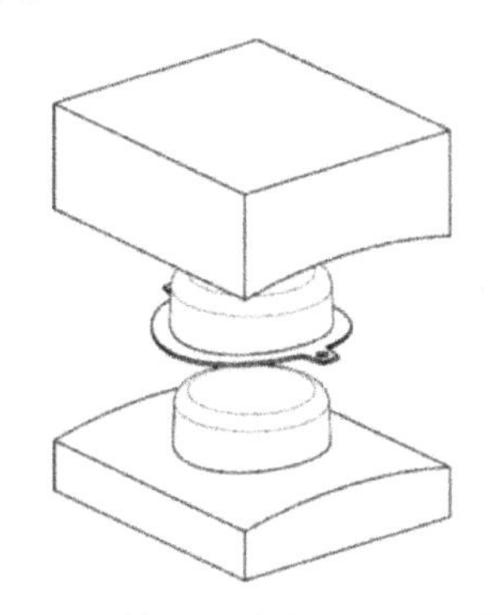

图 8-14　前后移动上层和下层实体

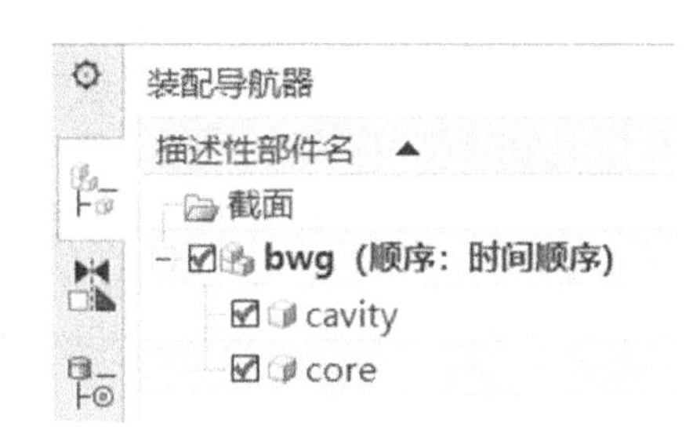

图 8-15　创建两个下级目录文件

习　　题

用本章介绍的方法，绘制如图 8-16 所示的产品结构图，并进行模具设计。

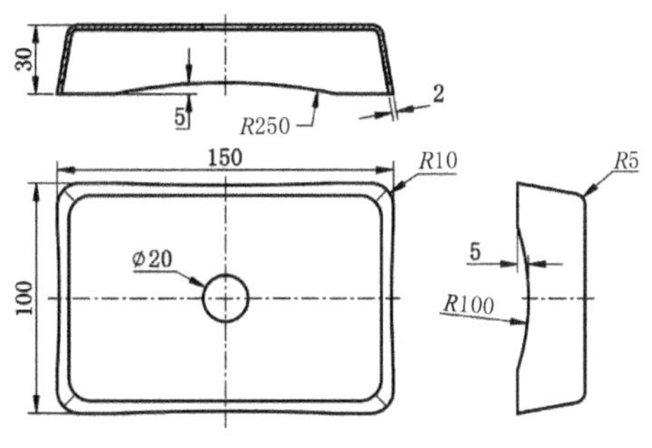

图 8-16　产品结构图

第9章　建模环境下带滑块的模具设计

当产品侧壁有孔位特征时，必须在模具中设计滑块，才能正常开模。本章详细介绍设计滑块的基本方法，同时也介绍一模两腔的模具设计方法。

（1）启动 UG 12.0，单击“新建”按钮，在【新建】对话框中，把“单位”设为“毫米”；选择“模型”模块，把文件“名称”设为“fhmj.prt”。

（2）单击“确定”按钮，进入建模环境。

（3）单击“菜单｜文件｜导入部件”命令，在【导入部件】对话框中，把“比例”设为 1，在“图层”栏中选择“◉工作的”单选框，在“目标坐标系”栏选择“◉WCS”单选框，参考图 8-3。

（4）单击“确定”按钮，打开第 9 章的“fanghe.prt”文件，在【点】对话框中输入（0,0,0）。

（5）先单击“确定”按钮，再单击“取消”按钮，加载产品图。产品外形如图 9-1 所示。

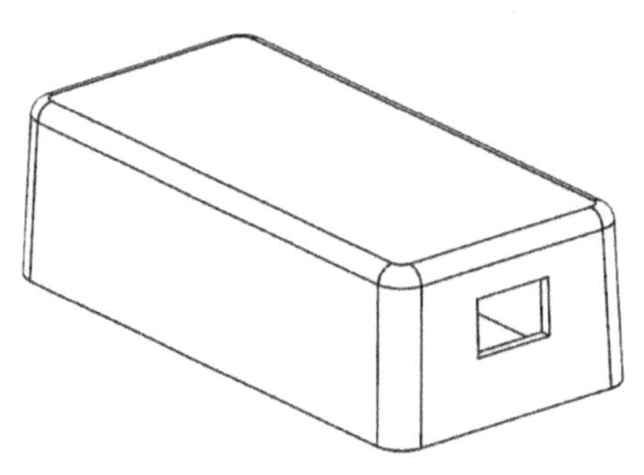

图 9-1　产品外形

（6）单击“菜单｜插入｜偏置/缩放｜缩放体”命令，在弹出的【缩放体】对话框中，对“类型”选择“均匀”选项；在“比例因子”区域，把“均匀”值设为 1.005。

（7）单击“点对话框中”的按钮，输入（0，0，0）。

（8）连续两次单击“确定”按钮，完成对产品实体的缩放。

（9）单击“菜单｜分析｜局部半径”命令，选择实体上的圆弧面，在【局部半径分析】对话框中，显示“最小半径”为 5.0250（单位：mm），如图 9-2 所示。可知，实体已按比例放大。

图 9-2　局部半径分析

（10）单击“菜单｜插入｜基准/点｜基准平面”命令，在【基准平面】对话框中，对“类型”选择“按某一距离”选项；选择 *XC-ZC* 平面作为参考平面，把“距离”值设为 30mm。

（11）单击“确定”按钮，创建基准平面，如图 9-3 所示。

（12）单击“菜单｜编辑｜特征｜移除参数”命令，移除实体的参数。

（13）单击“菜单｜插入｜关联复制｜镜像特征”命令，创建镜像特征，如图 9-4 所示。

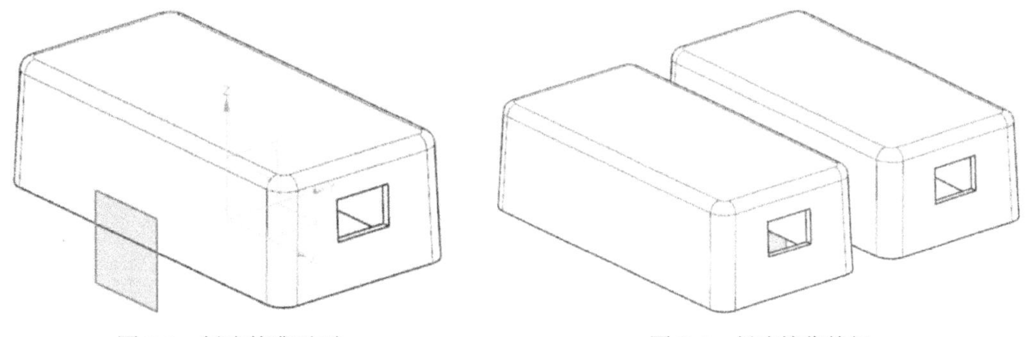

图 9-3　创建基准平面　　图 9-4　创建镜像特征

（14）单击“菜单｜格式｜图层设置”命令，在弹出的【图层设置】对话框中的“工作层”栏中输入“10”。按 Enter 键，把第 10 个图层设定为工作层。

（15）单击“菜单｜插入｜关联复制｜抽取几何特征”命令，在弹出的【抽取几何特征】对话框中，对“类型”选择“面区域”选项，勾选“✓关联”和“✓不带孔抽取”复选框，如图 9-5 所示。

（16）按住鼠标中键翻转实体后，选择底面为种子面，口部平面为边界面，如图 9-6 所示。

（17）单击“确定”按钮，抽取实体的内表面。此时，实体侧面的通孔被封闭。

（18）采用相同的方法，抽取另一个实体的内表面。

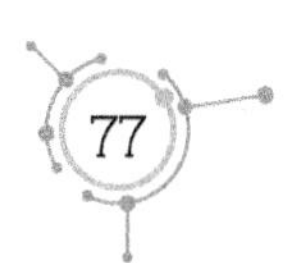

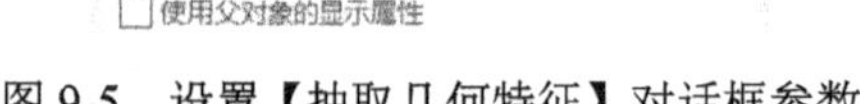

图 9-5　设置【抽取几何特征】对话框参数

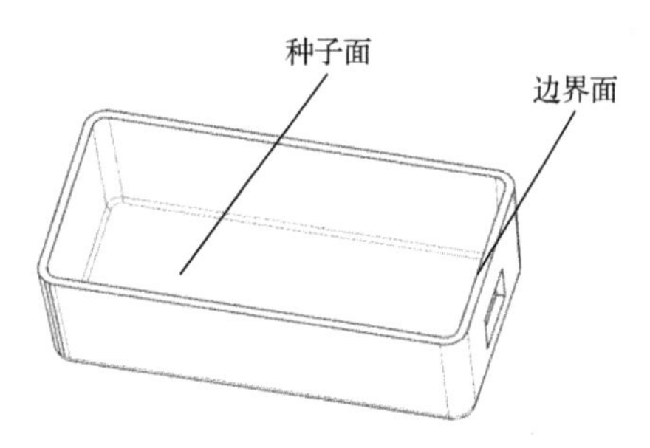

图 9-6　选择种子面与边界面

（19）单击“拉伸”按钮，以 *XC-YC* 平面为草绘平面，绘制一个矩形截面，如图 9-7 所示。

（20）单击“完成”按钮，在【拉伸】对话框中，对“指定矢量”选择“ZC↑”选项；在“开始”栏中选择“值”选项，把“距离”值设为-20mm；在“结束”栏中选择“值”选项，把“距离”设为 50mm；在“布尔”栏中，选择“无”选项。

（21）单击“确定”按钮，创建工件，如图 9-8 所示。

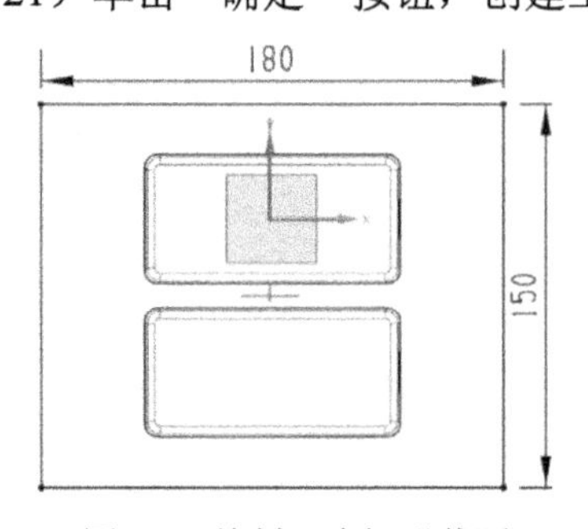

图 9-7　绘制一个矩形截面

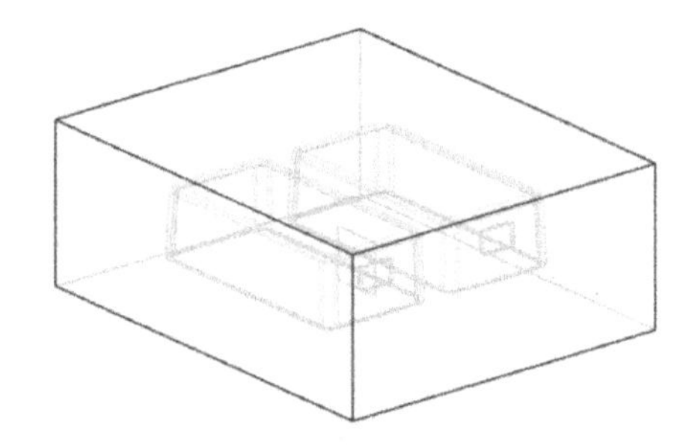

图 9-8　创建工件

（22）单击“拉伸”按钮，以前侧面为草绘平面，以 *X* 轴为水平参考线，绘制一条直线，如图 9-9 所示。

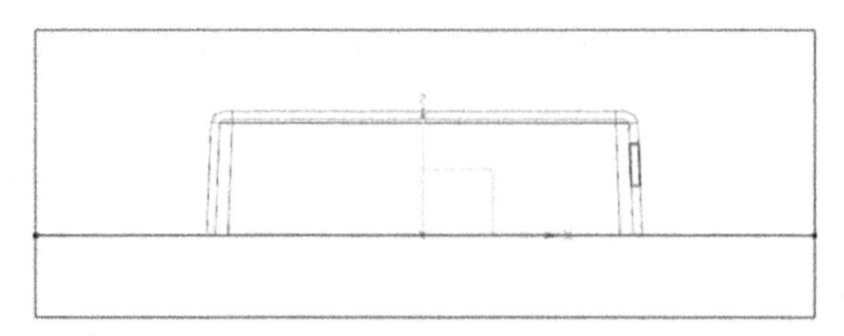

图 9-9　绘制一条直线

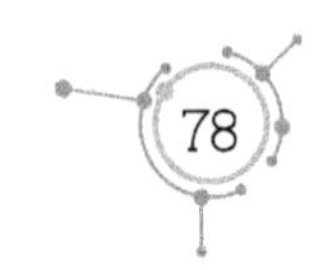

（23）单击“完成”按钮，在【拉伸】对话框中，对“指定矢量”选择“YC↑”选项；在“开始”栏中选择“值”选项，把“距离”值设为 0；在“结束”栏中选择“值”选项，把“距离”值设为 150mm；在“布尔”栏中，选择“无”选项。

（24）单击“确定”按钮，创建一个边界面，如图 9-10 所示。

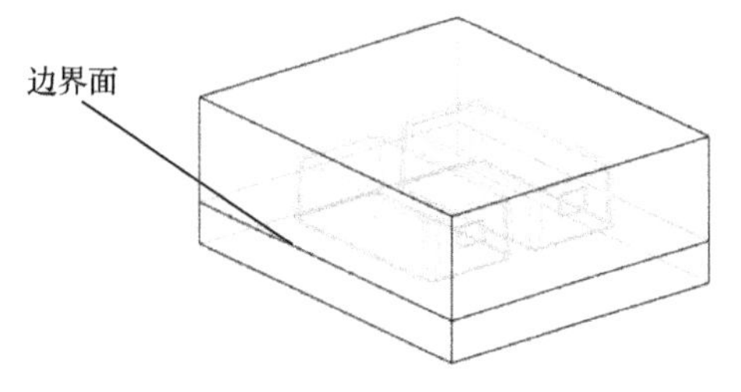

图 9-10　创建一个边界面

（25）单击“菜单｜格式｜图层设置”命令，在弹出的【图层设置】对话框中取消“□1”复选框，隐藏产品。

（26）选择工件，单击鼠标右键，在快捷菜单中单击“隐藏”命令，隐藏工件。

（27）单击“菜单｜插入｜修剪｜修剪片体”命令，选择拉伸片体作为目标片体。然后，在工具条中选择“相切面”选项，如图 9-11 所示。

图 9-11　选择“相切面”选项

（28）选择抽取片体作为工具片体，在【修剪片体】对话框中选择“◉ 保留”单选框；对“投影方向”选择“沿矢量”选项、“指定矢量”选择“ZC↑”选项。

（29）单击“确定”按钮，修剪拉伸曲面，如图 9-12 所示。

提示：若修剪后的效果不符合要求，则在【修剪片体】对话框中选择“◉ 放弃”单选框。

图 9-12　修剪拉伸曲面

（30）单击“菜单｜插入｜组合｜缝合”命令，以其中任一曲面为目标片体，选择其余曲面作为工具片体。单击“确定”按钮，缝合所有曲面。

（31）单击“菜单｜格式｜图层设置”命令，在弹出的【图层设置】对话框中勾选

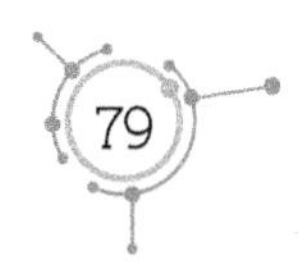

“✓1”复选框，显示两个产品实体。

（32）单击“菜单 | 编辑 | 显示和隐藏 | 显示”命令，显示工件。

（33）单击“菜单 | 插入 | 组合 | 减去”命令，选择工件作为目标体，选择 2 个产品作为工具体。在【求差】对话框中，勾选“✓保存工具”复选框。

（34）单击“确定”按钮，创建减去特征。

（35）单击“菜单 | 插入 | 修剪 | 拆分体”命令，以工件为目标体，以组合曲面为工具体。

（36）单击“确定”按钮，将工件分成上、下两部分。工件上出现一条拆分线，如图 9-13 所示。

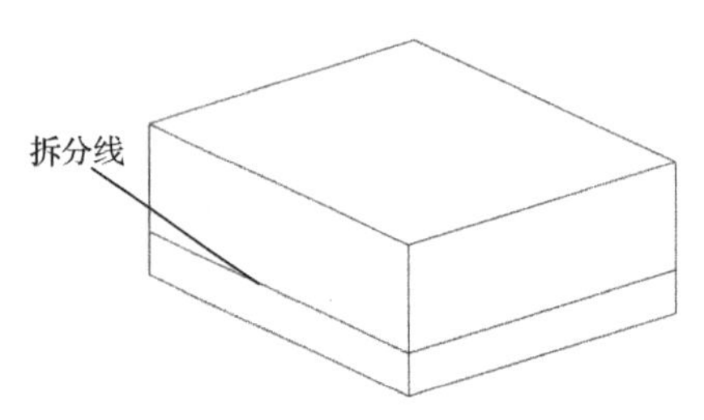

图 9-13　工件上出现一条拆分线

（37）单击“菜单 | 编辑 | 特征 | 移除参数”命令，移除工件的参数。

（38）单击“装配导航器”按钮，选择☑ **fhmj** 文件。单击鼠标右键，在快捷菜单中选择“WAVE”选项，单击“新建层”命令。在弹出的【新建层】对话框中，单击“类选择”按钮。先在“装配导航器”上方的工具条中单击“实体”命令，选择上层实体。输入文件名“fhmjcavity”，单击“确定”按钮。

（39）再次在“描述性部件名”栏中选择☑ **fhmj** 文件，单击鼠标右键，在快捷菜单中选择“WAVE”选项，单击“新建层”命令。在弹出的【新建层】对话框中，单击“类选择”按钮。先在“装配导航器”上方的工具条中单击“实体”命令，选择下层实体。输入文件名“fhmjcore”，单击“确定”按钮。

（40）在“描述性部件名”栏中有两个下级目录文件，如图 9-14 所示。

（41）在“装配导航器中”选择☑ fhmjcavity 文件，单击鼠标右键，在快捷菜单中，单击“在窗口中打开”命令，打开“fhmjcavity.prt”零件图，如图 9-15 所示。

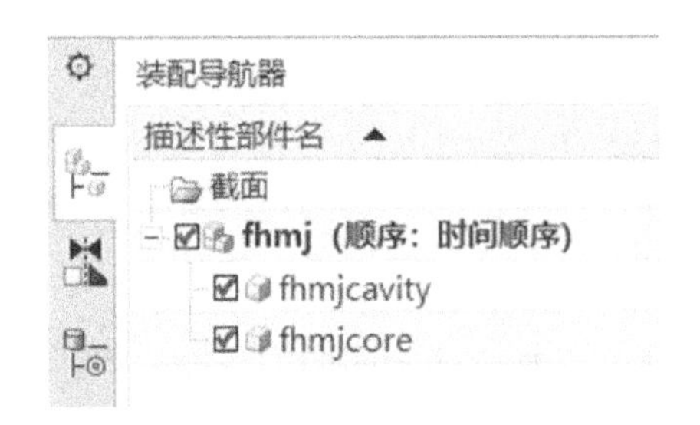

图 9-14　两个下级目录文件

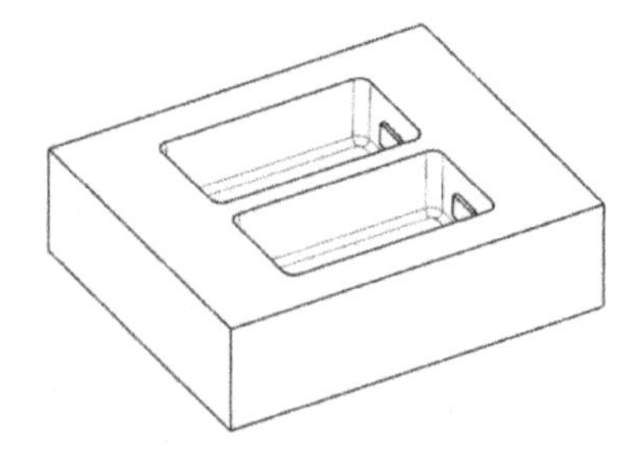

图 9-15　打开“fhmjcavity.prt”零件图

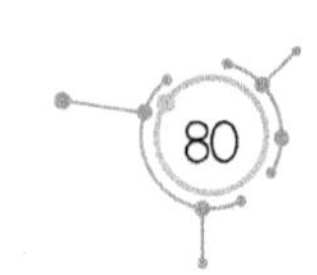

提示：如果工作界面上没有显示任何图素，可单击“菜单丨格式丨图层设置”命令，打开第 10 个图层。按以上方法操作后，工作界面还是没有显示任何图素，那可能是创建下级目录文件时出错了。

（42）单击“拉伸”按钮，以工件侧面为草绘平面，以 Y 轴为水平参考线，绘制一个矩形截面。所绘制的矩形的 4 条边与扣位的边线重合，如图 9-16 所示。

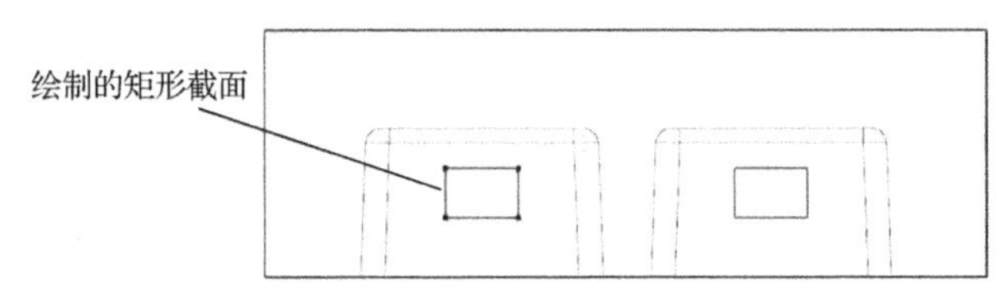

图 9-16　所绘制的矩形的 4 条边与扣位的边线重合

（43）单击“完成”按钮，在【拉伸】对话框中，对“指定矢量”选择“-XC↓”选项；在“开始”栏中选择“值”选项，把“距离”值设为 0；在“结束”栏中选择“值”选项，把“距离”值设为 50mm；在“布尔”栏中，选择“无”选项。

（44）单击“确定”按钮，创建一个拉伸体，如图 9-17 所示。

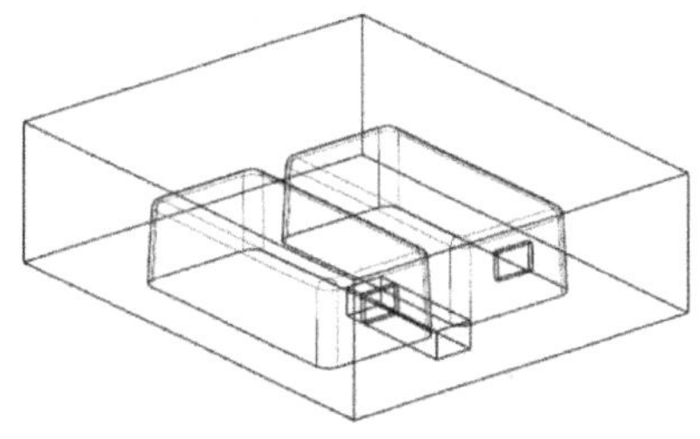

图 9-17　创建一个拉伸体

（45）单击“菜单丨插入丨组合丨相交”命令，选择步骤（44）创建的拉伸体作为目标体，以工件为工具体。在【相交】对话框中勾选“√保存工具”复选框，创建相交特征。

（46）单击“菜单丨插入丨组合丨减去”命令，选择工件作为目标体，拉伸体为工具体。在【求差】对话框中勾选“√保存工具”复选框，创建减去特征。

（47）采用相同的方法，创建另一个位置的滑块。

（48）单击“装配导航器”按钮，选择☑ fhmjcavity文件。单击鼠标右键，在快捷菜单中，选择“WAVE”选项，单击“新建层”命令。先在“装配导航器”上方的工具条中单击“实体”命令，选择工件。输入文件名“cavity”，单击“确定”按钮。

（49）再次选择☑ fhmjcavity文件，单击鼠标右键，在快捷菜单中，选择“WAVE”选项，单击“新建层”命令。先在“装配导航器”上方的工具条中单击“实体”命令，再选择第一个滑块。输入文件名“hk1”，单击“确定”按钮。

（50）重复步骤（49），选择第 2 个滑块，输入文件名“hk2”，单击“确定”按钮。

（51）在“描述性部件名”栏中创建 3 个下级目录文件，如图 9-18 所示。

（52）在标题栏中先选择“窗口”选项卡，再选择“fhmj.prt”文件。

（53）先展开+ ☑ fhmj文件，再展开☑ fhmjcavity文件，展开后的“描述性部件名”栏如图 9-19 所示。

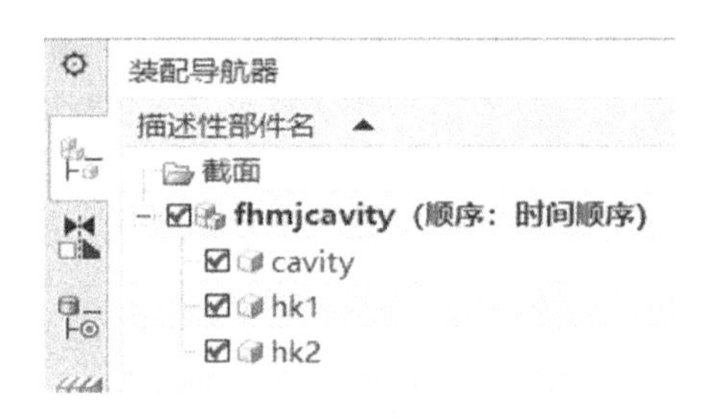

图 9-18　创建 3 个下级目录文件

图 9-19　展开后的“描述性部件名”栏

（54）单击“菜单｜装配｜爆炸图｜新建爆炸图”命令，创建一个新的爆炸图。

（55）单击“菜单｜装配｜爆炸图｜编辑爆炸图”命令，移动各零件组成爆炸图，如图 9-20 所示。

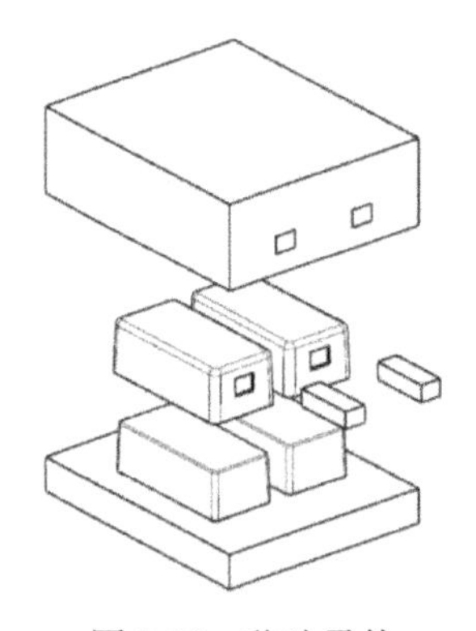

图 9-20　移动零件

（56）单击“装配导航器”按钮，选择 fhmj文件。单击鼠标右键，在快捷菜单中，单击“设为工作部件”命令。

（57）单击“保存”按钮，保存文档。

习　题

用本章介绍的方法，创建如图 9-21 所示的产品结构图，并进行模具设计。

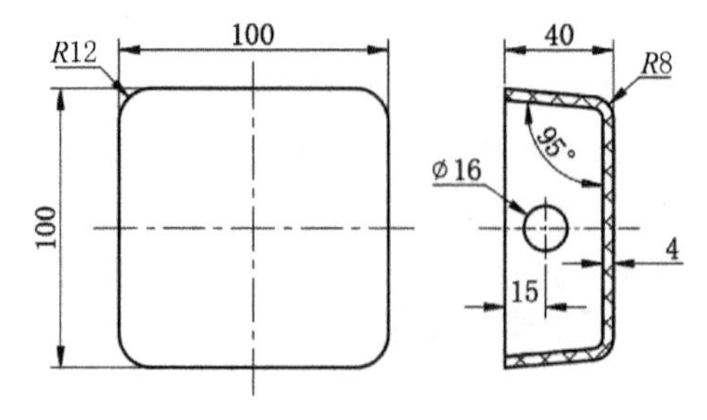

图 9-21　产品结构图

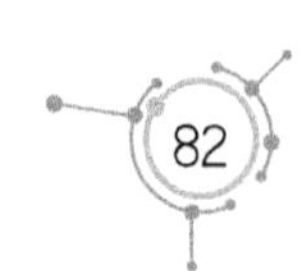

第10章　带斜顶的模具设计

当产品侧壁有倒扣特征时，产品就不能正常脱模，必须在模具中设计斜顶，通过斜顶使倒扣脱模。本章详细介绍设计斜顶的基本方法。

（1）启动 UG 12.0，单击“新建”按钮。在弹出的【新建】对话框中，把“单位”设为“毫米”，选择“模型”模块，把文件“名称”设为 xdmj.prt。

（2）单击“确定”按钮，进入建模环境。

（3）单击“菜单｜文件｜导入部件”命令，在弹出的【导入部件】对话框中，把“比例”设为 1；在“图层”栏中选择“◉ 工作的”单选框；在“目标坐标系”栏选择“◉ WCS”单选框。

（4）单击“确定”按钮，打开第 10 章的“xd.prt”文件，在【点】对话框中输入（0,0,0）。

（5）先单击“确定”按钮，再单击“取消”按钮，加载产品图，如图 10-1 所示。

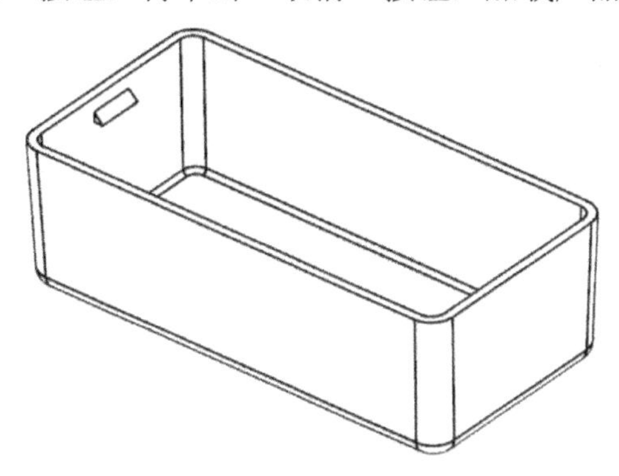

图 10-1　产品图

（6）单击“菜单｜插入｜偏置/缩放｜缩放体”命令，在弹出的【缩放体】对话框中，对“类型”选择“均匀”选项。在“比例因子”区域，把“均匀”值设为 1.005。单击【点】对话框中的按钮，输入（0，0，0）。

（7）单击“确定”按钮，完成对工件的缩放。

（8）单击“菜单｜分析｜局部半径”命令，选择工件上的圆弧面。在【局部半径分析】对话框中，显示“最小半径”为 3.0150（单位：mm），如图 10-2 所示。由此可知，工件已按比例放大。

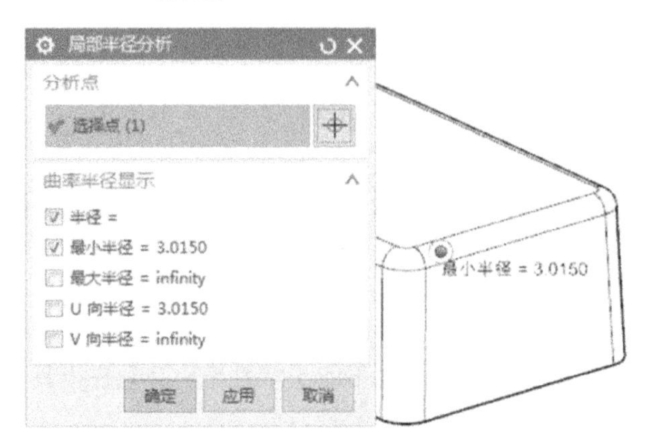

图 10-2 设置【局部半径分析】对话框参数

（9）单击“菜单 | 格式 | 图层设置”命令，弹出【图层设置】对话框。设置该对话框参数，在“工作层”栏中输入“10”。按 Enter 键，第 10 个图层设定为工作层。

（10）单击“菜单 | 插入 | 关联复制 | 抽取几何特征”命令，在弹出的【抽取几何特征】对话框中，对“类型”选择“面区域”选项，勾选“√关联”和“√不带孔抽取”复选框。

（11）按住鼠标中键翻转实体后，选择底面作为种子面，以口部平面为边界面，如图 10-3 所示。

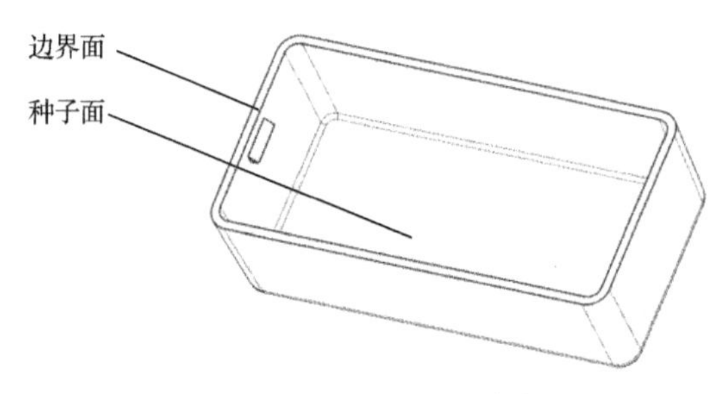

图 10-3 选择种子面与边界面

（12）单击“确定”按钮，抽取实体的内表面。

（13）单击“菜单 | 格式 | 图层设置”命令，在弹出的【图层设置】对话框中取消“□1”复选框中的“√”，隐藏第 1 个图层，只显示所抽取的实体内表面，如图 10-4 所示。

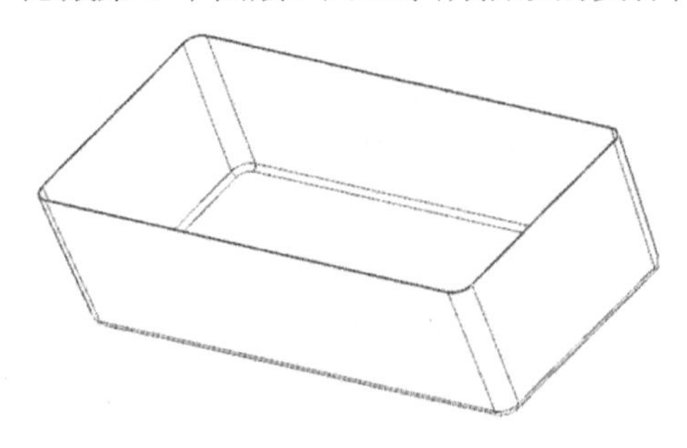

图 10-4 只显示所抽取的实体内表面

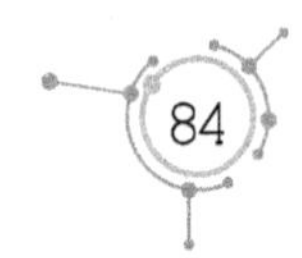

（14）单击“拉伸”按钮，以 XC-ZC 平面为草绘平面，以 X 轴为水平参考线，绘制一条直线，如图 10-5 所示。该直线的两个端点关于竖直轴对称，并且与水平轴重合。

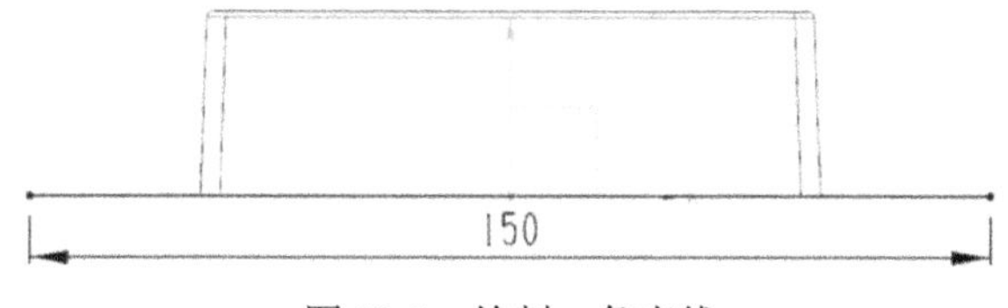

图 10-5　绘制一条直线

（15）单击“完成”按钮，在【拉伸】对话框中，对“指定矢量”选择“YC↑”选项。在“结束”栏中选择“对称值”选项，把“距离”值设为 50mm；在“布尔”栏中，选择“无”选项。

（16）单击“确定”按钮，创建拉伸曲面，如图 10-6 所示。

（17）单击“菜单｜插入｜修剪｜修剪片体”命令，以步骤（16）创建的拉伸曲面为目标片体，以抽取的曲面为边界片体。在【修剪片体】对话框中选择“◉保留”单选框，对“投影方向”选择“沿矢量”选项，在“指定矢量”栏中选择“ZC↑”选项。

（18）单击“确定”按钮，修剪步骤（17）创建的拉伸片体，如图 10-7 所示。

提示：如果修剪后的效果不符合要求，可在【修剪片体】对话框中选择“◉放弃”单选框。

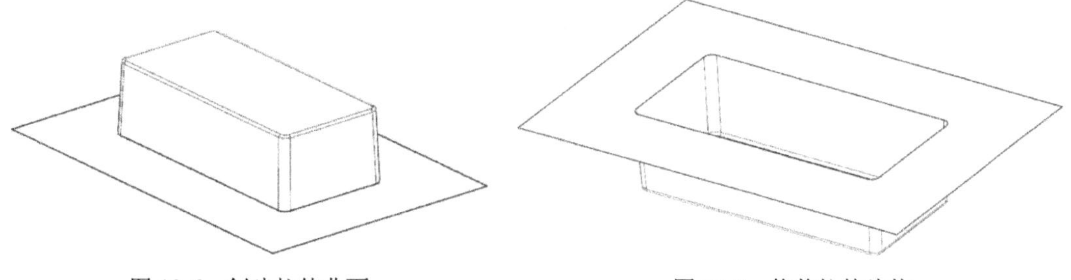

图 10-6　创建拉伸曲面　　　　图 10-7　修剪拉伸片体

（19）单击“菜单｜插入｜组合｜缝合”命令，以其中任一曲面为目标片体，选择其余曲面为工具片体。单击“确定”按钮，缝合所有曲面。

（20）单击“菜单｜格式｜图层设置”命令，弹出【图层设置】对话框。设置该对话框参数，在“工作层”栏中输入“1”。按 Enter 键，把第 1 个图层设定为工作层，显示第 1 个图层的实体。

（21）单击“拉伸”按钮，以 XC-YC 平面为草绘平面，以 X 轴为水平参考线，以原点为中心，绘制一个矩形截面，如图 10-8 所示。

（22）单击“完成”按钮，在【拉伸】对话框中，对“指定矢量”选择“ZC↑”选项。在“开始”栏中选择“值”选项，把“距离”值设为-20mm；在“结束”栏中选择“值”选项，把“距离”值设为 40mm；在“布尔”栏中，选择“无”选项。

（23）单击“确定”按钮，创建工件，如图 10-9 所示。

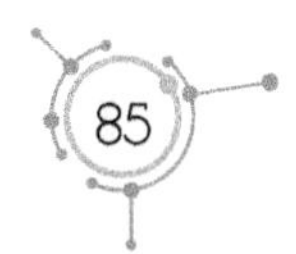

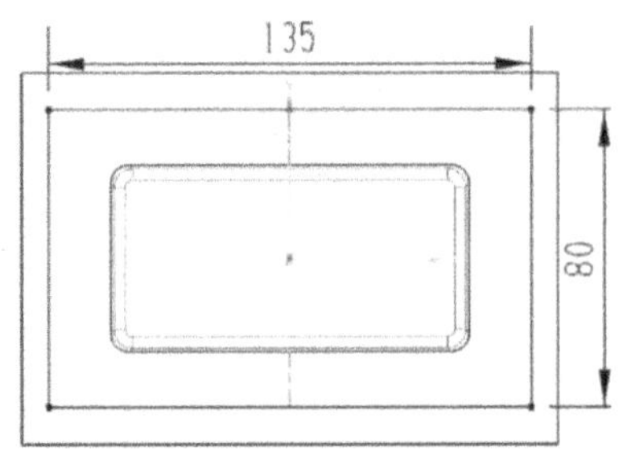

图 10-8　绘制一个矩形截面

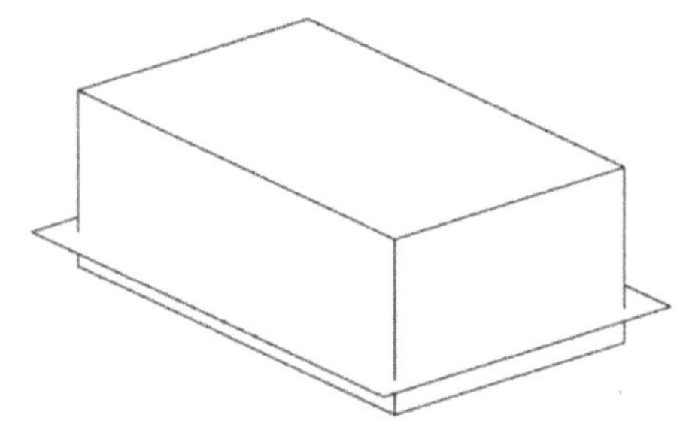

图 10-9　创建工件

（24）单击“菜单｜插入｜组合｜减去”命令，选择工件作为目标体，选择产品作为工具体。在【求差】对话框中，勾选“✓保存工具”复选框。

（25）单击“确定”按钮，创建减去特征。

（26）单击“菜单｜插入｜修剪｜拆分体”命令，以工件为目标体，以组合曲面为工具体。

（27）单击“确定”按钮，将工件分成上、下两部分。

（28）单击“菜单｜格式｜图层设置”命令，取消“□10”复选框中的“√”，隐藏第 10 个图层，只显示第 1 个图层的实体。工件上出现一条拆分线，如图 10-10 所示。

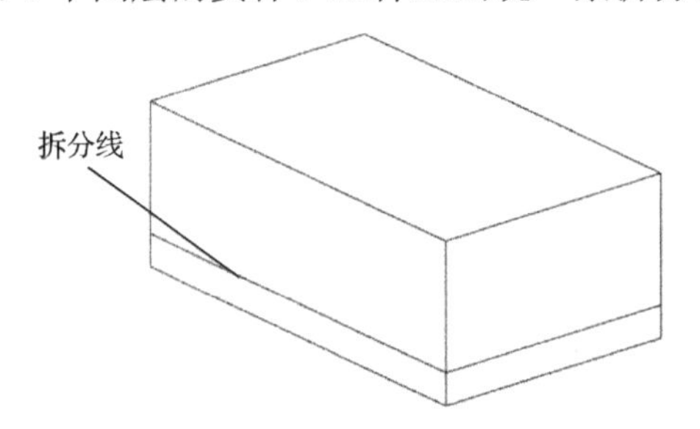

图 10-10　工件上出现一条拆分线

（29）单击“菜单｜编辑｜特征｜移除参数”命令，移除工件的参数。

（30）单击“装配导航器”按钮，选择☑ xdmj文件，单击鼠标右键，在快捷菜单中，选择“WAVE”选项，单击“新建层”命令。在“装配导航器”上方的工具条中单击“实体”命令，选择上层实体。输入文件名“xdmjcavity”，单击“确定”按钮。

（31）再次选择☑ xdmj文件，单击鼠标右键，在快捷菜单中，选择“WAVE”选项，单击“新建层”命令。“装配导航器”上方的工具条中单击“实体”命令，选择下层实体。输入文件名“xdmjcore”，单击“确定”按钮。

（32）在“描述性部件名”栏中出现两个下级目录文件，如图 10-11 所示。

（33）在“装配导航器中”选择☑ xdmjcore文件，单击鼠标右键，在快捷菜单中，单击“在窗口中打开”命令，打开“xdmjcore.prt”零件图，如图 10-12 所示。

提示：若工作界面上没有任何图素，则请单击“菜单｜格式｜图层设置”命令，打开所有图层。若还是没有任何图素，则可能是创建下级目录文件时出错了。

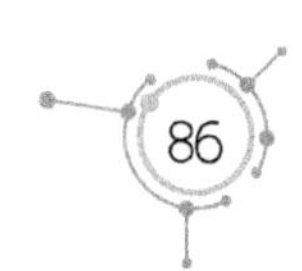

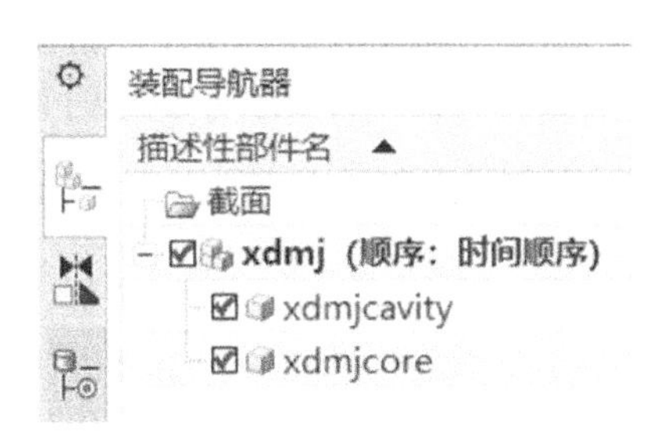

图 10-11　两个下级目录文件

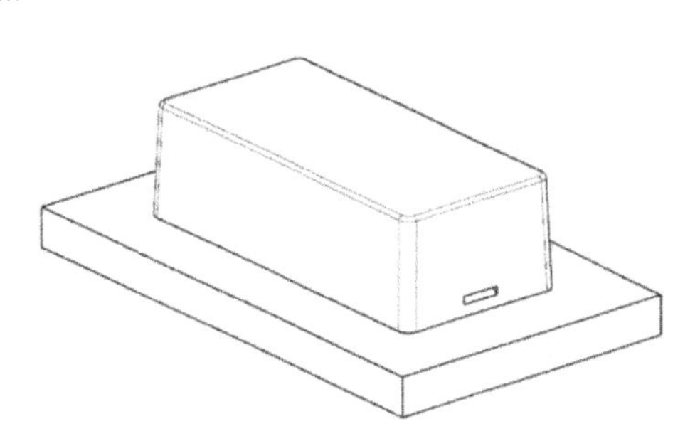

图 10-12　打开“xdcore.prt”零件图

（34）单击“菜单｜插入｜基准/点｜基准坐标系”命令，插入基准坐标系。

（35）单击“拉伸”按钮，以 *XC-ZC* 平面为草绘平面，以 *X* 轴为水平参考线，绘制一个截面，如图 10-13 所示。

（36）单击“完成”按钮，在【拉伸】对话框中对“指定矢量”选择“YC↑”选项。在“结束”栏中选择“对称值”选项，把“距离”值设为 5.025mm；在“布尔”栏中，选择“无”选项。

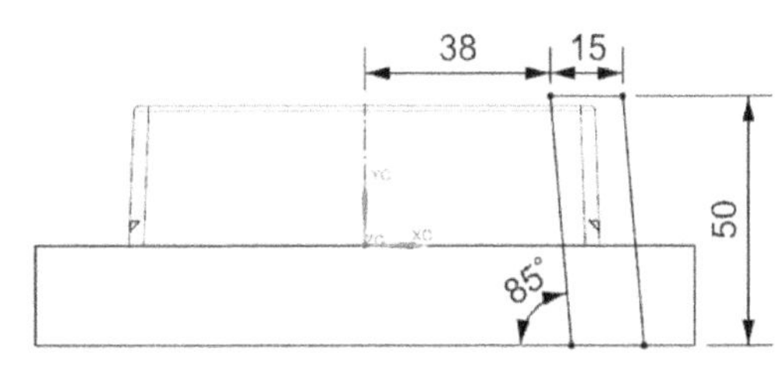

图 10-13　绘制一个截面

提示：如果视图的方向与图 10-13 不同，可在【拉伸】对话框中，单击“指定矢量”栏中的“反向”按钮，使 *XC-ZC* 平面的法向线指向 *Y* 轴的负方向，就可以改变视图方向。

（37）单击“确定”按钮，创建拉伸特征，如图 10-14 所示。

（38）单击“菜单｜插入｜组合｜相交”命令，选择拉伸体作为目标体，以工件为工具体。在【相交】对话框中勾选“✓保存工具”复选框，创建相交特征，如图 10-15 所示。

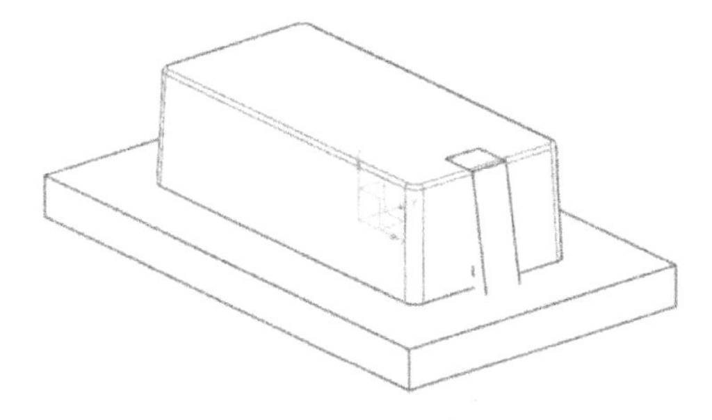

图 10-14　创建拉伸特征

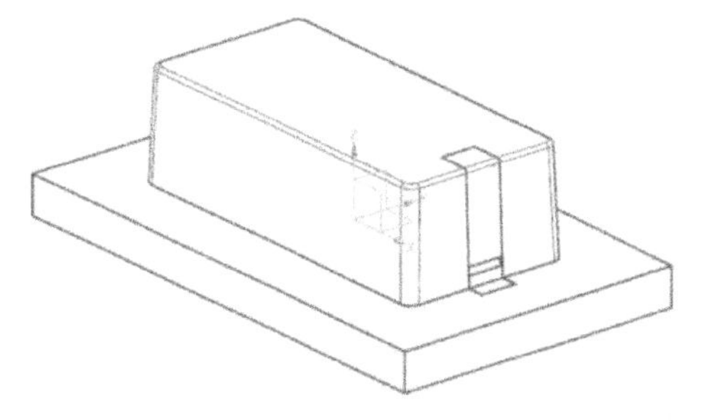

图 10-15　创建相交特征

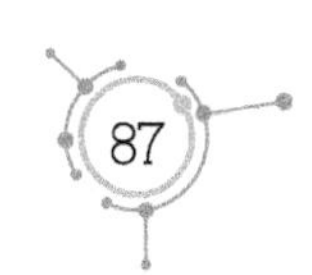

（39）单击“菜单｜插入｜组合｜减去”命令，选择工件作为目标体，以拉伸体为工具体。在【求差】对话框中勾选“✓保存工具”复选框，在工件上创建斜顶的装配位置。

（40）采用相同的方法，创建第 2 个斜顶。

（41）选择“装配导航器”按钮，选择☑ xdmjcore文件，单击鼠标右键，在快捷菜单中选择“WAVE”选项，单击“新建层”命令。在“装配导航器”上方的工具条中单击“实体”命令，选择工件。输入文件名“core”，单击“确定”按钮。

（42）再次选择☑ xdmjcore文件，单击鼠标右键，在快捷菜单中选择“WAVE”选项，单击“新建层”命令。先在“装配导航器”上方的工具条中选择“实体”选项，再选择第一个斜顶，输入文件名“xd1”，单击“确定”按钮。

（43）重复步骤（42），选择第 2 个斜顶，输入文件名“xd2”，单击“确定”按钮。

（44）单击“确定”按钮，在“描述性部件名”栏中出现 3 个下级目录文件，如图 10-16 所示。

（45）在标题栏中先选择“窗口”选项卡，再选择“xdmj.prt”文件。

（46）展开☑ xdmjcore文件后，“描述性部件名”栏如图 10-17 所示。

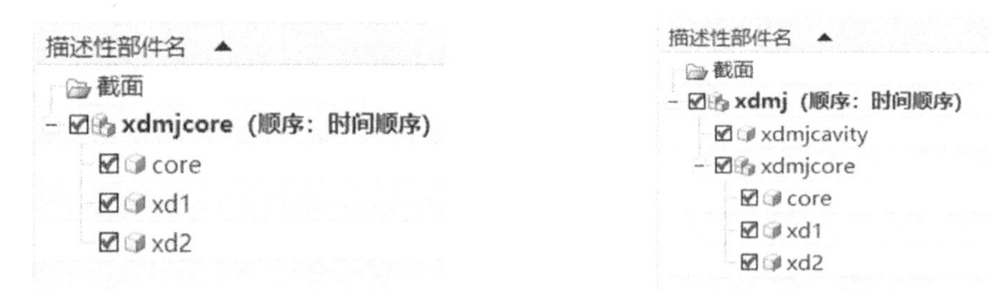

图 10-16　3 个下级目录文件　　　图 10-17　展开后的“描述性部件名”栏

（47）单击“菜单｜装配｜爆炸图｜新建爆炸图”命令，创建一个新的爆炸图。

（48）单击“菜单｜装配｜爆炸图｜编辑爆炸图”命令，各零件移动后组成的爆炸图如图 10-18 所示。

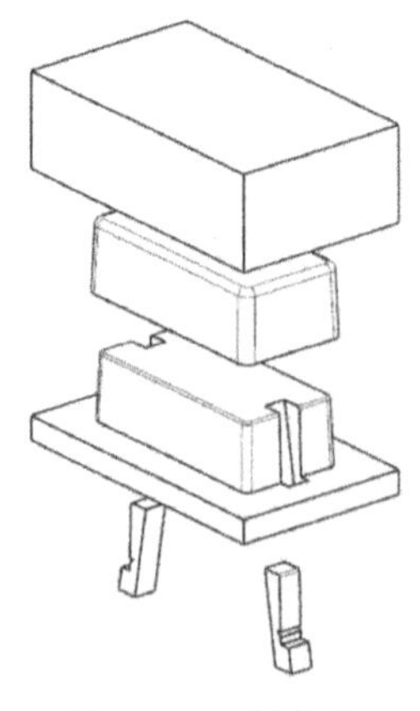

图 10-18　爆炸图

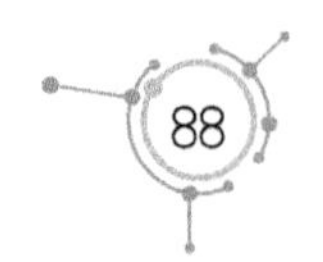

（49）单击“装配导航器”按钮，选择☑ xdmj文件。单击鼠标右键，在快捷菜单中单击“设为工作部件”命令。

（50）单击“保存”按钮，保存文档。

习　　题

用本章介绍的方法，创建如图 10-19 所示的产品结构图，并进行模具设计。

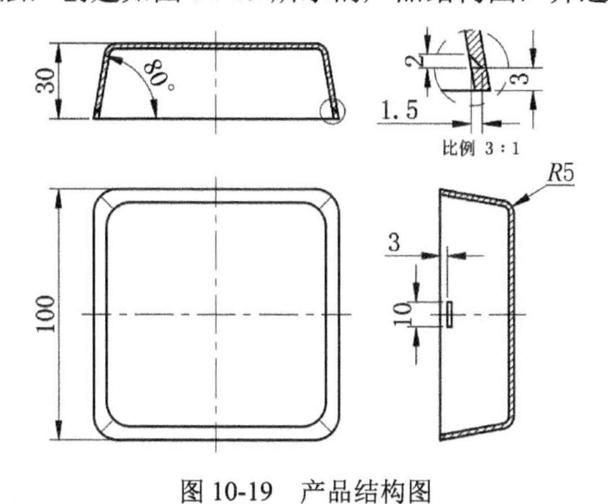

图 10-19　产品结构图

第11章　带镶件的模具设计

本章介绍带镶件的模具设计。

（1）启动 UG 12.0，单击“新建”按钮。在弹出的【新建】对话框中，把“单位”设为“毫米”，选择“模型”模块，把文件“名称”设为 xjmj.prt。

（2）单击“确定”按钮，进入建模环境。

（3）单击“菜单｜文件｜导入部件”命令，在弹出的【导入部件】对话框中，把“比例”设为 1，在“图层”栏中选择“◉ 工作的”单选框，在“目标坐标系”栏选择“◉ WCS”单选框。

（4）单击“确定”按钮，打开第 11 章的“xj.prt”文件，在【点】对话框中输入（0,0,0）。

（5）先单击“确定”按钮，再单击“取消”按钮，加载产品图，如图 11-1 所示。

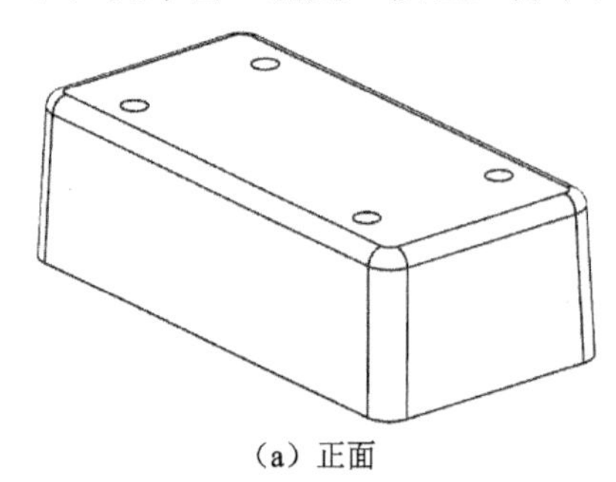
（a）正面

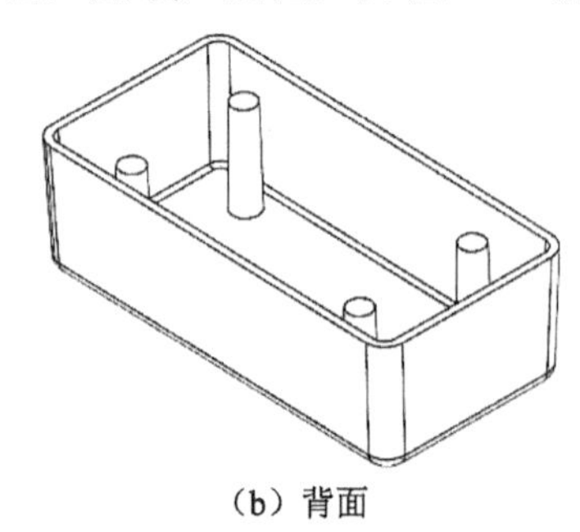
（b）背面

图 11-1　产品图

（6）单击“菜单｜插入｜偏置/缩放｜缩放体”命令，在弹出的【缩放体】对话框中，对“类型”选择“均匀”选项。在“比例因子”区域，把“均匀”值设为 1.005。单击【点】对话框中的按钮，输入（0，0，0）。

（7）单击“确定”按钮，完成对工件的缩放。

（8）单击“菜单｜分析｜局部半径”命令，选择工件上的圆弧面，在【局部半径分析】对话框中，显示“最小半径”为 3.0150（单位：mm），如图 11-2 所示。由此可知，工件已按比例放大。

（9）单击“菜单｜格式｜图层设置”命令，弹出【图层设置】对话框。设置该对话框参数，在“工作层”栏中输入“10”。按 Enter 键，把第 10 个图层设定为工作层。

（10）单击“菜单｜插入｜关联复制｜抽取几何特征”命令，在弹出的【抽取几何特征】对话框中，对“类型”选择“面”选项，对“面选项”选择“单个面”选项；勾选“✓关联”复选框，取消“□不带孔抽取”复选框中的“√”，如图 11-3 所示。

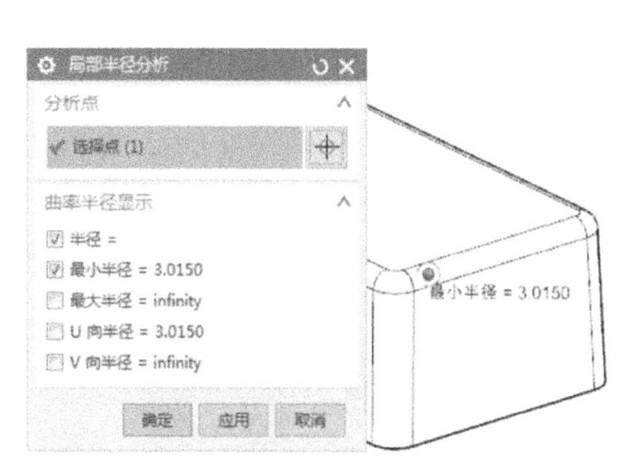

图 11-2　设置【局部半径分析】对话框参数

图 11-3　设置【抽取几何特征】对话框参数

（11）按住鼠标中键翻转实体后，逐一选择实体抽壳后的曲面，包括 4 个柱子的表面，共有 25 个面。

（12）单击“菜单｜格式｜图层设置”命令，取消“□1”复选框中的“√”，隐藏第 1 个图层的实体，只显示第 10 个图层的曲面。实体背面如图 11-4 所示，正面如图 11-5 所示。

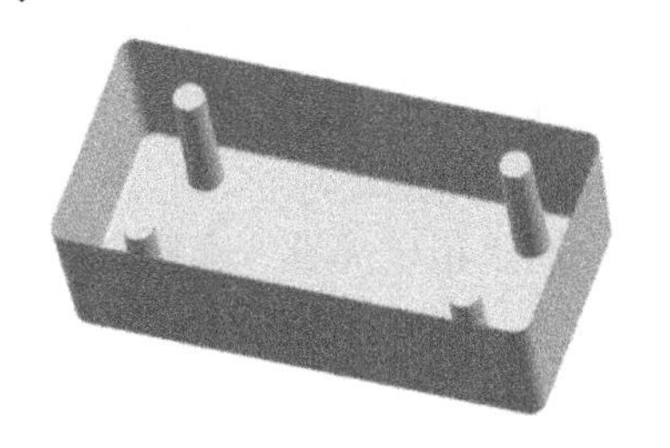

图 11-4　实体背面

图 11-5　实体正面

（13）单击“拉伸”按钮，以 *XC-ZC* 平面为草绘平面，以 *X* 轴为水平参考线，绘制一条直线，如图 11-6 所示。

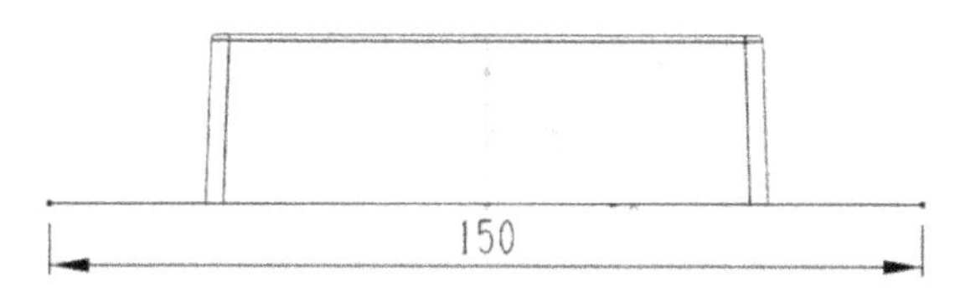

图 11-6　绘制一条直线

提示：如果视图的方向与图 11-6 不同，可在【拉伸】对话框中单击“指定矢量”栏中的“反向”按钮，使 *XC-ZC* 平面的法向线指向 *Y* 轴的负方向，就可以改变视图方向。

（14）单击“完成”按钮，在【拉伸】对话框中，对“指定矢量”选择“YC↑”选项，在“结束”栏中选择“对称值”选项；把“距离”值设为 50mm，在“布尔”栏中选择“无”选项。

（15）单击“确定”按钮，创建拉伸曲面，如图 11-7 所示。

（16）单击“菜单｜插入｜修剪｜修剪片体”命令，以拉伸曲面为目标片体，以抽取的曲面为边界片体，修剪拉伸片体，如图 11-8 所示。

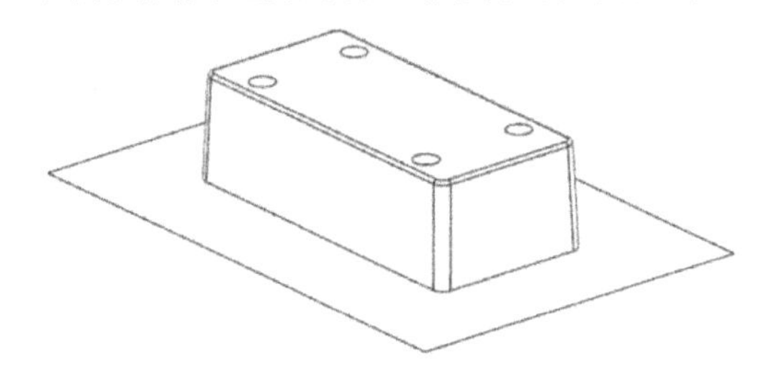

图 11-7　创建拉伸曲面

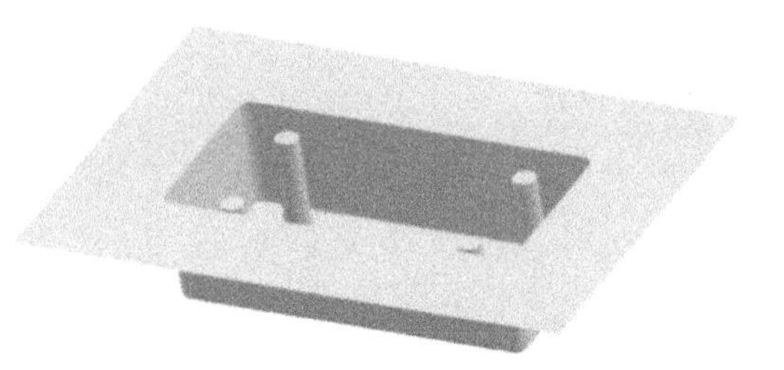

图 11-8　修剪拉伸片体

（17）单击“菜单｜插入｜组合｜缝合”命令，以其中任一曲面为目标片体，选择其余曲面为工具片体。单击“确定”按钮，缝合所有曲面。

提示：如果不能缝合，可在图 11-3 所示的【抽取几何特征】对话框中取消“□不带孔抽取”复选框中的“√”。

（18）单击“菜单｜格式｜图层设置”命令，弹出【图层设置】对话框。设置该对话框参数，在“工作层”栏中输入“1”。按 Enter 键，把第 1 个图层设定为工作层。

（19）单击“拉伸”按钮，以 *XC-YC* 平面为草绘平面，以 *X* 轴为水平参考线，以原点为中心，绘制一个矩形截面（125mm×85mm），如图 11-9 所示。

（20）单击“完成”按钮，在【拉伸】对话框中，对“指定矢量”选择“ZC↑”选项。在“开始”栏中选择“值”选项，把“距离”值设为-20mm；在“结束”栏中选择“值”选项，把“距离”值设为 40mm；在“布尔”栏中，选择“无”选项。

（21）单击“确定”按钮，创建工件，如图 11-10 所示。

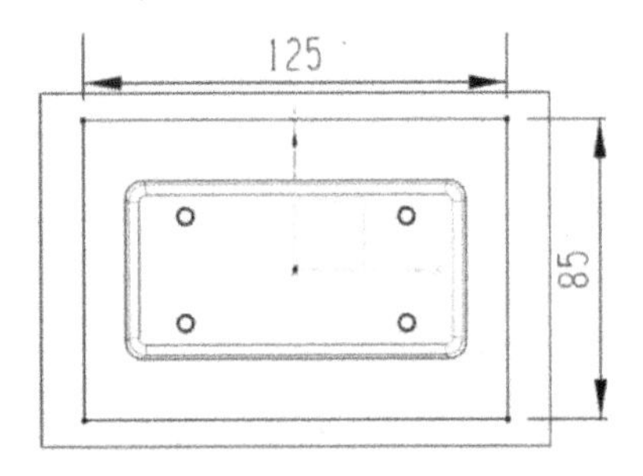

图 11-9　绘制一个矩形截面

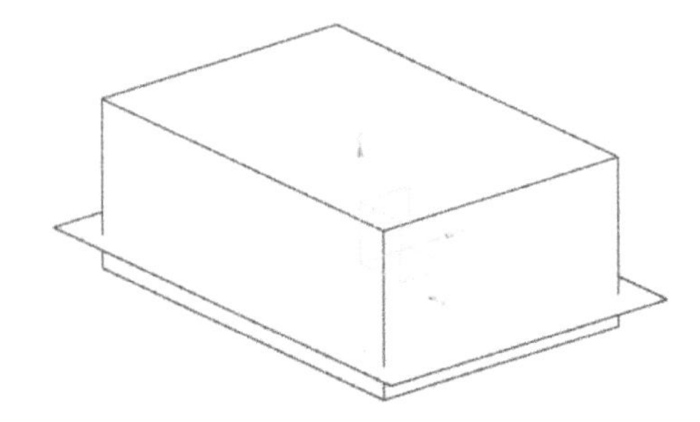

图 11-10　创建工件

（22）单击“菜单｜插入｜组合｜减去”命令，选择工件作为目标体，选择产品作为工具体。在【求差】对话框中，勾选“√保存工具”复选框。

（23）单击“确定”按钮，创建减去特征。

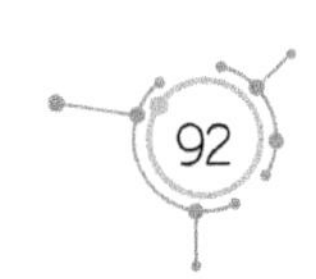

（24）单击“菜单｜插入｜修剪｜拆分体”命令，以工件为目标体，以缝合曲面为工具体。

（25）单击“确定”按钮，将工件分成上、下两部分。

提示：如果不能拆分，可能是曲面没有缝合。可在图 11-3 所示的【抽取几何特征】对话框中取消“☐不带孔抽取”复选框中的“√”后，再进行缝合。

（26）单击“菜单｜格式｜图层设置”命令，取消“☐10”复选框中的“√”，隐藏第 10 个图层，只显示第 1 个图层的实体。工件上出现一条拆分线，如图 11-11 所示。

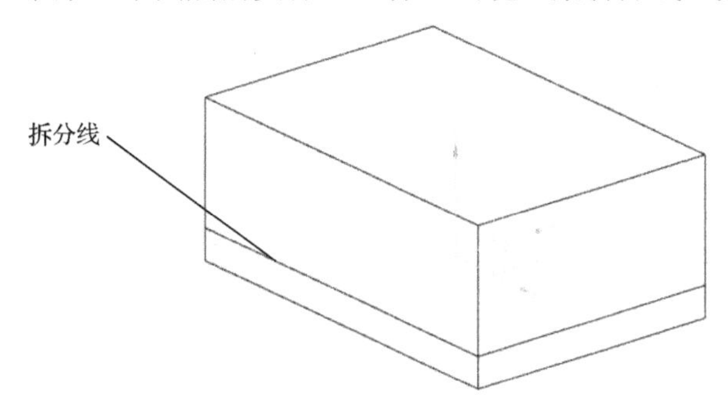

图 11-11　工件上出现一条拆分线

（27）单击“菜单｜编辑｜特征｜移除参数”命令，移除工件的参数。

（28）单击“装配导航器”按钮，选择☑xjmj文件，单击鼠标右键，在快捷菜单中，选择“WAVE”选项，单击“新建层”命令。在“装配导航器”上方的工具条中单击“实体”命令，选择上层实体。输入文件名“xjcavity”，单击“确定”按钮。

（29）再次选择☑xjmj文件，单击鼠标右键，在快捷菜单中，选择“WAVE”选项，单击“新建层”命令。在“装配导航器”上方的工具条中单击“实体”命令，选择下层实体。输入文件名“xjcore”，单击“确定”按钮。

（30）在“描述性部件名”栏中的☑xjmj出现两个下级目录文件，如图 11-12 所示。

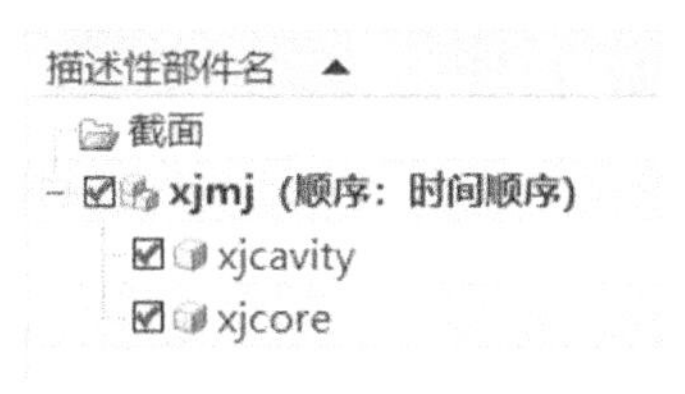

图 11-12　两个下级目录文件

（31）在“装配导航器中”选择☑xjcavity文件，单击鼠标右键，在快捷菜单中，“在窗口中打开”命令，打开“xjcavity.prt”零件图，如图 11-13 所示。

提示：如果工作界面没有显示任何图素，那么请单击“菜单｜格式｜图层设置”命令，打开所有图层。操作后，如果还是没有显示任何图素，那可能在创建下级目录文件时出错了。

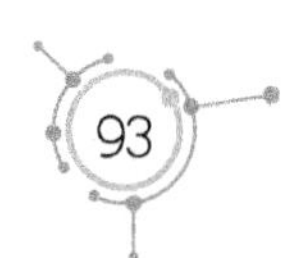

（32）单击“菜单｜格式｜图层设置”命令，弹出【图层设置】对话框。设置该对话框参数在“工作层”栏中输入“5”。按 Enter 键，把第 5 个图层设定为工作层。

（33）单击“拉伸”按钮，以 *XC-YC* 平面为草绘平面，以 *X* 轴为水平参考线，绘制 4 个圆形截面（直径为 6mm），如图 11-14 所示。

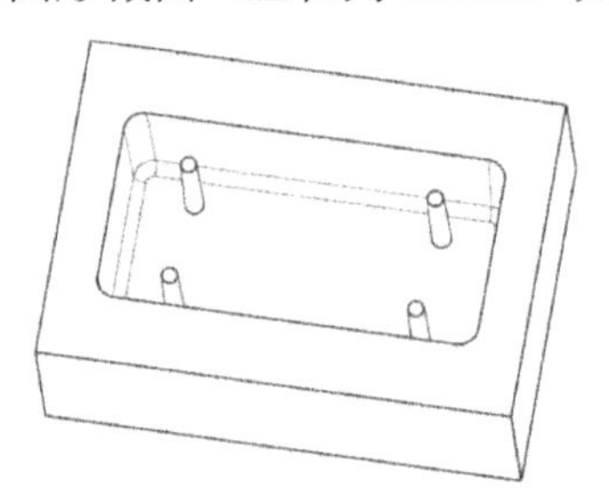

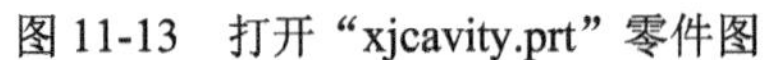

图 11-13　打开“xjcavity.prt”零件图

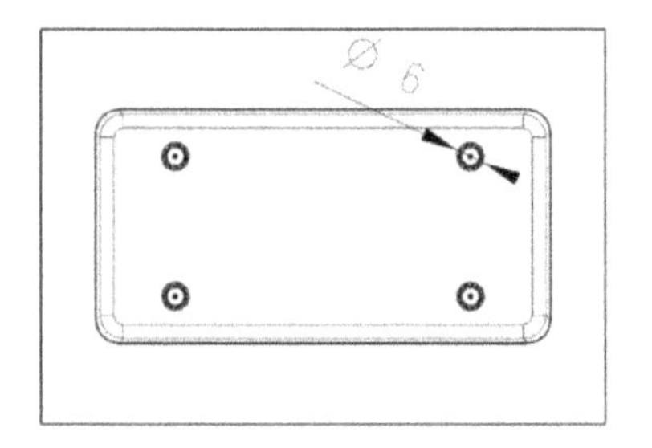

图 11-14　绘制 4 个圆形截面

（34）单击“完成”按钮，在【拉伸】对话框中，对“指定矢量”选择“ZC↑”选项。在“开始”栏中选择“值”选项，把“距离”值设为 0；在“结束”栏中选择“值”选项，把“距离”值设为 40mm；在“布尔”栏中，选择“无”选项。

（35）单击“确定”按钮，绘制 1 根圆柱。

（36）采用相同的方法，绘制其余 3 根圆柱。

（37）单击“菜单｜格式｜图层设置”命令，取消“□1”复选框中的“√”，隐藏第 1 个图层的实体，只显示第 5 个图层的圆柱，如图 11-15 所示。

（38）单击“拉伸”按钮，以圆柱上表面为草绘平面，以 *X* 轴为水平参考线，绘制 4 个直径为 10mm 的圆，如图 11-16 所示。

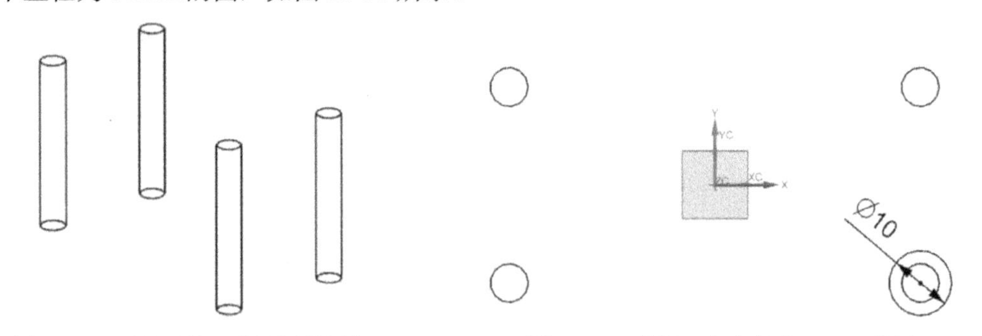

图 11-15　只显示第 5 个图层的圆柱　　图 11-16　绘制 4 个直径为 10mm 的圆

（39）单击“完成”按钮，在【拉伸】对话框中，对“指定矢量”选择“-ZC↓”选项，把“开始距离”值设为 0、“结束距离”值设为 5mm；对“布尔”设为“合并”选项。

（40）采用相同的方法，绘制其余 3 根圆柱，共绘制 4 根圆柱，如图 11-17 所示。

（41）单击“菜单｜格式｜图层设置”命令，勾选“√1”复选框，显示第 1 个图层的实体。

（42）单击“菜单｜插入｜组合｜相交”命令，选择其中 1 根圆柱体作为目标体，

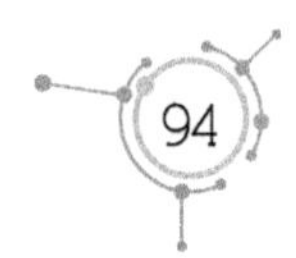

以工件为工具体。在【相交】对话框中勾选“✓保存工具”复选框，创建相交特征。

（43）单击“菜单｜格式｜图层设置”命令，取消“□1”复选框中的“√”，隐藏第 1 个图层的实体，只显示第 2 个图层的圆柱。

（44）采用相同的方法，绘制其余 3 根圆柱的相交特征。4 根圆柱的相交特征如图 11-18 所示。

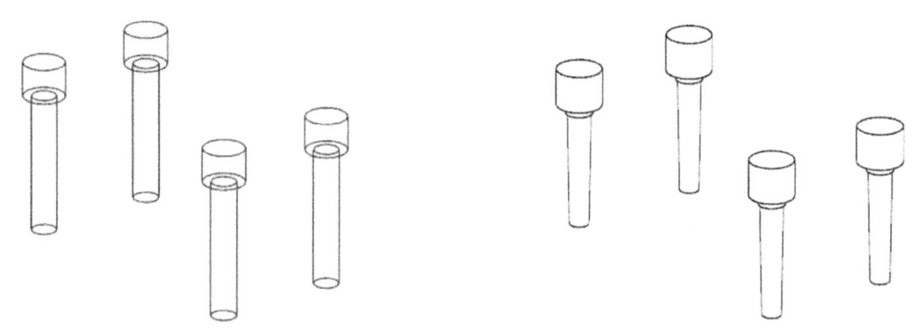

图 11-17　绘制 4 根圆柱　　　　图 11-18　4 根圆柱的相交特征

（45）单击“菜单｜插入｜组合｜减去”命令，选择工件作为目标体，选择 4 根圆柱作为工具体。在【求差】对话框中勾选“✓保存工具”复选框。

（46）单击“确定”按钮，创建镶件的配合位。隐藏 4 根圆柱，显示镶件的配合位，如图 11-19 所示。

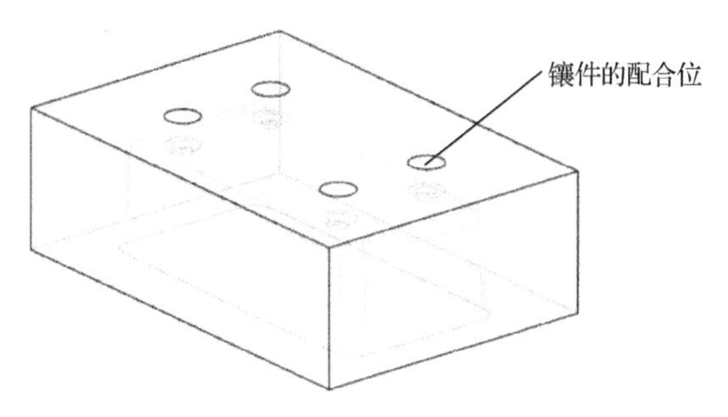

图 11-19　显示镶件的配合位

（47）单击“装配导航器”按钮，选择☑ xjcavity 文件，单击鼠标右键，在快捷菜单中，选择“WAVE”选项，单击“新建层”命令。在“装配导航器”上方的工具条中单击“实体”命令，选择工件。输入文件名“cavity”，单击“确定”按钮。

（48）再次选择☑ xjcavity 文件，单击鼠标右键，在快捷菜单中，选择“WAVE”选项，单击“新建层”命令。在“装配导航器”上方的工具条中单击“实体”命令，选择其中的 1 个镶件。输入文件名“xj1”，单击“确定”按钮。

（49）采用相同的方法，创建其余 3 个下级目录文件。4 个下级目录文件如图 11-20 所示。

（50）在标题栏中先选择“窗口”选项卡，再选择“xjmj.prt”文件。

（51）在“描述性部件名”栏中展开+ ☑ xjcavity 文件后，效果如图 11-21 所示。

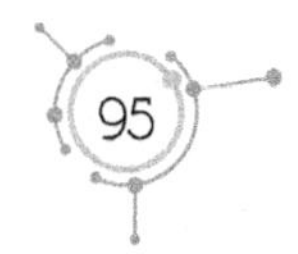

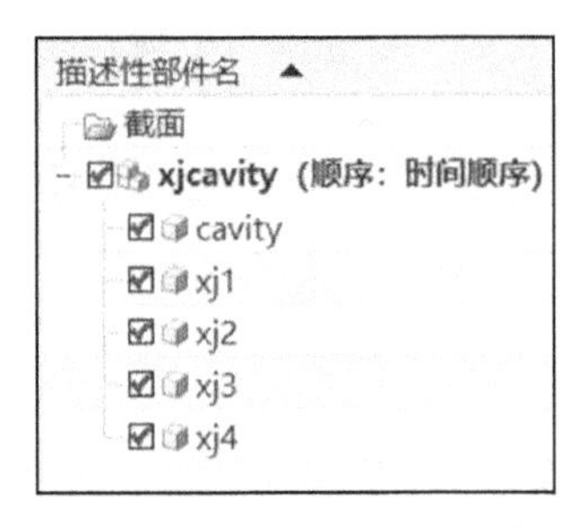

图 11-20　4 个下级目录文件

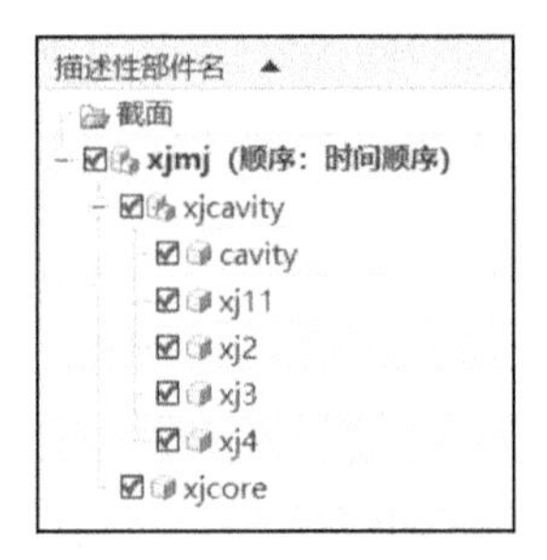

图 11-21　展开文件后的效果

（52）单击“菜单丨装配丨爆炸图丨新建爆炸图”命令，创建一个新的爆炸图。

（53）单击“菜单丨装配丨爆炸图丨编辑爆炸图”命令，各零件移动后组成的爆炸图如图 11-22 所示。

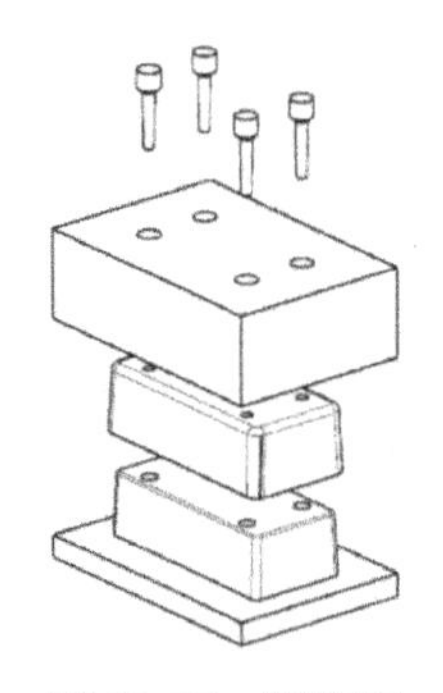

图 11-22　爆炸图

（54）单击“装配导航器”按钮，选择 xjmj文件，单击鼠标右键，在快捷菜单中，单击“设为工作部件”命令。

（55）单击“保存”按钮，保存文档。

习　　题

用本章介绍的方法，创建如图 11-23 所示的产品结构图，并进行模具设计。

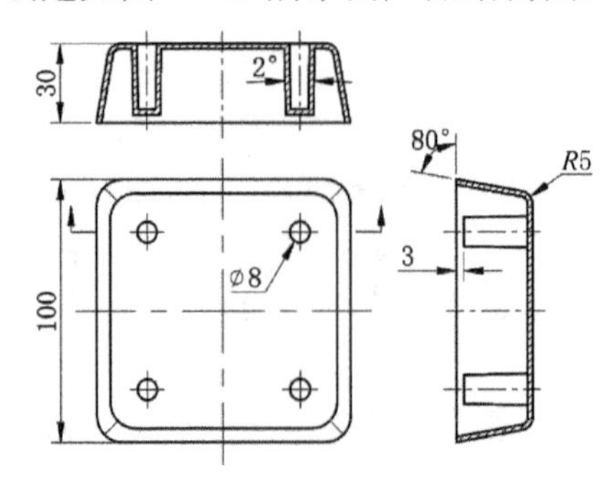

图 11-23　产品结构图

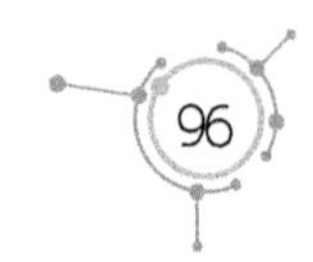

第 12 章　一模两腔的模具设计

如果一套模具中有几种不同的产品，就需要先对这些产品进行排位，再进行模具设计。本章详细介绍模具排位的基本方法。

（1）启动 UG 12.0，单击“新建”按钮。在【新建】对话框中，对“单位”选择“毫米”，选择“模型”对应的行，把文件“名称”设为“btcp.prt”。

（2）单击“菜单｜文件｜导入部件”命令，在【导入部件】对话框中把“比例”设为 1.0000；在“图层”栏中选择“◉ 工作的”单选框，在“目标坐标系”栏中选择“◉ WCS”单选框，如图 12-1 所示。

（3）单击“确定”按钮，选择“pengai.prt”文件，单击“OK”按钮。

（4）在【点】对话框中输入（0，0，0），单击“取消”按钮，导入第 1 个零件，如图 12-2 所示。

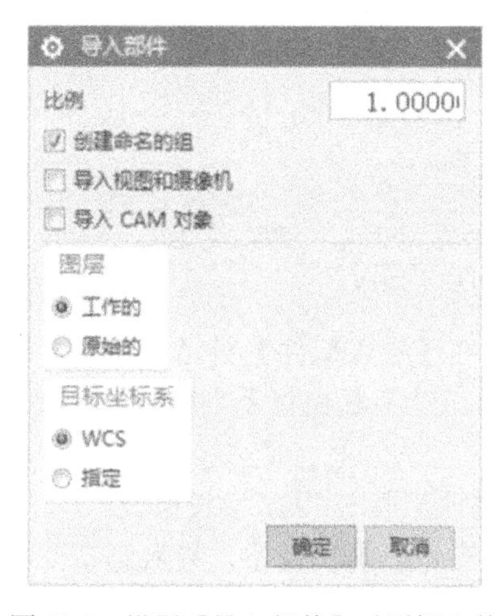

图 12-1　设置【导入部件】对话框参数

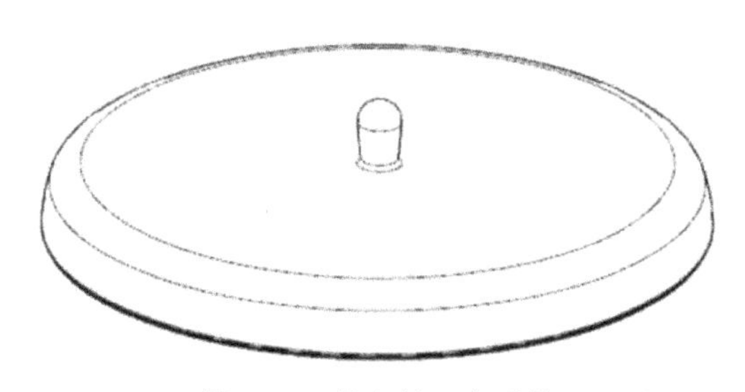

图 12-2　导入第 1 个零件

（5）单击“菜单｜分析｜测量距离”命令，在弹出的【测量距离】对话框中，对“类型”选择“投影距离”选项，对“指定矢量”选择“ZC↑”选项，如图 12-3 所示。

（6）选择 *XC-YC* 平面作为“起点”，选择零件口部台阶的平面作为“终点”，测量距离设为 45.0000mm，如图 12-4 所示。

（7）单击“菜单｜编辑｜特征｜移除参数”命令，移除零件的参数（在“部件导航器”中，直接删除“偏置曲线（3）”和“基准坐标系（5）”）。

图 12-3　设置【测量距离】对话框参数

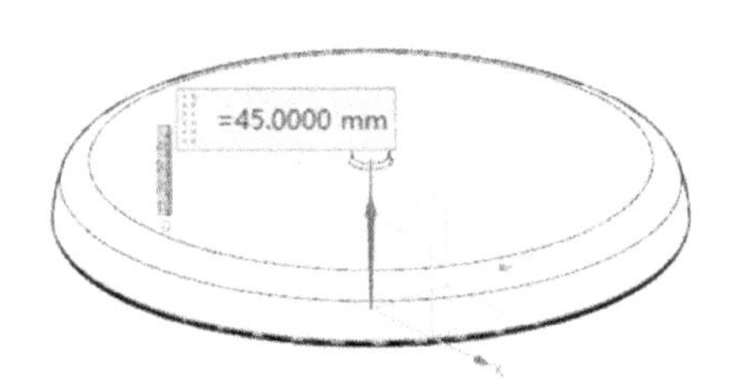

图 12-4　设置测量距离

（8）单击“菜单｜编辑｜移动对象”命令，在【移动对象】对话框中，对“运动”选择“距离”选项，对“指定矢量”选择“-ZC↓”选项；把“距离”值设为 45mm，在“结果”栏中选择“◉移动原先的”单选框。

（9）单击“确定”按钮，零件往-*ZC* 方向移动 45mm。单击“前视图”按钮，可以看出台阶的平面与 *XC-YC* 平面对齐，如图 12-5 所示。

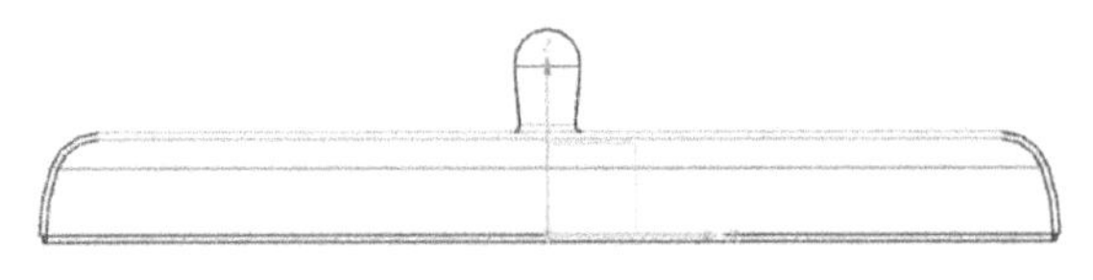

图 12-5　台阶的平面与 *XC-YC* 平面对齐

（10）单击“菜单｜文件｜导入部件”命令，在【导入部件】对话框中把“比例”设为 1.0000；在“图层”栏中选择“◉工作的”单选框，在“目标坐标系”栏中选择“◉WCS”单选框。

（11）单击“确定”按钮，选择“pendi.prt”文件，单击“OK”按钮。

（12）在【点】对话框中输入（0，0，0），单击“取消”按钮，导入第二个零件，如图 12-6 所示。

（13）单击“菜单｜分析｜测量距离”命令，在弹出的【测量距离】对话框中，对“类型”选择“投影距离”选项，对“指定矢量”选择“ZC↑”选项。

（14）选择 *XC-YC* 平面作为“起点”，选择零件口部平面作为“终点”，测量距离设为 45.0000mm，如图 12-7 所示。

（15）单击“菜单｜编辑｜特征｜移除参数”命令，移除零件的参数（在“部件导航器”中，直接删除“偏置曲线（4）”）。

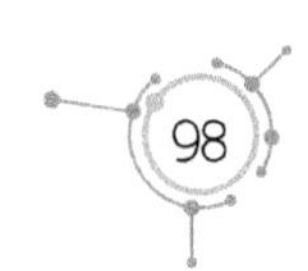

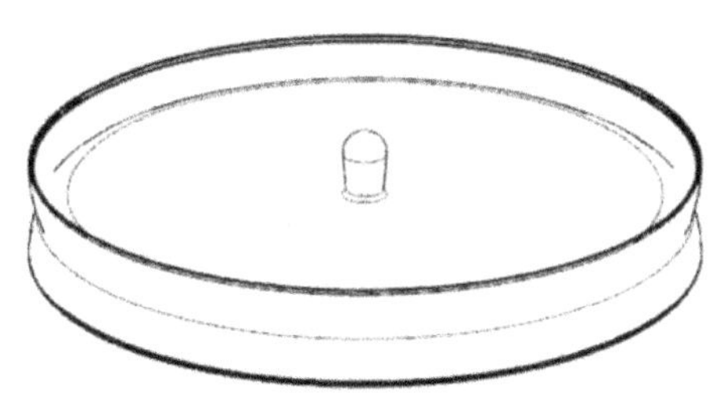

图 12-6　导入第二个零件

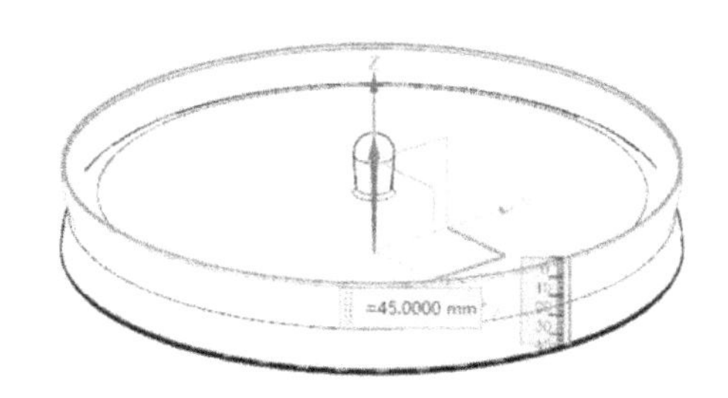

图 12-7　设置测量距离

（16）单击“菜单｜编辑｜移动对象”命令，在弹出的【移动对象】对话框中，对“运动”选择“距离”选项，对“指定矢量”栏中选择“-ZC↓”选项，把“距离”值设为 45mm，在“结果”栏中选择“◉ 移动原先的”单选框。

（17）单击“确定”按钮，零件往-ZC 方向移动 45mm。单击“前视图”按钮，可以看到产品的口部与 *XC-YC* 平面对齐，如图 12-8 所示。

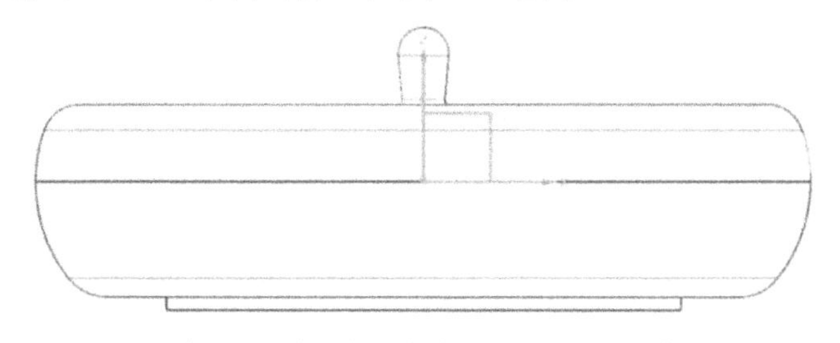

图 12-8　产品的口部与 *XC-YC* 平面对齐

（18）单击“菜单｜插入｜偏置/缩放｜缩放体”命令，在弹出的【缩放体】对话框中，对“类型”选择“均匀”选项，在“比例因子”栏中，把“均匀”值设为 1.005。单击“指定点”按钮，输入（0，0，0）。

（19）选择一个工件，单击“确定”按钮，对工件进行缩放。

（20）采用相同的方法，对另一个工件进行缩放。

（21）单击“菜单｜分析｜局部半径”命令，选择工件上的圆弧面，在【局部半径分析】对话框中，显示“最小半径”为 15.0750（单位：mm），如图 12-9 所示。可知，工件已按比例放大。

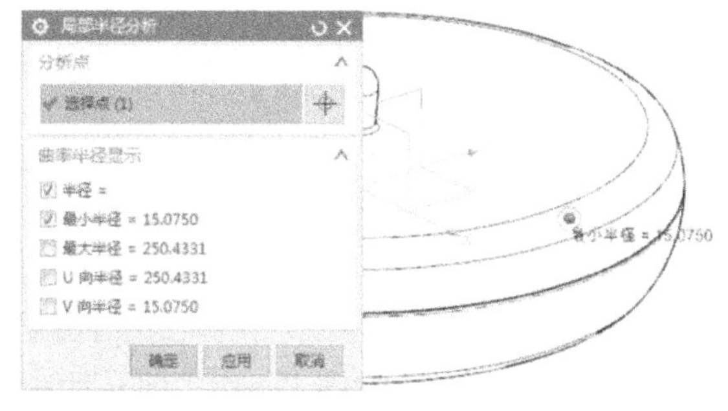

图 12-9　【局部半径分析】对话框参数显示

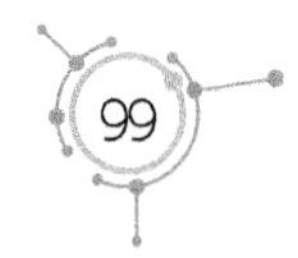

（22）单击“菜单｜编辑｜移动对象”命令，在弹出的【移动对象】对话框中，对“运动”选择“距离”选项，对“指定矢量”选择“XC↑”选项，把“距离”值设为350mm；在“结果”栏中，选择“◉移动原先的”单选框。

（23）选择第 2 个零件，单击“确定”按钮，第 2 个零件往 *XC* 正方向移动 350mm，如图 12-10 所示。

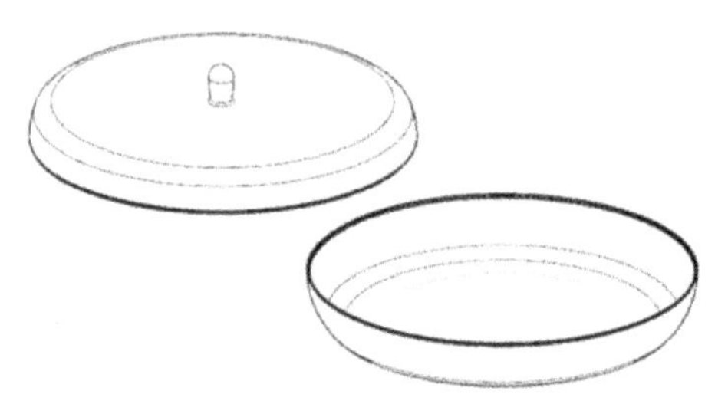

图 12-10　移动第二个零件

（24）单击“菜单｜编辑｜移动对象”命令，在弹出的【移动对象】对话框中，对“运动”选择“角度”选项，对“指定矢量”选择“XC↑”选项，对“指定轴点”选择（350，0，0），把“角度”值设为 180°；在“结果”栏中，选择“◉移动原先的”单选框。

（25）选择第 2 个零件，单击“确定”按钮，第 2 个零件旋转 180°，如图 12-11 所示。

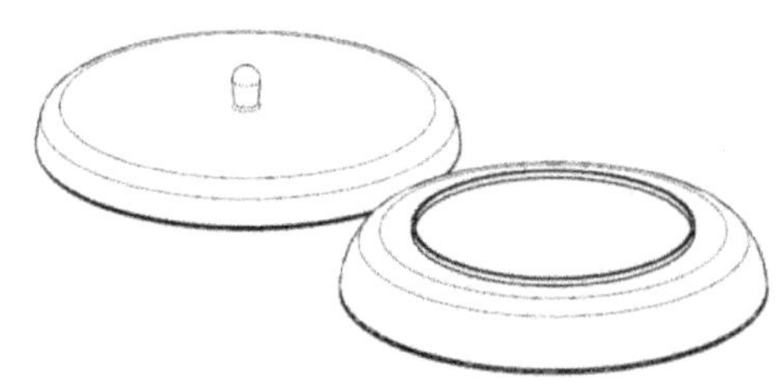

图 12-11　第 2 个零件旋转 180°

（26）单击“菜单｜格式｜图层设置”命令，弹出【图层设置】对话框。设置该对话框参数，在“工作层”栏中输入“10”。按 Enter 键，把第 10 个图层设定为工作层。

（27）单击“菜单｜插入｜关联复制｜抽取几何特征”命令，在弹出的【抽取几何特征】对话框中，对“类型”选择“面”选项，对“面选项”选择“单个面”选项，勾选“✓关联”复选框。

（28）选择零件内部的曲面。对第 1 个零件，选择其内部的 6 个曲面。

（29）单击“确定”按钮，抽取第 1 个零件内部的 6 个曲面。

（30）采用相同的方法，抽取第 2 个零件内部的 5 个曲面。

（31）单击“菜单｜格式｜图层设置”命令，在弹出的【图层设置】对话框中，取消“□1”复选框中的“√”，隐藏第 1 个图层的实体。两个抽取曲面的口部形状如图 12-12 所示。

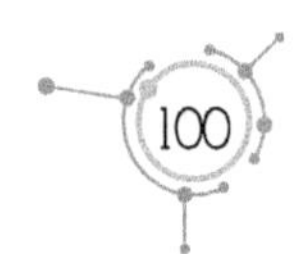

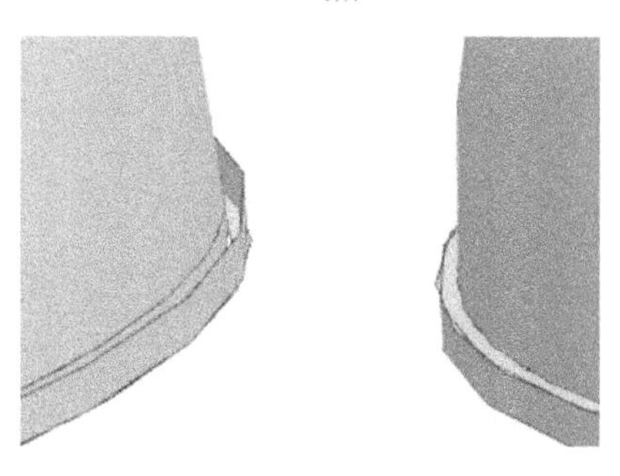

图 12-12　两个抽取曲面的口部形状

（32）单击“拉伸”按钮，在【拉伸】对话框中单击“绘制截面”按钮，选择 *XC-ZC* 平面作为草绘平面，绘制一条直线。该直线与 *XC-YC* 平面对齐，如图 12-13 所示。

图 12-13　绘制一条直线使之与 *XC-YC* 平面对齐

（33）单击“完成”按钮，在【拉伸】对话框中，对“指定矢量”选择“YC↑”选项；在“结束”栏中选择“对称值”选项，把“距离”值设为 300mm。

（34）单击“确定”按钮，创建拉伸曲面，如图 12-14 所示。

（35）单击“菜单 | 插入 | 修剪 | 修剪片体”命令，以步骤（34）创建的拉伸曲面为目标片体，以上述两个抽取曲面为边界对象。单击“应用”按钮，创建修剪片体特征，如图 12-15 所示。放大后的修剪片体如图 12-16 所示。

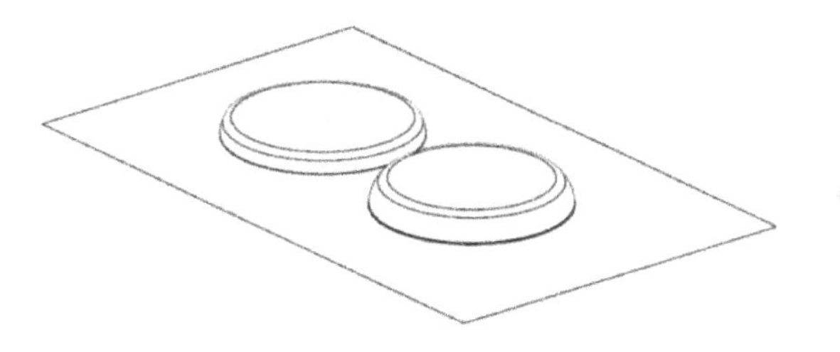

图 12-14　创建拉伸曲面

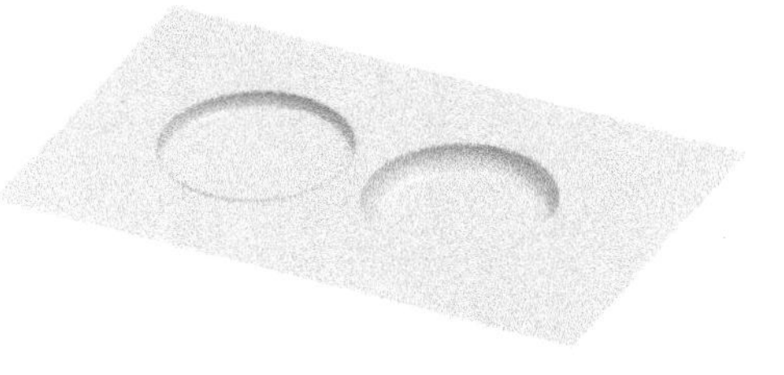

图 12-15　创建修剪片体特征

（36）选择“菜单 | 插入 | 组合 | 缝合”命令，以其中任意一个曲面为目标片体，选择其他曲面为工具片体，单击“确定”按钮，缝合所有曲面。

（37）单击“菜单 | 格式 | 图层设置”命令，弹出【图层设置】对话框。设置该对话框，在“工作层”栏中输入“1”。按 Enter 键，把第 1 个图层设定为工作层。

（38）单击“拉伸”按钮，以 *XC-YC* 平面为草绘平面，绘制一个截面，如图 12-17 所示。

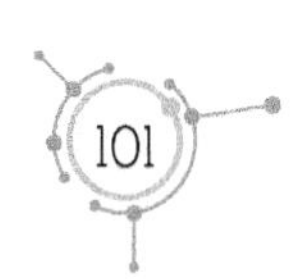

图 12-16 放大后的修剪片体

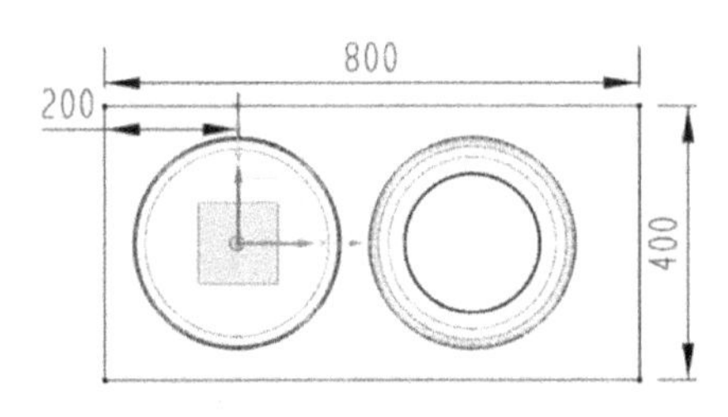

图 12-17 绘制一个截面

（39）单击“完成”按钮，在【拉伸】对话框中，对“指定矢量”选择“ZC↑”选项；在“开始”栏中选择“值”选项，把“距离”值设为-40mm；在“结束”栏中选择“值”选项，把“距离”值设为 80mm；在“布尔”栏中，选择“无”选项。

（40）单击“确定”按钮，创建工件，如图 12-18 所示。

（41）单击“减去”按钮，选择工件作为目标体，两个零件为工具体。在【求差】对话框中，勾选“✓保存工具”复选框。单击“确定”按钮，创建减去特征。

（42）单击“菜单丨插入丨修剪丨拆分体”命令，以工件为目标体，以曲面为工具体，拆分工件，将工件分成上、下两部分。

（43）单击“菜单丨编辑丨特征丨移除参数”命令，选择工件后，单击“确定”按钮，移除工件的参数。

（44）在“描述性部件名”栏中，选择☑ btcp文件。单击鼠标右键，在快捷菜单中，选择“WAVE”选项，单击“新建层”命令。在“装配导航器”上方的工具条中单击“实体”命令，选择下层实体，把“文件名”设为“btcpcore.prt”，单击“确定”按钮。

（45）重复步骤（44），选择上层实体，把“文件名”设为“btcpcavity.prt”。创建的两个下级目录文件如图 12-19 所示。

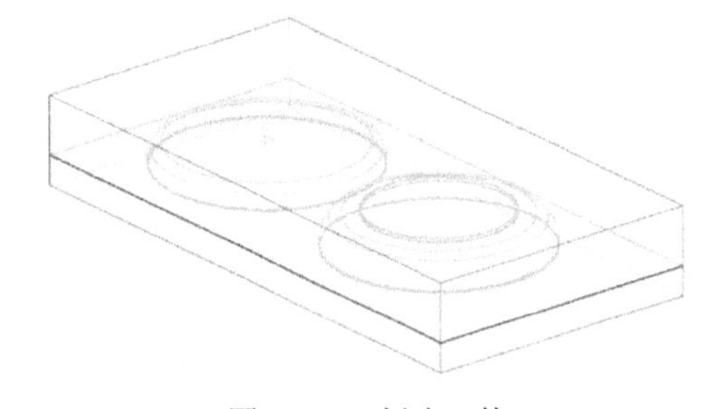
图 12-18 创建工件

图 12-19 两个下级目录文件

（46）单击“菜单丨编辑丨特征丨移除参数”命令，选择工件。然后，单击“确定”按钮，移除工件的参数。

（47）单击“菜单丨格式丨图层设置”命令，在弹出的【图层设置】对话框中取消“□10”复选框中的“√”，隐藏曲面。

（48）单击“菜单丨编辑丨移动对象”命令，选择上层实体作为移动对象。在【移动对象】对话框中对“运动”选择“距离”选项，对“指定矢量”选择“ZC↑”选

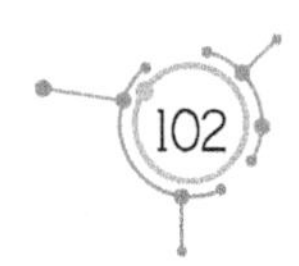

项，把“距离”值设为 100mm，按 Enter 键确认。然后，单击“确定”按钮，移动上层实体。

（49）采用相同的方法，移动下层实体，移动距离为-100mm，如图 12-20 所示。

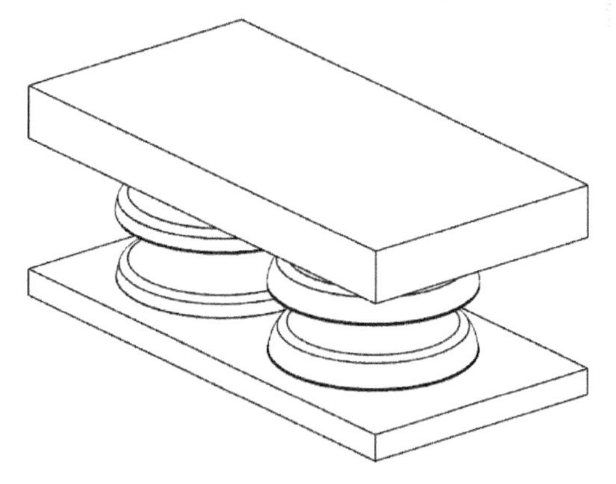

图 12-20　移动下层实体

（50）单击“保存”按钮，保存文件。

习　　题

按从上往下的方式，绘制如图 12-21 的产品结构图，在“WAVE”模式下创建两个下级目录文件。然后，进行模具设计。

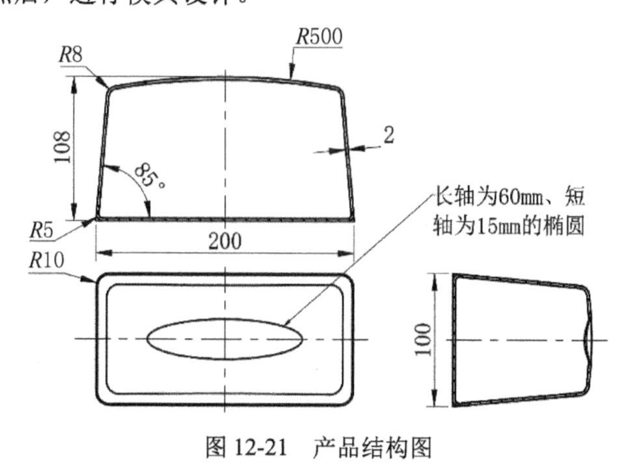

图 12-21　产品结构图

第 13 章　圆形型腔排列的模具设计

本章详细介绍圆形型腔排位的模具设计。

（1）启动 UG 12.0，单击“新建”按钮。在弹出的【新建】对话框中对“单位”；选择“毫米”；选择“模型”对应的行，把文件“名称”设为“hemj.prt”。

（2）选择“菜单｜文件｜导入部件”命令，在弹出的【导入部件】对话框中把“比例”设为 1.0；在“图层”栏中选择“◉工作的”单选框，在“目标坐标系”栏中选择“◉WCS”单选框，如图 12-1 所示。

（3）单击“确定”按钮，选择“he.prt”文件，单击“OK”按钮。

（4）在【点】对话框中输入（0，0，0），单击“取消”按钮，导入零件图，如图 13-1 所示。

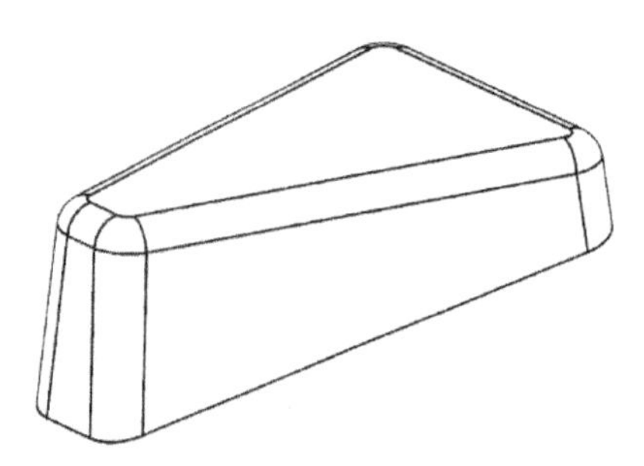

图 13-1　零件图

（5）单击“菜单｜编辑｜特征｜移除参数”命令，移除实体参数。

（6）单击“菜单｜插入｜偏置/缩放｜缩放体”命令，在弹出的【缩放体】对话框中，对“类型”选择“均匀”选项，在“比例因子”栏中，把“均匀”值设为 1.006。单击“指定点”按钮，输入（0，0，0）。

（7）单击“确定”按钮，完成对零件的缩放。

（8）单击“菜单｜编辑｜移动对象”命令，在弹出的【移动对象】对话框中，对“运动”选择“距离”选项，对“指定矢量”选择“YC↑”选项，把“距离”值设为 40mm。

（9）单击“确定”按钮，零件移动后的位置如图 13-2 所示。

（10）单击“菜单｜分析｜测量距离”命令，在弹出的【测量距离】对话框中，对“类型”选择“投影距离”选项，对“指定矢量”选择“ZC↑”选项。

（11）选择 *XC-YC* 平面作为起点，选择零件口部的最低点作为终点，把测量距离设为 5.4076mm，如图 13-3 所示。

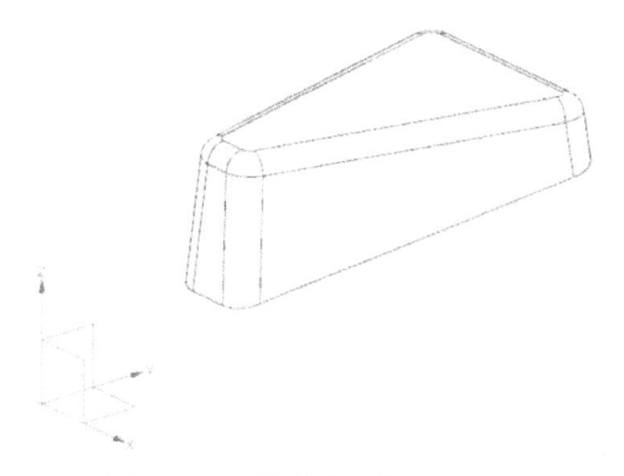

图 13-2　零件移动后的位置

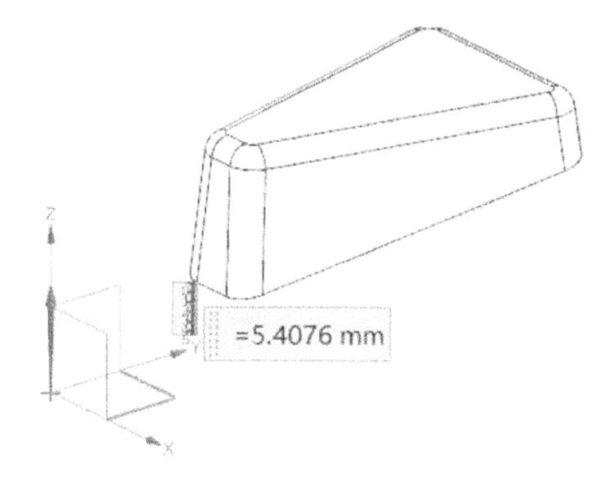

图 13-3　把测量距离设为 5.4076mm

（12）在【测量距离】对话框中勾选“√显示信息窗口”复选框，弹出“信息”窗口，如图 13-4 所示。在“信息”窗口中显示的“投影距离”为 5.407551805mm。

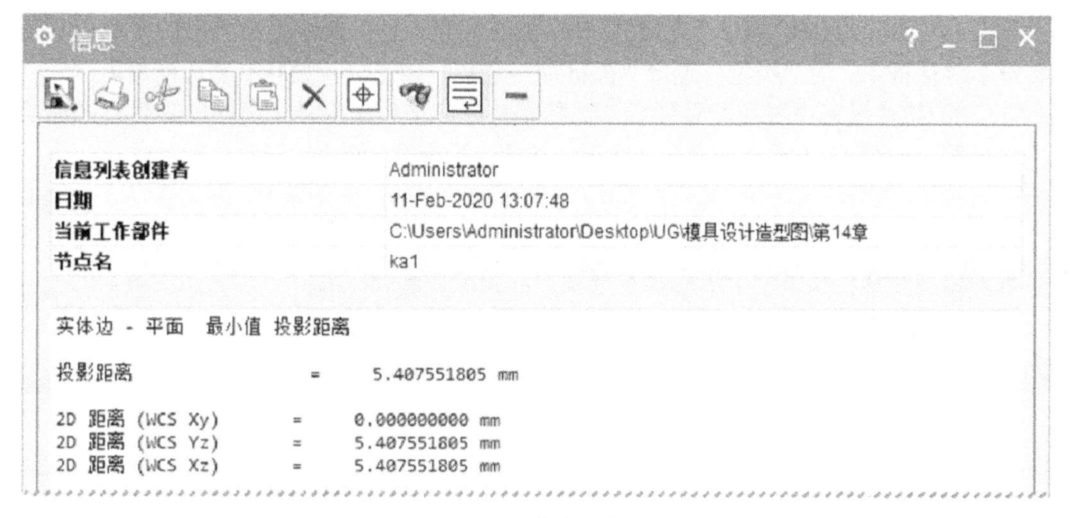

图 13-4　“信息”窗口

（13）在“信息”窗口中选择“5.407551805mm”，单击鼠标右键，在快捷菜单中，单击“复制”命令。

（14）单击“菜单丨编辑丨移动对象”命令，在弹出的【移动对象】对话框中，对“运动”选择“距离”选项，对“指定矢量”选择“-ZC↓”选项。在“距离”文本框中单击鼠标右键，在快捷菜单中，单击“粘贴”命令，并把数字改为 3.407551805mm，如图 13-5 所示。

（15）单击“确定”按钮，零件向 *ZC* 轴的负方向移动 3.407551805mm。

（16）单击“菜单丨分析丨测量距离”命令，在弹出的【测量距离】对话框中，对“类型”选择“投影距离”选项，对“指定矢量”选择“ZC↑”选项。

（17）选择 *XC-YC* 平面作为起点，选择零件口部的最低点作为终点，把测量距离设为 2.0000mm，如图 13-6 所示。

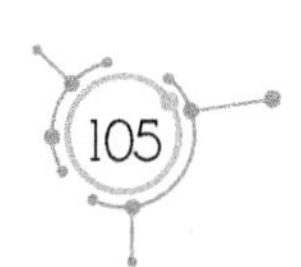

图 13-5　把数字改为 3.407551805mm

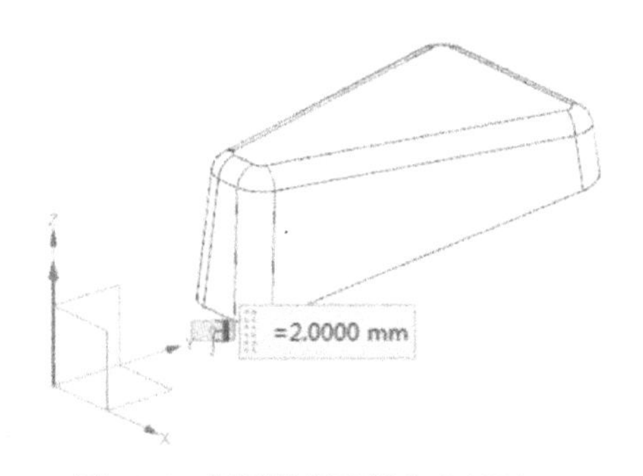

图 13-6　把测量距离设为 2.0000mm

（18）单击“菜单 | 格式 | 图层设置”命令，弹出【图层设置】对话框设置该对话框，在“工作层”栏中输入“10”。按 Enter 键，把第 10 个图层设定为工作层。

（19）单击“菜单 | 插入 | 关联复制 | 抽取几何特征”命令，在弹出的【抽取几何特征】对话框中，对“类型”选择“面区域”选项，勾选“√关联”复选框选项。

（20）按住鼠标中键翻转零件后，选择零件底部平面作为种子面，以零件口部曲面为边界面，如图 13-7 所示。单击“确定”按钮，抽取曲面特征。

（21）单击“拉伸”按钮，在【拉伸】对话框中单击“绘制截面”按钮，以 *YC-ZC* 平面为草绘平面，以 *Y* 轴为水平参考线，绘制一条直线，如图 13-8 所示。该直线与零件口部的边线重合，其中一个端点在水平轴上，长度为 68mm。

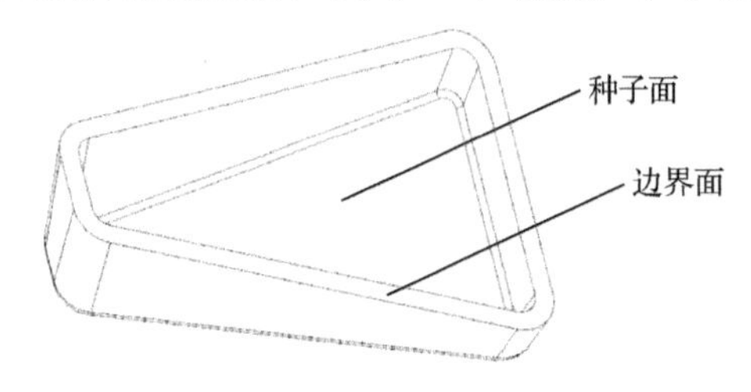

图 13-7　选择种子面和边界面

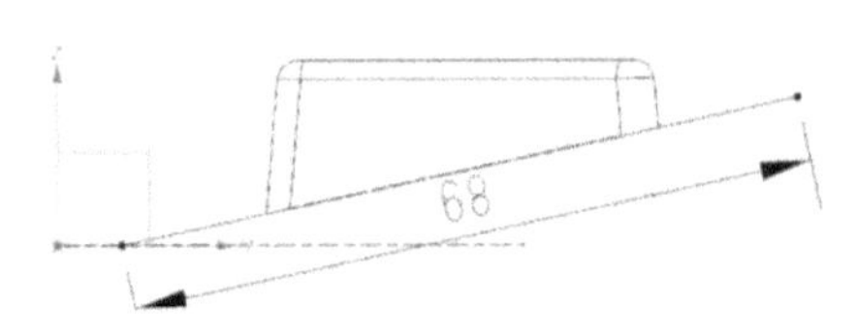

图 13-8　绘制一条直线

（22）单击“完成”按钮，在【拉伸】对话框中，对“指定矢量”选择“XC↑”选项，在“结束”栏中选择“对称值”选项，把“距离”值设为 30mm。

（23）单击“确定”按钮，创建一个拉伸曲面，如图 13-9 所示。

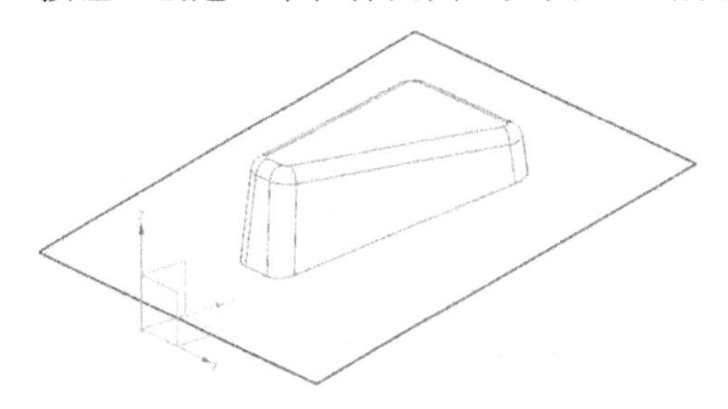

图 13-9　创建一个拉伸曲面

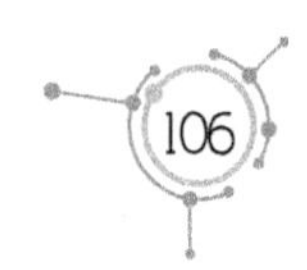

（24）单击“菜单｜格式｜图层设置”命令，取消“□1”复选框中的“√”，隐藏实体。

（25）单击“菜单｜插入｜修剪｜修剪片体”命令，选择拉伸曲面作为目标片体，抽取曲面为工具片体，修剪拉伸片体，如图 13-10 所示。

（26）单击“草图”按钮，以 *XC-YC* 平面为草绘平面，绘制一个截面，如图 13-11 所示。其中一个顶点在原点。

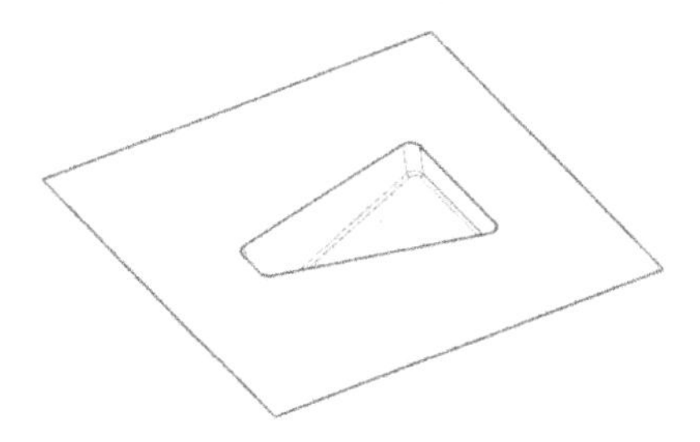

图 13-10　修剪拉伸片体

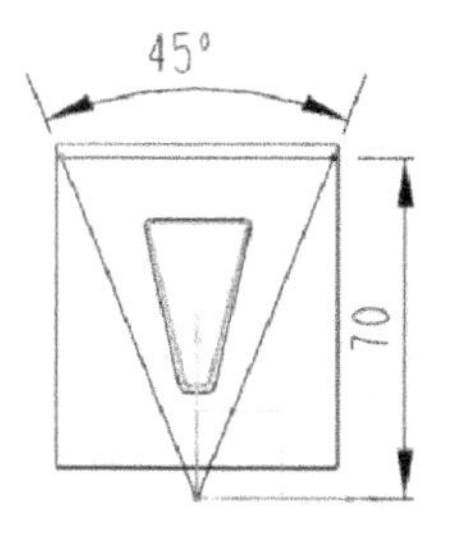

图 13-11　绘制一个截面

（27）单击“完成草图”按钮，创建一个草图。

（28）单击“菜单｜插入｜修剪｜修剪片体”命令，在弹出的【修剪片体】对话框中，对“投影方向”选择“沿矢量”选项，对“指定矢量”选择“ZC↑”选项；以步骤（27）创建的草图为工具体，修剪拉伸曲面，保留草图范围以内的曲面，如图 13-12 所示。

提示：如果修剪效果不符合要求，可在【修剪片体】对话框中切换“◉保留”与“◉放弃”单选框。

（29）单击“菜单｜格式｜图层设置”命令，在弹出的【图层设置】对话框中勾选“√1”复选框，显示第 1 个图层的实体。

（30）单击“菜单｜插入｜关联复制｜阵列几何特征”命令，在弹出的【阵列几何特征】对话框中，对“布局”选择“圆形”选项，对“指定矢量”选择“ZC↑”选项，对“指定点”选择（0，0，0）；在“间距”栏中选择“数量和间隔”，把“数量”值设为 8、“节距角”值设为 45°。

（31）按住键盘上的 Ctrl 键，在“描述性部件名”栏中选择要形成阵列的对象，如图 13-13 所示的 7 个对象。

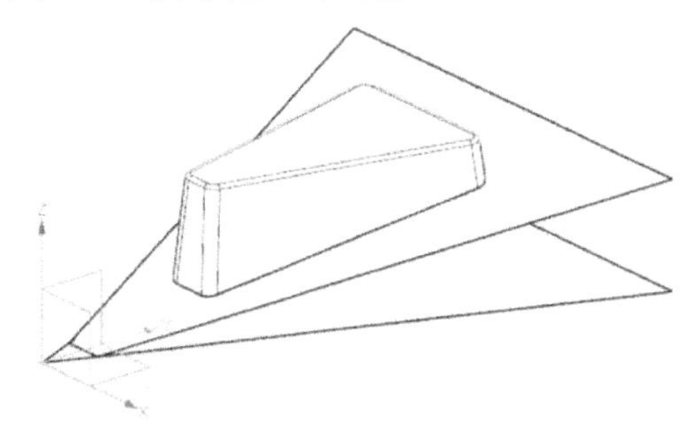

图 13-12　保留三角形范围以内的草图曲面

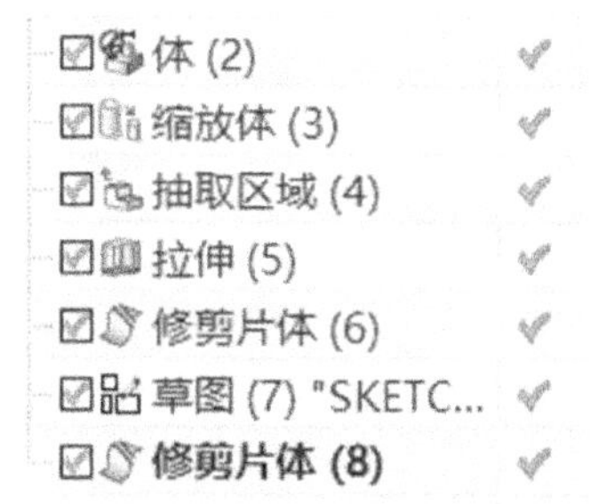

图 13-13　选择阵列的 7 个对象

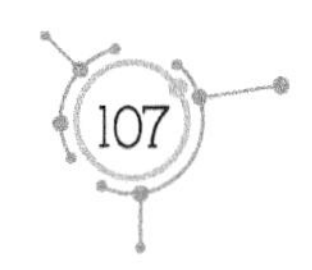

（32）单击“确定”按钮，创建圆形阵列特征，如图 13-14 所示。

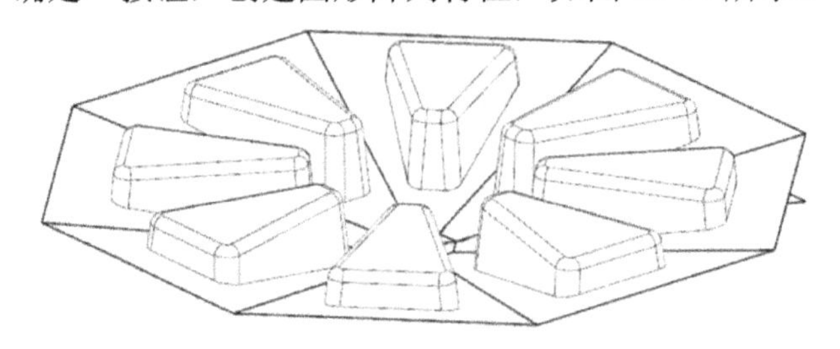

图 13-14 创建圆形阵列特征

（33）按住 Ctrl+W 组合键，在【显示和隐藏】对话框中单击与“草图”、“曲线”和“坐标系”对应的“-”，隐藏草图、曲线、坐标系，使工作界面保持清洁。

（34）单击“菜单｜插入｜曲面｜有界平面”命令，选择曲面的边线，创建有界平面，如图 13-15 所示。

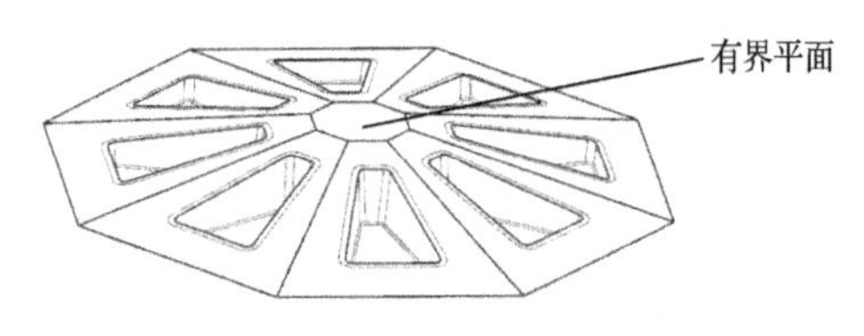

图 13-15 创建有界平面

（35）单击“菜单｜插入｜曲面｜条带构建器”命令，选择阵列曲面最外边的边线（共有 8 条）。

（36）在【条带】对话框中，对“指定矢量”选择“ZC↑”选项，把“距离”值设为 60mm，如图 13-16 所示。

图 13-16 设置【条带】对话框参数

（37）单击“确定”按钮，创建条带曲面，如图 13-17 所示。

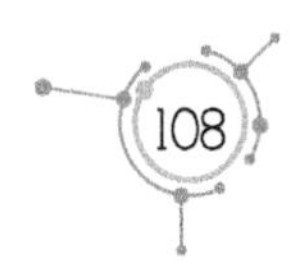

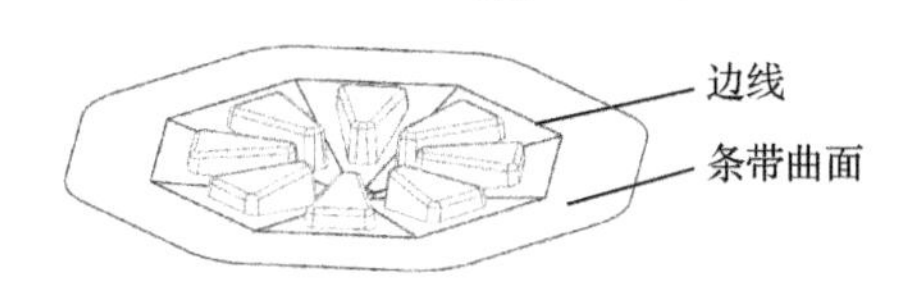

图 13-17　创建条带曲面

（38）单击“菜单｜插入｜组合｜缝合”命令，以其中任一曲面为目标片体，选择其余曲面为工具片体。单击“确定”按钮，缝合所有曲面。

（39）单击“菜单｜格式｜图层设置”命令，弹出【图层设置】对话框。设置该对话框，在“工作层”栏中输入“1”。按 Enter 键，把第 1 个图层设定为工作层。

（40）单击“拉伸”按钮，以 *XC-YC* 平面为草绘平面，以原点为中心，绘制一个矩形截面（180mm×180mm），如图 13-18 所示。

（41）单击“完成”按钮，在【拉伸】对话框中，对“指定矢量”选择“ZC↑”选项，把“开始距离”值设为-20mm、“结束距离”值设为 50mm；在“布尔”栏中，选择“无”选项。

（42）单击“确定”按钮，创建工件，如图 13-19 所示。

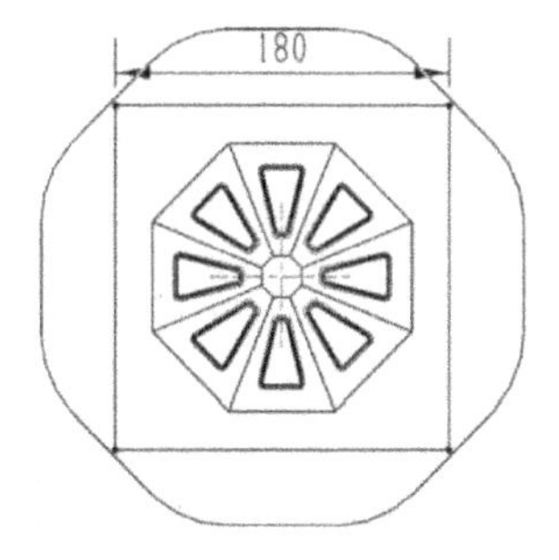

图 13-18　绘制一个矩形截面

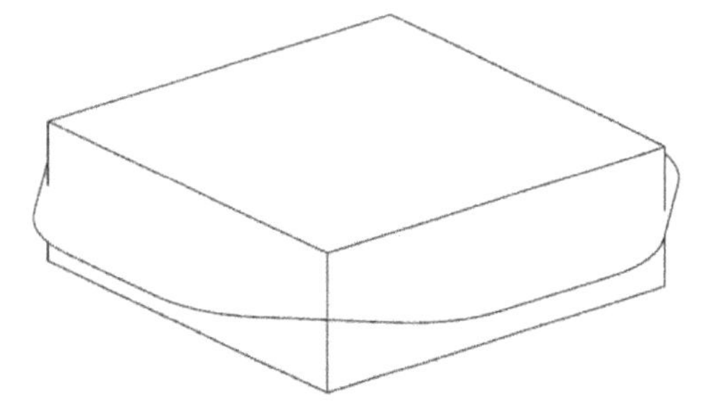

图 13-19　创建工件

（43）单击“减去”按钮，选择工件作为目标体，选择零件（共有 8 个零件）作为工具体。在【求差】对话框中，勾选“√保存工具”复选框。

（44）单击“确定”按钮，创建减去特征。

（45）单击“菜单｜插入｜修剪｜拆分体”命令，拆分工件，将工件分成上，下两部分。

（46）单击“菜单｜编辑｜特征｜移除参数”命令，移除工件的参数。

（47）按住 Ctrl+W 组合键，在【显示和隐藏】对话框中单击“片体”所对应的“-”，隐藏片体。

（48）单击“菜单｜编辑｜移动对象”命令，上、下两部分零件移动后的位置如图 13-20 所示。

（49）单击“装配导航器”按钮，选择☑ **hemj**文件。单击鼠标右键，在快捷菜单中，选择“WAVE”选项，单击“新建层”命令。在“装配导航器”上方的工具条中单击“实体”命令，选择上层实体（上部分零件），输入文件名“hecavity”，单击“确定”按钮。

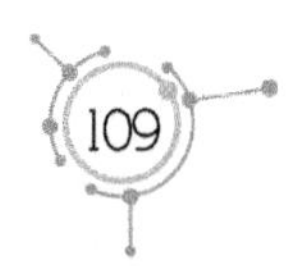

（50）重复步骤（49），选择下层实体（下部分零件），输入文件名“hecore”，单击“确定”按钮，创建两个下级目录文件，如图 13-21 所示。

（51）单击“保存”按钮，保存文档。

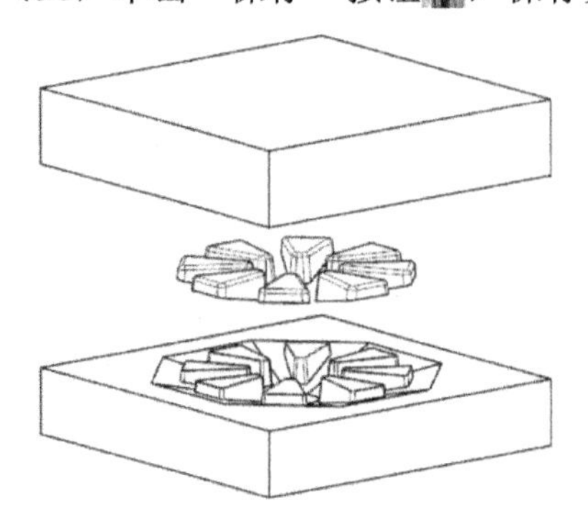

图 13-20　上、下两部分零件移动后的位置

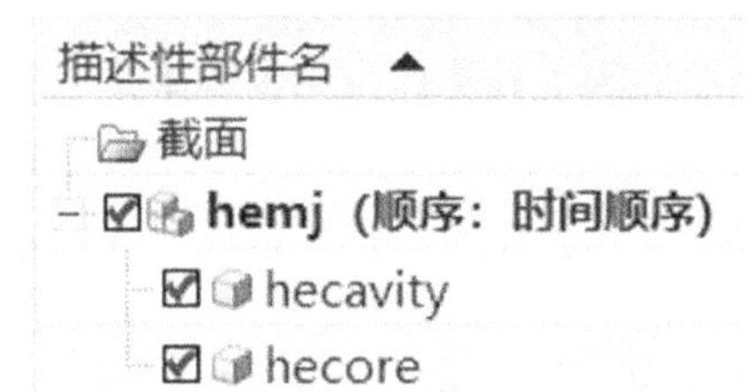

图 13-21　创建两个下级目录文件

综 合 篇

第 14 章　三板模设计基础

在学习本章前，必须先把模具库文件复制到 UG 安装目录下的\MOLDWIZARD\目录下，才能加载模架。模架库是由不同模厂家按照行业标准设计的模架图组成的图库。

1. 注塑模具进料系统

注塑模具进料系统是指模具中由注射机喷嘴到型腔之间的进料通道。根据进料系统的不同，可以将注塑模具分为两板模（俗称大水口模具或直浇口模具）和三板模（俗称细水口模具或点浇口模具）。

注塑模具进料系统通常由注口、流道、浇口及冷料井四部分组成。

（1）注口：也称为进料口，它的位置在浇口套中，是熔融物料进入模腔最先经过的通道。

（2）流道：自注口向浇口处顺序延伸，又分为主流道和分流道。其作用是将熔融物料自注口输送至浇口，是熔融物料进入模腔的通路。常见的流道断面形状有圆形、半圆形、矩形和梯形四种。一般来说，断面形状为圆形时，其表面积与体积之比最小，因此成为最佳流道。实际上，由于机械加工原因多采用断面为半圆形、梯形或矩形的流道。

（3）浇口：是连接流道和型腔的部分，也是进料系统的最后部分。对它的要求是，使流道中的熔融物料迅速通过浇口充满型腔，同时要求在型腔充满物料后浇口迅速冷却，以防止型腔内的高压热料返回。浇口的类型很多，如宽浇口、窄浇口、扇形浇口、环形浇口、侧浇口、爪形浇口、点浇口、耳形浇口、潜伏式浇口、盘形浇口等。

（4）冷料井：其作用是集存冷料，以防止冷料堵塞流道或进入型腔而造成制件上的冷疤或斑。一般情况下，冷料井设置在分型面的尽端或在流道的尽端。冷料产生的原因是，最先进入注口和流道的熔融物料温度较低，流动性较差。

2. 两板模与三板模的区别

（1）模具结构的区别：三板模的定模由定模座板、定模板和推料板三块板组成；两板模的定模由定模座板、定模板两块板组成，如图 14-1 所示。

（2）浇口形式的区别：三板模是点浇口（直接从产品上进浇），因浇口较小，故通常称为细水口模具；两板模是大浇口，因浇口较大，故通常称为大水口模具。

（3）流道位置的区别：三板模的流道位于定模板与推料板之间，两板模的流道位于定模板与动模板的分型面处。

（4）点浇口模具又分为简化点浇口模具和点浇口模具两种。

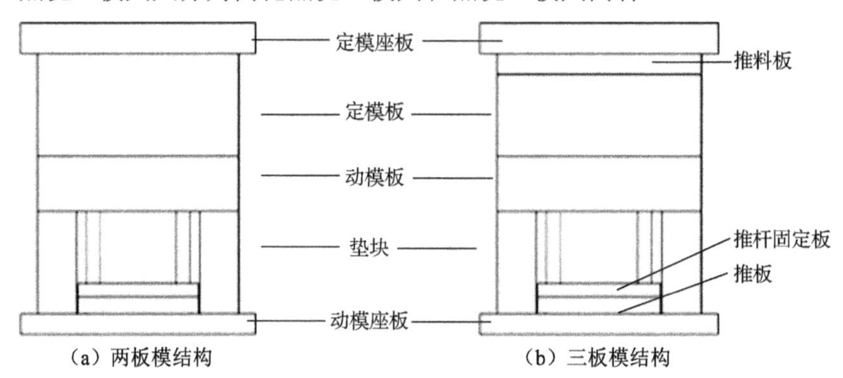

图 14-1　两板模与三板模的结构区别

3. 加载模架

（1）打开第 1 章的 fanghe_top_009 零件图（如果没有保存第 1 章的文档，请按第 1 章步骤重做）。

（2）按键盘上的 W 键，可以看到坐标系位于分型面中心，*Z* 轴指向产品，如图 14-2 所示。如果坐标系的位置、方向与图 14-2 中的不同，请严格按第 1 章步骤重做。

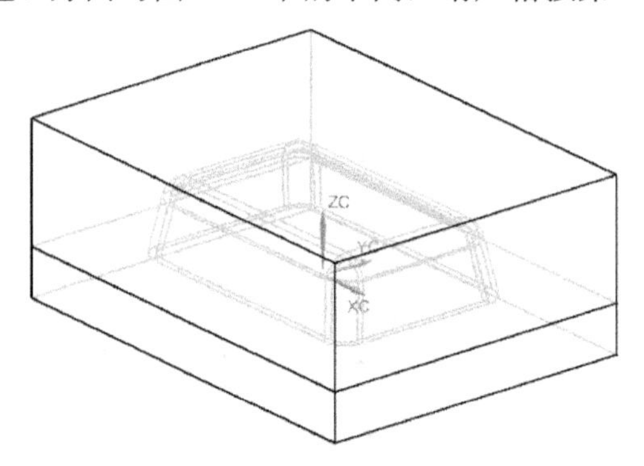

图 14-2　坐标系位于分型面中心，Z 轴指向产品

（3）单击“模架库”按钮，在弹出的【模架库】对话框中，对“名称”选择“LKM_PP”选项（其中，LKM 指模架厂家“龙记模架”，PP 指三板模模架）。展开“成员选择”栏，选择“DC”选项，在“Index”栏中选择“3030”选项，对“Mold_type”选择“350：I”（“I”表示“工”字模架）选项，把“AP_h”值设为 80（单位：mm）、“BP_h”值设为 50（单位：mm）、“CP_h”值设为 120mm，如图 14-3 所示。

4. 加载定位圈与浇口套

（1）在“注塑模向导”选项卡中单击“标准部件库”按钮，如图 14-4 所示。

（2）在“名称”区域，展开“+FUTABA_MM”文件，选择其下级目录文件“Locating Ring Interchangeable”。在“成员选择”栏中，选择“Locating Ring”选项。在【标准件

管理】对话框中，对“父”选择“fanghe_top_009”选项，对“位置”选择“WCS”选项，对“引用集”选择“TRUE”选项，对“TYPE”选择“M-LRA”选项。在“DIAMETER”栏中输入 60（单位：mm），如图 14-5 所示。

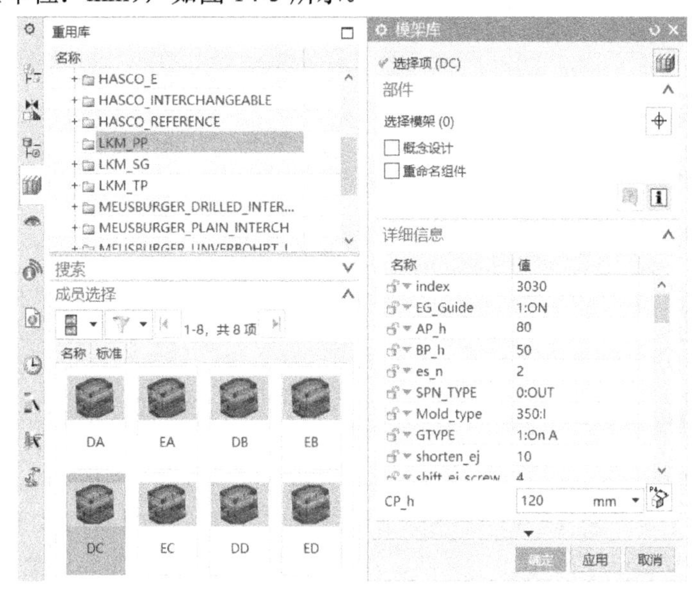

图 14-3　选择模架厂家、类型及大小

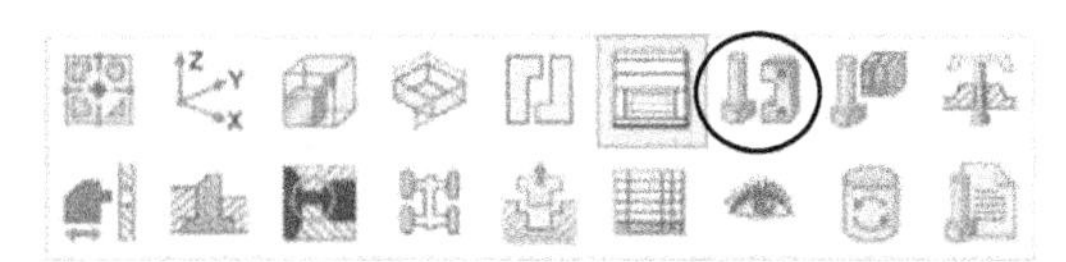

图 14-4　单击“标准部件库”按钮

图 14-5　设置【标准件管理】对话框参数

（3）单击“确定”按钮，在定模座板的中心位置加载定位圈，如图 14-6 所示。

（4）单击“腔体”按钮，在【开腔】对话框中，对“模式”选择“去除材料”选项。选择定模座板作为目标体，以定位圈为工具体。单击“确定”按钮，创建定位圈腔体，即定位圈的装配位。把定位圈隐藏后的效果如图 14-7 所示。

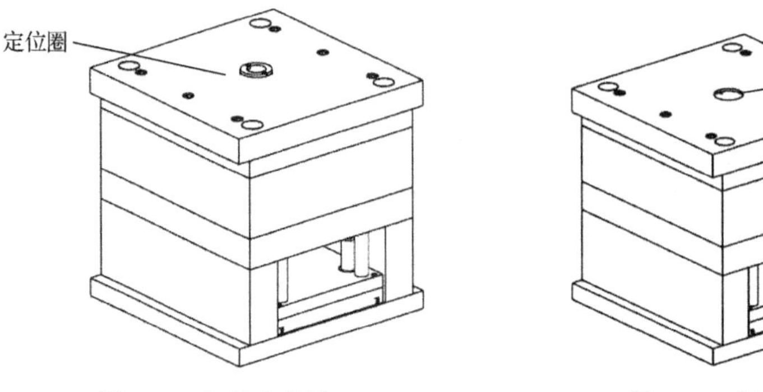

图 14-6　加载定位圈　　　　图 14-7　把定位圈隐藏后的效果

（5）单击“标准部件库”按钮，在“名称”区域选择“Sprue Bushing”文件，在“成员选择”栏中对“名称”选择“Sprue Bushing”选项。在【标准件管理】对话框中，对“父”选择“fanghe_top_009”选项，对“位置”选择“WCS”选项，对“引用集”选择“TRUE”选项；把“CATALOG_DIA”设为 20（单位：mm），“CATALOG_LENGTH 1”设为 80mm。具体浇口套参数设置如图 14-8 所示。

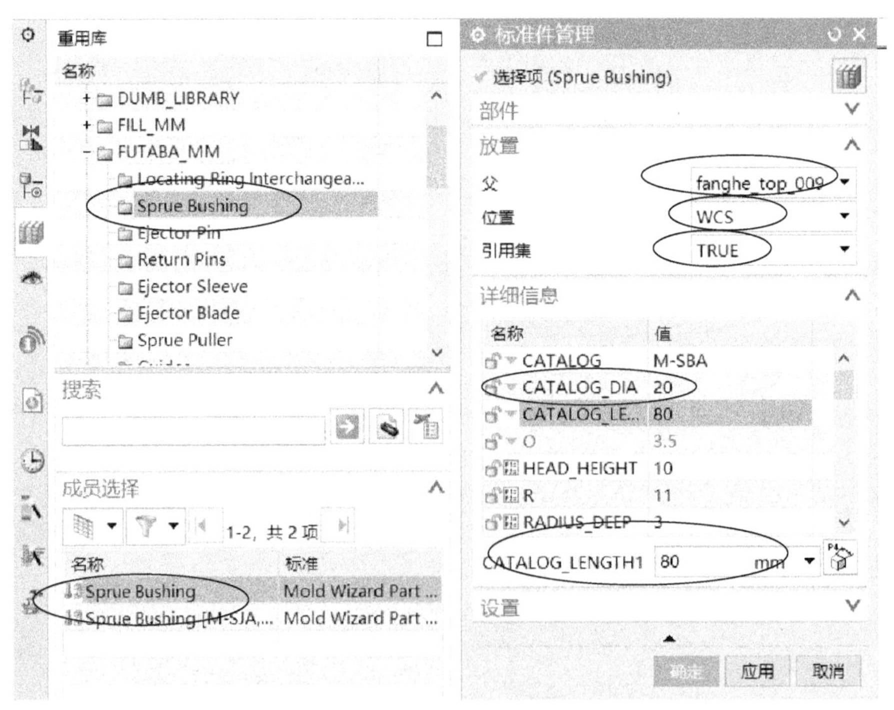

图 14-8　具体浇口套参数设置

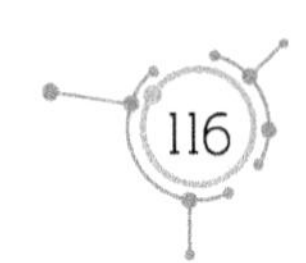

（6）单击“确定”按钮，在模具装配图上加载浇口套，使之与定位圈的位置重合。浇口套长度到达定模板以下，如图 14-9 所示。

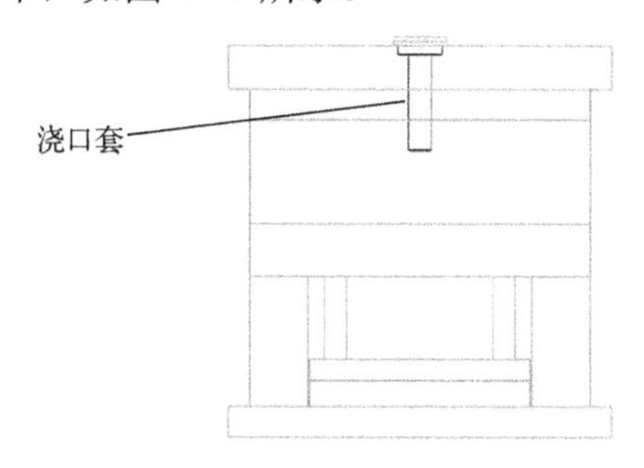

图 14-9　浇口套长度到达定模板以下

（7）在装配图中，把光标移动浇口套附近，等光标附近出现 3 个白点之后，单击左键，在【快速选择】窗口中选择浇口套。然后单击右键，在快捷菜单中单“设为工作部件”命令。

（8）单击“减去”按钮，选择浇口套作为目标体，在工作区上方的辅助工具条中选择“整个装配”选项，以定模板为工具体，在【减去】对话框中勾选“✓保存工具”。

（9）单击“确定”按钮，修剪浇口套在定模板以下的长度，如图 14-10 所示。如果修剪不成功，请重复上述操作。

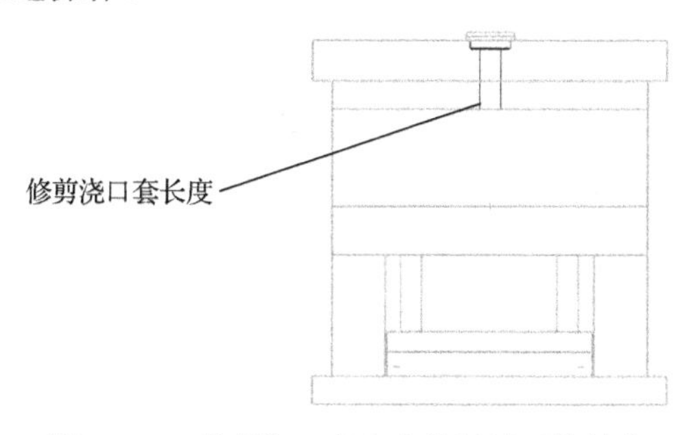

图 14-10　修剪浇口套在定模板以下的长度

（10）单击“腔体”按钮，在【开腔】对话框中，对“模式”选择“去除材料”选项，以定模座板、推料板为目标体，以浇口套为工具体。单击“确定”按钮，创建浇口套的装配位置。

5. 设计流道

（1）在模具装配图中选择定模板，单击鼠标右键，在快捷菜单中，单击“在窗口中打开”命令，打开定模板建模图。

（2）单击“菜单｜插入｜基准/点｜基准坐标系”，插入基准坐标系。

（3）单击“流道”按钮，在【流道】对话框中单击“绘制截面”按钮，选择定模板上表面（与推料板相接触的平面）作为草绘平面，以 X 轴为水平参考线，绘制一条

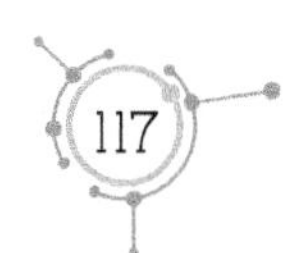

长度为 140mm 的直线，如图 14-11 所示。

（4）单击“完成草图”按钮，在【流道】对话框中，对“截面类型”选择“Traperzoidal”（梯形），把“D”（流道宽度）值设为 12（单位：mm）、“H”（流道深度）值设为 8（单位：mm），“C”（流道斜度）值设为 5（单位：°）、“R”（底部圆角半径）值设为 2（单位：mm）。在“布尔”栏中，选择“减去”选项，如图 14-12 所示。

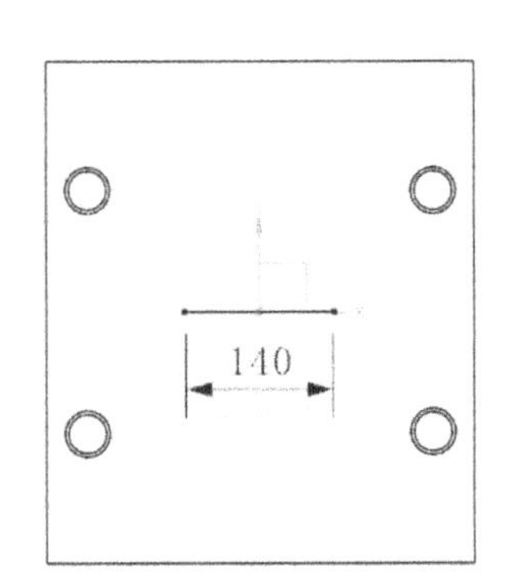

图 14-11　绘制一条长度为 140mm 的直线

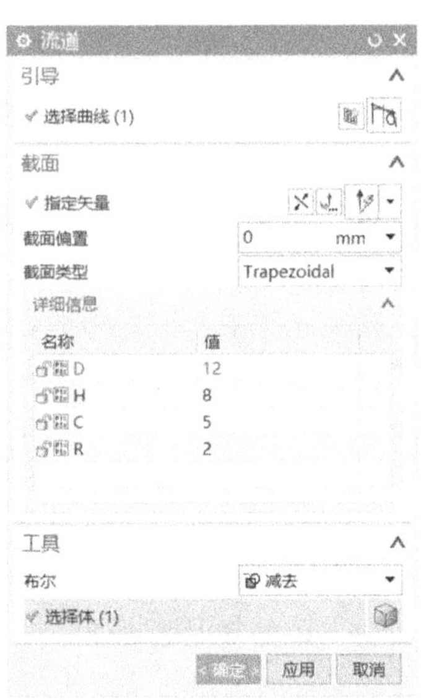

图 14-12　设置【流道】对话框参数

（5）单击“确定”按钮，创建主流道，如图 14-13 所示。

（6）重复步骤（3），绘制 2 条直线，如图 14-14 所示。要求所绘制的 2 条直线关于 *Y* 轴对称。

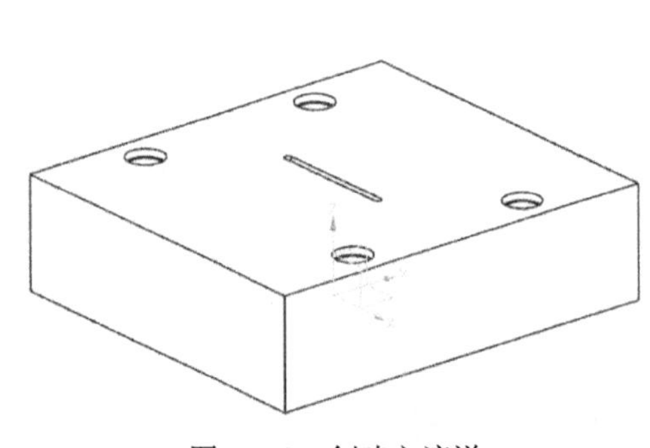

图 14-13　创建主流道

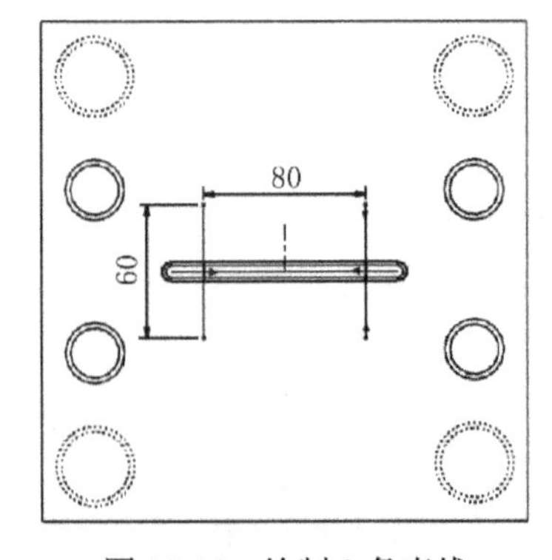

图 14-14　绘制 2 条直线

（7）单击“完成草图”按钮，在【流道】对话框中，对“截面类型”选择“Traperzoidal”选项，把“D”值设为 8mm、“H”值设为 5mm、“C”值设为 5°、“R”值设为 2mm，创建 2 条分流道，如图 14-15 所示。

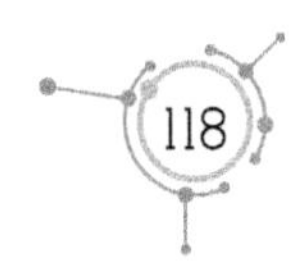

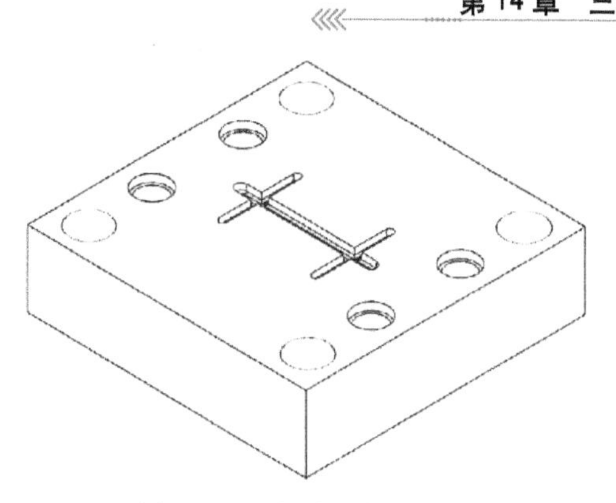

图 14-15　创建 2 条分流道

6. 设计浇口

（1）在横向菜单中选择“窗口”选项卡，选择“fanghe_top_009.prt”文件，打开模具装配图。

（2）单击“菜单｜插入｜设计特征｜圆锥”命令，在弹出的【圆锥】对话框中，对“类型”选择“底部直径、高度和半角”选项，对“指定矢量”选择“ZC↑”选项，把“指定点”设为（-40，-20，30）、“底部直径”值设为 1mm、“高度”值设为 50mm、“半角”值设为-3°；在“布尔”栏中，选择“无”选项，如图 14-16 所示。

图 14-16　设置【圆锥】对话框参数

（3）采用相同的方法，创建其余 3 个圆锥，指定点坐标分别为（40，-20，30），（-40，20，30），（40，20，30）。

（4）在装配图上选择定模板，单击鼠标右键，在快捷菜单中先单击“设为工作部件”

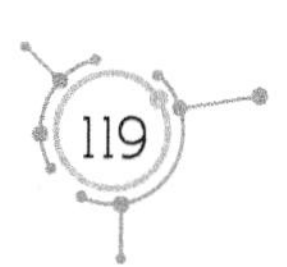

命令，再单击“减去”按钮。选择定模板作为目标体，以4个圆锥为工具体，在【求差】对话框中勾选“✓保存工具”复选框。单击“确定”按钮，在定模板上创建浇口。

（5）在装配图上选择型腔实体，单击鼠标右键，在快捷菜单中先单击“设为工作部件”命令，再单击“减去”按钮。选择型腔零件作为目标体，以4个圆锥为工具体，在【求差】对话框中取消“□保存工具”复选框中的“√”。

（6）单击“确定”按钮，在型腔零件上创建浇口，如图14-17所示。

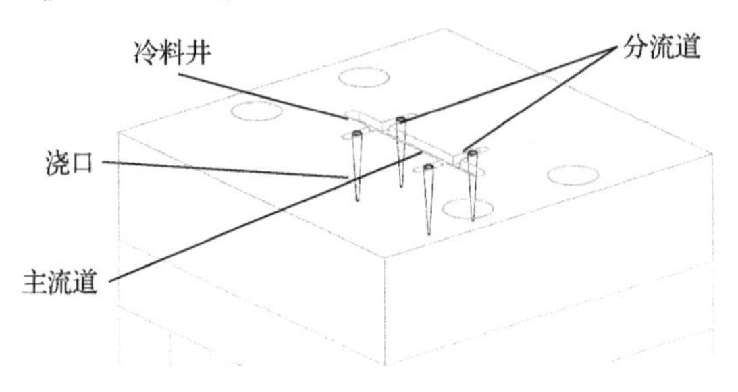

图14-17　在型腔零件上创建浇口

（7）在“描述性部件名”栏中，选择☑ fanghe_top_009选项，单击鼠标右键，在快捷菜单中单击“设为工作部件”命令。

（8）单击“保存”按钮，所有的文档都保存在起始目录下。

第15章　两板模设计基础

1. 加载模架

（1）打开第1章的“fanghe_top_009”文件，如图14-2所示。

（2）单击“模架库”按钮，在弹出的【模架库】对话框中对“名称”选择“LKM_SG”（LKM指龙记模架，SG指两板模模架）。展开“成员选择”栏，选择“C”模架类型，在“Index”栏中选择“2325”选项，把“AP_h”值设为80（单位：mm）、“BP_h”值设为50（单位：mm）、“CP_h”值设为100mm。对“Mold_type”选择“280：I”（“I”表示“工”字模架）选项，如图15-1所示。

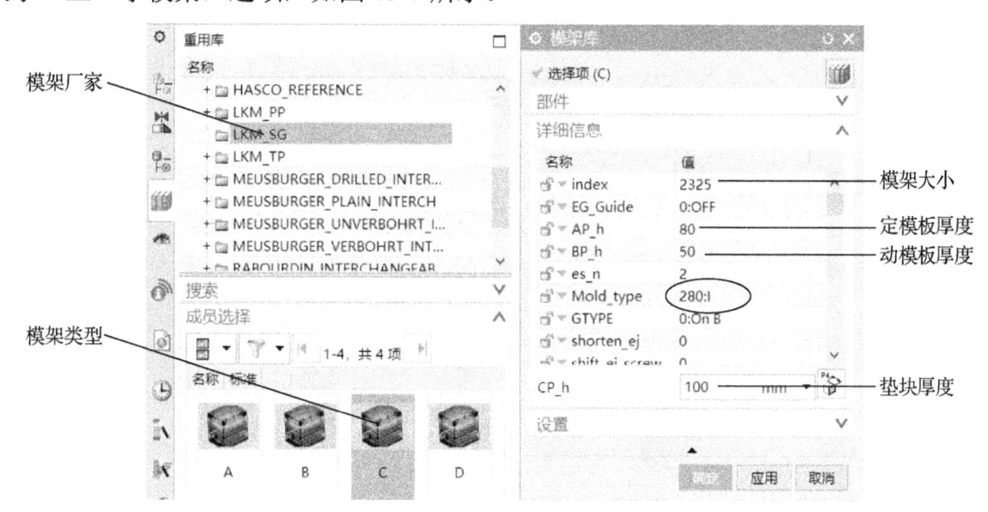

图15-1　选择模架厂家、类型及大小

提示：与第14章中的三板模模架相比，两板模模架小很多。主要的原因是两板模模架比三板模模架少4根导柱导套，两板模模架没有推料板。

（3）单击“确定”按钮，加载模架，如图15-2所示。

（4）再次单击“模架库”按钮，在弹出的【模架库】对话框中单击“旋转模架”按钮，如图15-3所示。

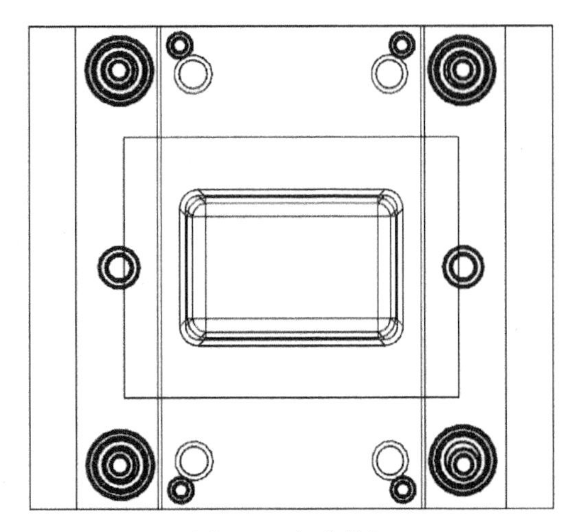

图 15-2 加载模架

图 15-3 单击“旋转模架”按钮

（5）模架被旋转 90° 后的效果如图 15-4 所示。

提示： 调整模架方位的目的是使整个型腔和型芯都在两个垫块之间。

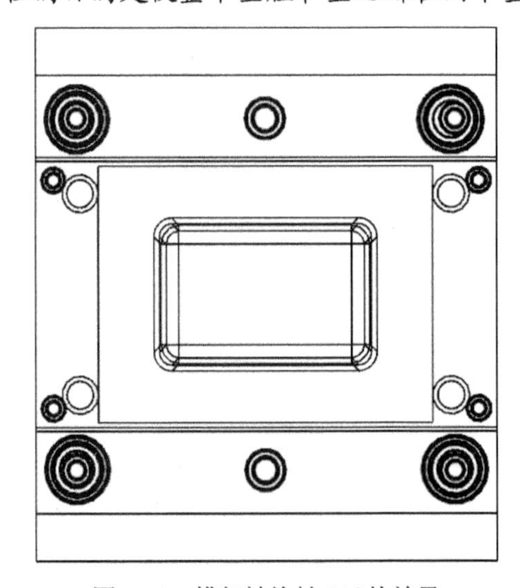
图 15-4 模架被旋转 90° 的效果

2. 加载定位圈与浇口套

（1）在“注塑模向导”选项卡中单击“标准部件库”按钮，参考图 14-4。

（2）在“名称”区域展开“FUTABA_MM”文件，选择其下级目录文件“Locating Ring Interchangeable”。在“成员选择”栏中，选择“Locating Ring”选项。在【标准件管理】对话框中，对“父”选择“fanghe_top_009”选项、“位置”选择“POINT”选项、“引用集”选择“TRUE”选项、“TYPE”选择“M-LRA”选项，在“DIAMETER”栏中输入 60（单位：mm）。具体浇口套参数设置如图 15-5 所示。

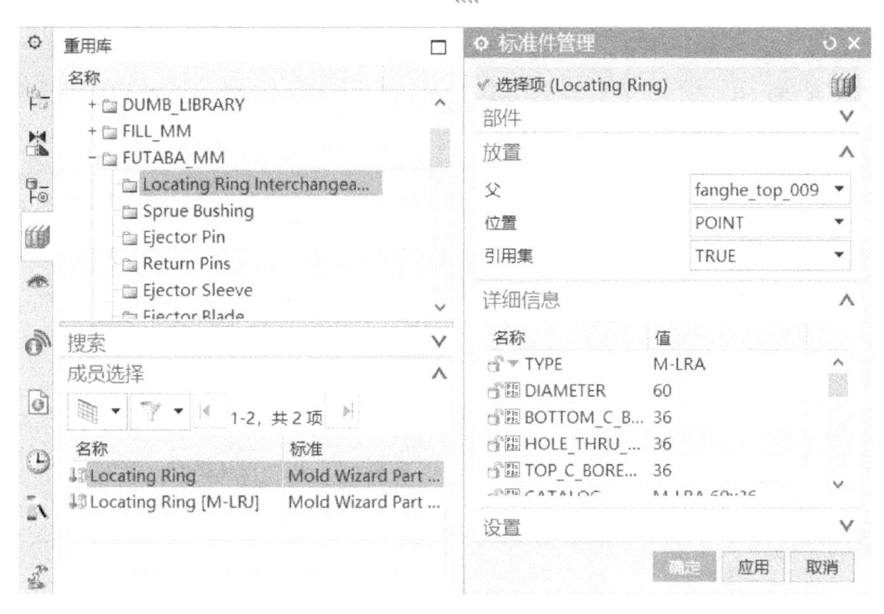

图 15-5　浇口套参数设置

（3）单击“确定”按钮，在【点】对话框中输入（-75，0，0）。

（4）单击“确定”按钮，加载定位圈，如图 15-6 所示。

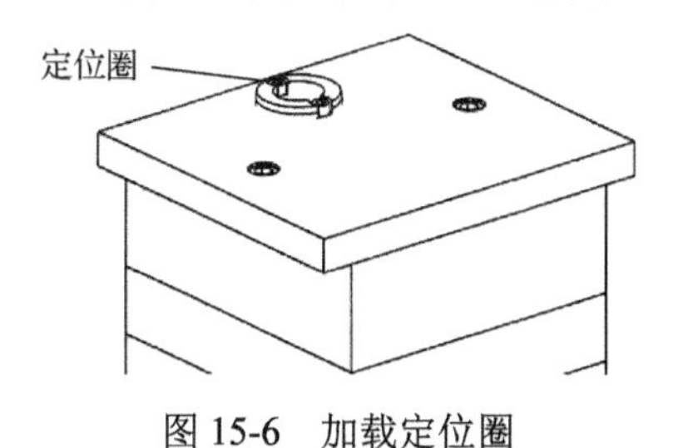

图 15-6　加载定位圈

（5）单击“腔体”按钮，在弹出的【开腔】对话框中，对“模式”选择“减除材料”选项，以定模座板为目标体，以定位圈为工具体。单击“确定”按钮，创建定位圈腔体（定位圈的装配位）。把定位圈隐藏后的效果如图 15-7 所示。

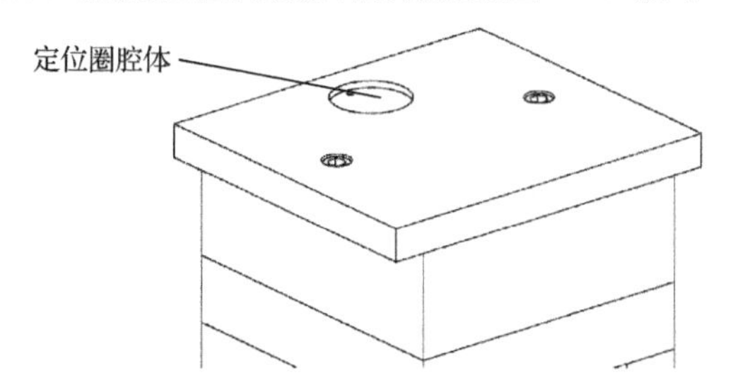

图 15-7　定位圈隐藏后的效果

（6）单击“标准部件库”按钮，在“名称”区域选择文件“Sprue Bushing”，在“成员选择”栏中对“名称”选择“Sprue Bushing”。在【标准件管理】对话框中，对“父”

选择“fanghe_top_009”选项、“位置”选择“POINT”选项、“引用集”选择“TRUE”选项，把“CATALOG_DIA”值设为20（单位：mm）、“CATALOG_LENGTH”设为120mm。具体的浇口套参数设置如图15-8所示。

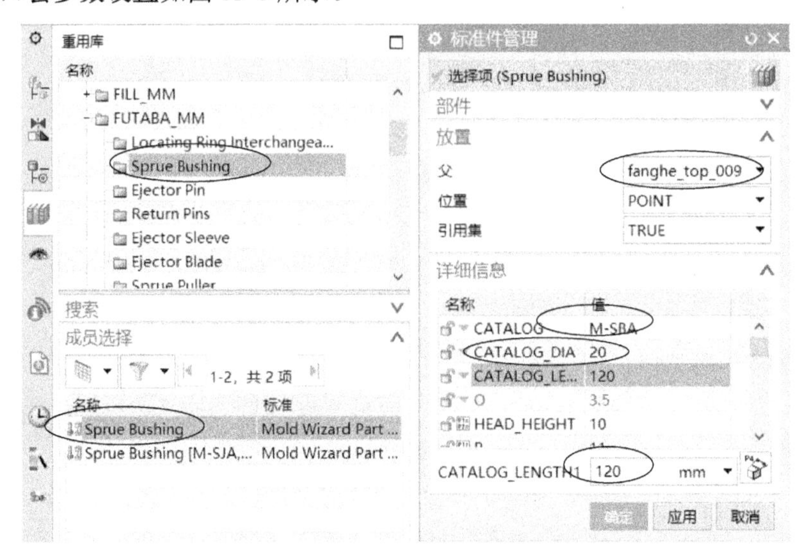

图 15-8　具体的浇口套参数设置

（7）单击“确定”按钮，在【点】对话框中输入（-75，0，0）。

（8）单击“确定”按钮，在模具装配图上加载浇口套，如图15-9所示。

（9）把光标移到浇口套附近，等光标附近出现3个白点后，单击鼠标左键。在【快速选择】窗口中选择浇口套。单击鼠标右键，在快捷菜单中单击“设为工作部件”命令。

（10）单击“减去”按钮，以浇口套为目标体，以动模板为工具体，在【减去】对话框中勾选“✓保存工具”复选框。

（11）单击“确定”按钮，修剪浇口套长度，如图15-10所示。如果修剪不成功，请重复上述操作。

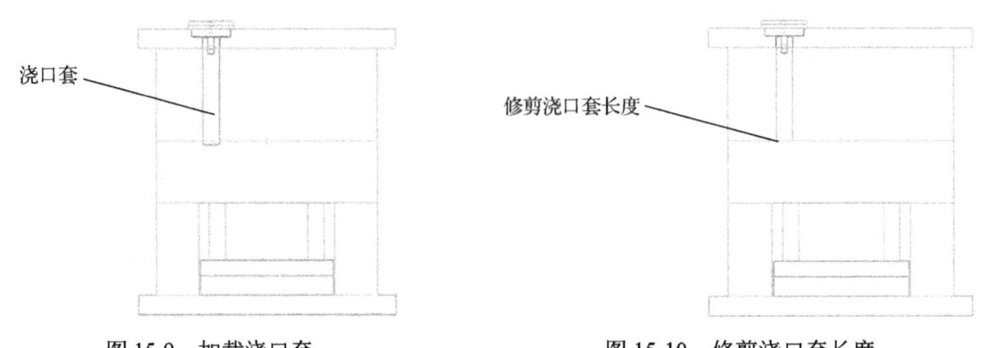

图 15-9　加载浇口套　　　图 15-10　修剪浇口套长度

（12）单击“腔体”按钮，在弹出的【开腔】对话框中，对“模式”选择“减除材料”选项，以定模座板、定模板、型腔零件为目标体，以浇口套为工具体。单击“确

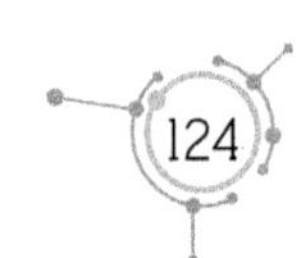

定”按钮，创建浇口套的装配位置。

（13）选择定模座板，单击鼠标右键，在快捷菜单中单击“在窗口中打开”命令。从窗口可以看出，零件上添加了一个孔，这个孔就是浇口套的装配位。

（14）采用相同的方法，分别打开定模板和“cavity”。可以看出，这两个零件上都添加了一个孔，这个孔就是浇口套的装配位。

3. 设计流道

（1）在“描述性部件名”栏中展开“fanghe_layout_021”文件，再展开其下级目录文件的“fanghe_prod_002”，选择“fanghe_cavity_001”文件，如图 15-11 所示。

（2）单击鼠标右键，单击“在窗口中打开”命令，打开型腔结构图。可以看出，实体上有一个孔，如图 15-12 所示。

提示：该孔是浇口套的装配孔。如果实体上没有出现孔，那就是前面步骤开腔失败，需要重新开腔。

图 15-11　选择“fanghe_cavity_001”文件

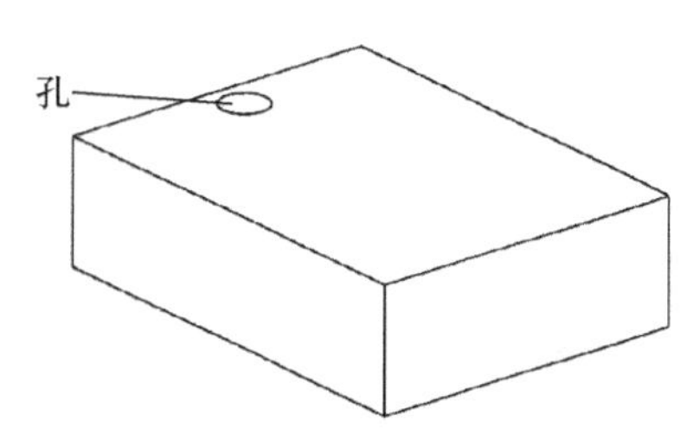

图 15-12　实体上有一个孔

（3）单击“菜单 | 插入 | 基准/点 | 基准坐标系”命令，插入基准坐标系。

（4）在“注塑模向导”选项卡中，单击“流道”按钮，在弹出的【流道】对话框中，单击“绘制截面”按钮。选择 *XOY* 平面作为草绘平面，以 *X* 轴为水平参考线。单击“确定”按钮，进入草绘模式。

（5）经过圆孔的中心，绘制主流道截面，如图 15-13 所示。

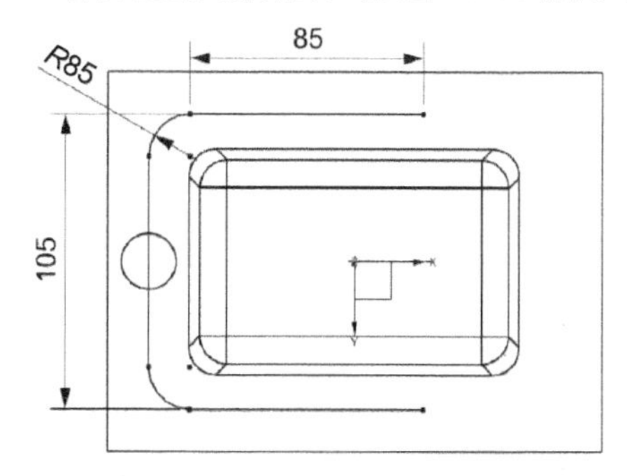

图 15-13　绘制主流道截面

（6）单击“完成”按钮，在【流道】对话框中，对“指定矢量”选择“-ZC↓”选项，对“截面类型”选择“Traperzoidal”（梯形）选项，把“D”（流道宽度）值设为10（单位：mm）、“H”（流道深度）值设为6（单位：mm）、“C”（流道斜度）值设为5（单位：°），“R”（底部圆角半径）值设为2mm、“offset”值设为0。在“布尔”栏中选择“减去”选项，如图15-14所示。

（7）单击“确定”按钮，创建主流道，如图15-15示。

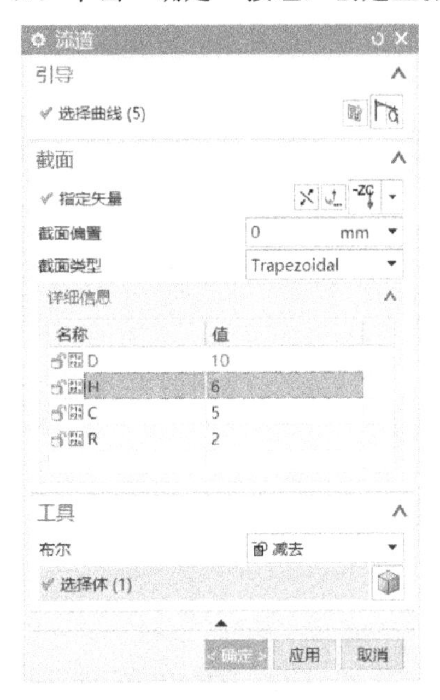

图15-14　设置【流道】对话框参数

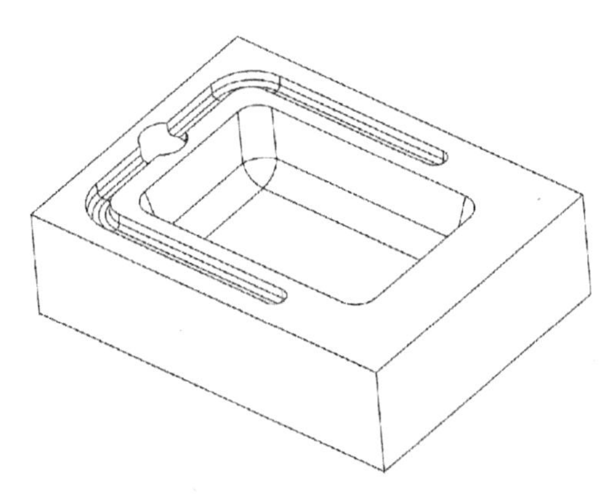

图15-15　创建主流道

（8）单击“流道”按钮，在弹出的【流道】对话框中单击“绘制截面”按钮，选择*XOY*平面作为草绘平面，以*X*轴为水平参考线。单击“确定”按钮，进入草绘模式。

（9）绘制分流道曲线（两条直线），如图15-16所示。

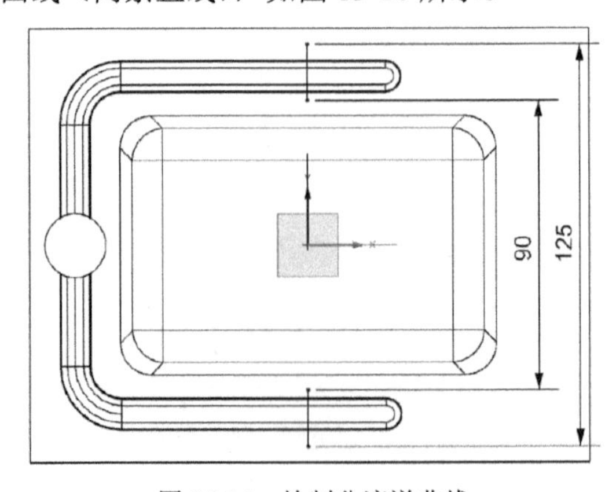

图15-16　绘制分流道曲线

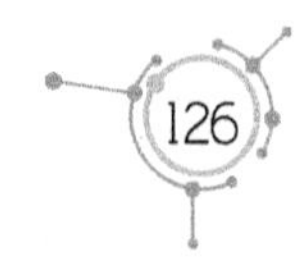

（10）在【流道】对话框中对“指定矢量”选择“-ZC↓”选项，对“截面类型”选择“Traperzoidal”选项，把“D”值设为 6mm、“H”值设为 4mm、“C”值设为 5°、“R”值设为 2mm，创建的分流道，如图 15-17 所示。

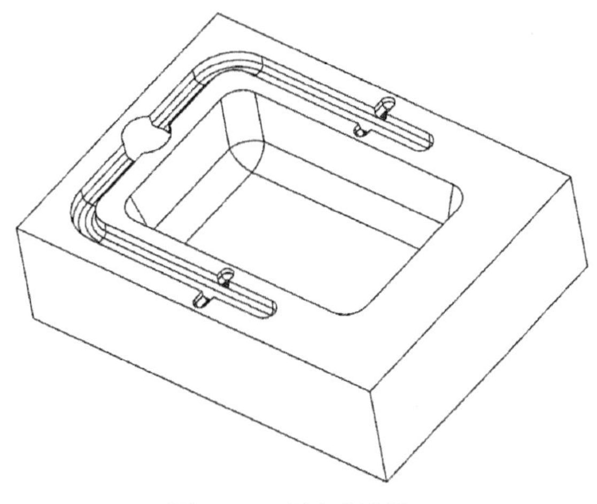

图 15-17　创建分流道

4. 设计浇口

（1）单击“拉伸”按钮，在弹出的【拉伸】对话框中单击“绘制截面”按钮。选择 *XC-ZC* 平面作为草绘平面，以 *X* 轴为水平参考线，绘制一个圆（直径为 3mm），圆心在分流道中心位置，图 15-18 所示。

（2）单击“完成”按钮，在【拉伸】对话框中，对“指定矢量”选择“YC↑”选项，在“结束”栏中选择“对称值”选项，把“距离”值设为 50mm。在“布尔”栏中，选择“减去”选项。

（3）单击“确定”按钮，创建浇口，如图 15-19 所示。

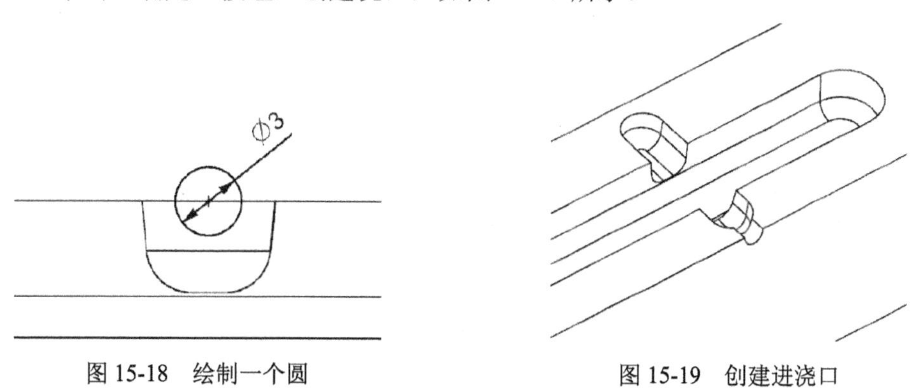

图 15-18　绘制一个圆

图 15-19　创建进浇口

（4）主流道、分流道及浇口等如图 15-20 所示。

（5）在标题栏中选择“窗口”选项卡，选择“fanghe_top_009.prt”文件，打开模具装配图。

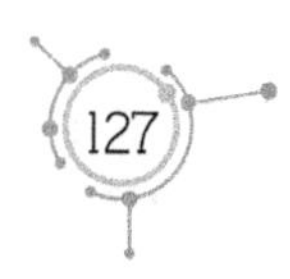

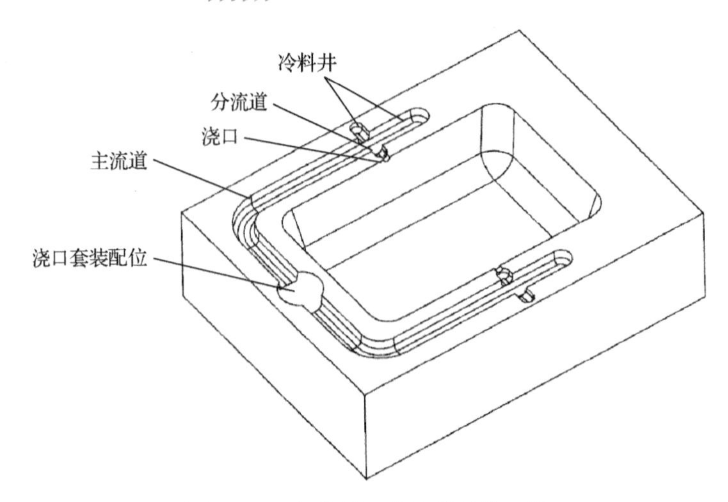

图 15-20 主流道、分流道及浇口等

（6）在“描述性部件名”栏中双击☑ fanghe_top_009选项，激活模具装配图。

（7）单击“保存”按钮，所有的文档都保存在起始目录下。

第16章　三板模设计实例

本章先介绍如何在建模环境下进行分模，再介绍添加三板模模架的过程。

1. 拆分型芯、型腔

（1）启动 UG 12.0，单击“新建”按钮。在弹出的【新建】对话框中对“单位”选择“毫米”，选择“模型”对应的行，把文件“名称”设为“btmj.prt”。

（2）单击“菜单 | 文件 | 导入部件”命令，在弹出的【导入部件】对话框中把“比例”设为1.0000，在“图层”栏中选择“◉工作的”单选框，在“目标坐标系”栏选择“◉ WCS”单选框，如图16-1所示。

（3）单击“确定”按钮，选择“bitong.prt”文件，单击“OK”按钮。

（4）在【点】对话框中输入（0，0，0），单击“取消”按钮，导入第一个零件。

（5）按住 Ctrl+W 组合键，在【显示和隐藏】对话框中单击“片体”和“草图”所对应的“-”，隐藏片体。产品造型如图16-2所示。

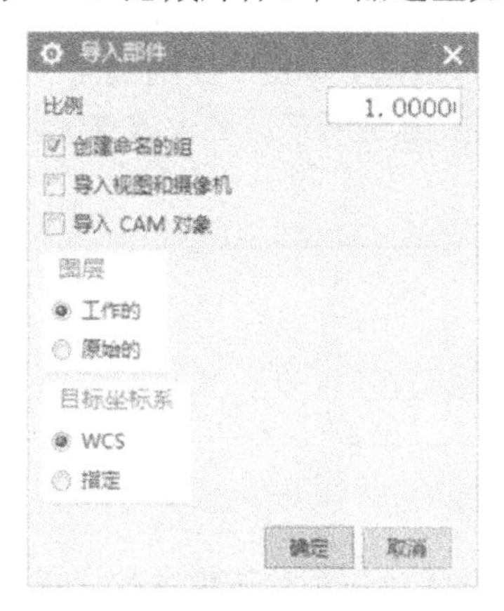

图16-1　设置【导入部件】对话框参数

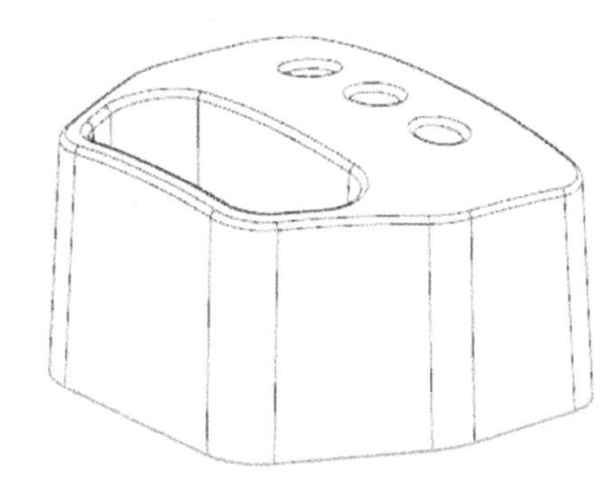

图16-2　产品造型

（6）单击“菜单 | 插入 | 偏置/缩放 | 缩放体”命令，在弹出的【缩放体】对话框中，对“类型”选择“均匀”选项。在“比例因子”栏中，把“均匀”值设为1.005。单击“指定点”按钮，输入（0，0，0）。

（7）单击“确定”按钮，完成对工件的缩放。

（8）单击“菜单 | 格式 | 图层设置”命令，在弹出【图层设置】对话框。设置该对话框参数，在“工作层”栏中输入“5”。按 Enter 键，把第5个图层设定为工作层。

（9）单击“菜单 | 插入 | 关联复制 | 抽取几何特征”命令，在弹出的【抽取几何特征】对话框中，对“类型”选择“面”选项，在“面选项”栏中选择“单个面”选项，勾选“✓关联”复选框，如图 16-3 所示。

（10）逐一选择内侧的曲面，包括扣位的曲面，共 36 个。选择完毕，单击“确定”按钮。

（11）单击“菜单 | 格式 | 图层设置”命令，取消“□1”复选框中的“√”，隐藏第 1 个图层的实体。此时，曲面上有 4 个圆孔（上表面 3 个直径为 5mm 的圆孔和侧面直径为 10mm 的圆孔）没有封闭，如图 16-4 所示。

图 16-3　设置【抽取几何特征】对话框参数

上表面的圆孔
侧面的圆孔

图 16-4　抽取曲面

（12）单击“菜单 | 插入 | 曲面 | 有界平面”命令，封闭曲面上的 4 个圆孔。

（13）单击“拉伸”按钮，在弹出的【拉伸】对话框中单击“绘制截面”按钮。选择 *XC-ZC* 平面作为草绘平面，绘制一条直线，如图 16-5 所示。要求该直线的两个端点关于竖直轴对称，与水平轴重合。

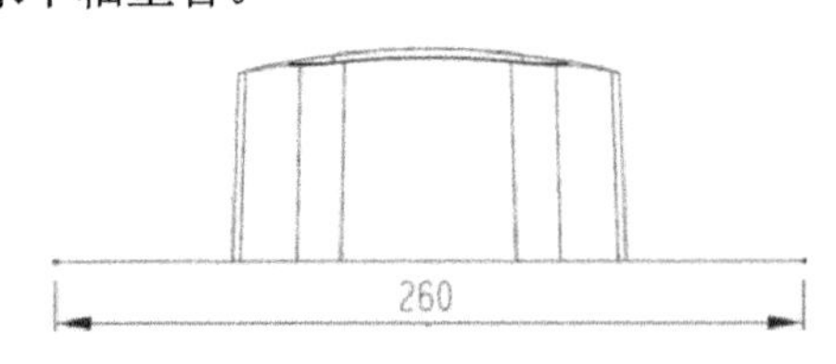

图 16-5　绘制一条直线

提示：如果视图的方向与图 16-5 中的不同，可在【拉伸】对话框中对“指定矢量”选择“反向”选项，使 *XC-ZC* 平面的法向线指向 *Y* 轴的负方向，以改变视图方向。

（14）单击“完成”按钮，在【拉伸】对话框中，对“指定矢量”选择“YC↑”选项。在“结束”栏中选择“对称值”选项，把“距离”值设为 110mm；在“布尔”栏中，选择“无”选项。

（15）单击“确定”按钮，创建拉伸曲面，如图 16-6 所示。

（16）单击“菜单 | 插入 | 修剪 | 修剪片体”命令，以步骤（15）创建的拉伸曲面为目标片体，以抽取曲面为边界对象。

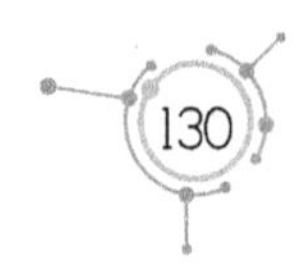

（17）单击“应用”按钮，修剪片体特征，如图 16-7 所示。

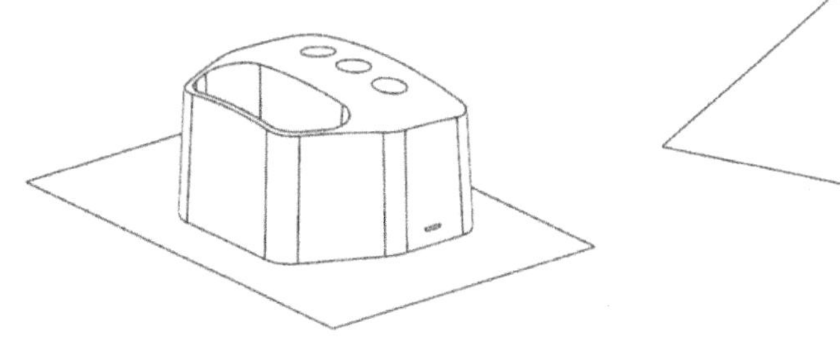

图 16-6　创建拉伸曲面

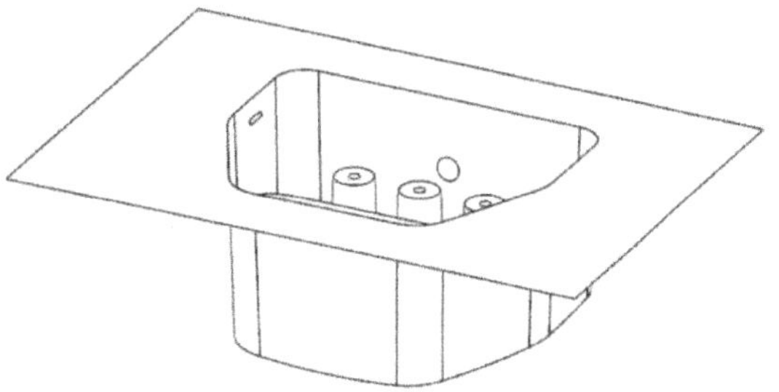

图 16-7　修剪片体特征

提示：如果修剪效果不符合要求，可在【修剪片体】对话框中切换“◉保留”与“◉放弃”单选框。

（18）单击“菜单 | 插入 | 组合 | 缝合”命令，以其中任一曲面为目标片体，以其余曲面为工具片体。单击“确定”按钮，缝合所有曲面。

（19）单击“菜单 | 格式 | 图层设置”命令，弹出【图层设置】对话框。设置该对话框参数，在“工作层”栏中输入“1”。按 Enter 键，把第 1 个图层设定为工作层。

（20）单击“拉伸”按钮，在弹出的【拉伸】对话框中单击“绘制截面”按钮。选择 *XC-YC* 平面作为草绘平面，以原点为中心，绘制一个矩形截面（230mm×210mm），如图 16-8 所示。

（21）单击“完成”按钮，在【拉伸】对话框中，对“指定矢量”选择“ZC↑”选项，把“开始距离”值设为-30mm、“结束距离”值设为 100mm；在“布尔”栏中，选择“无”选项。

（22）单击“确定”按钮，创建工件，如图 16-9 所示。

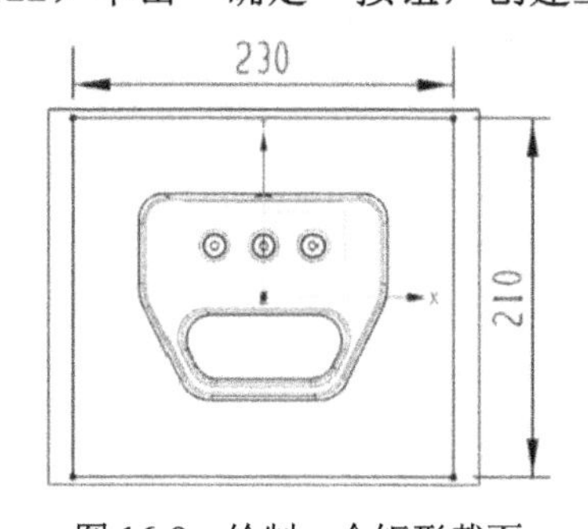

图 16-8　绘制一个矩形截面

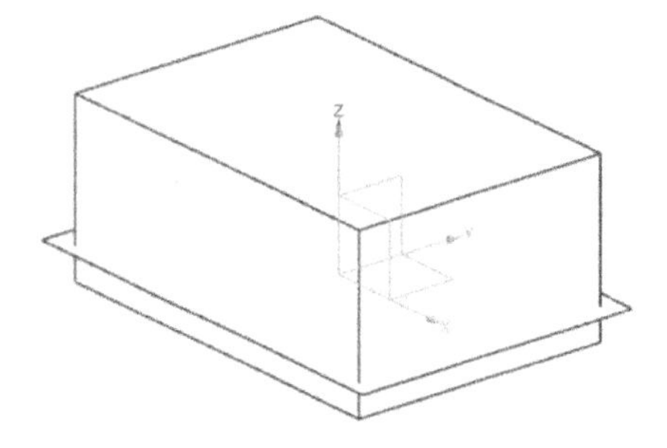

图 16-9　创建工件

（23）单击“减去”按钮，以工件为目标体，以产品零件为工具体。在【求差】对话框中勾选“√保存工具”复选框。单击“确定”按钮，创建“减去”特征。

（24）单击“菜单 | 插入 | 修剪 | 拆分体”命令，以工件为目标体，以组合后的分型面为工具体，单击“确定”按钮，将工件分成上、下两部分。

（25）单击“菜单 | 格式 | 图层设置”命令，取消“□5”复选框中的“√”，隐藏第 5 个图层的曲面。工件上出现一条拆分线，如图 16-10 所示。

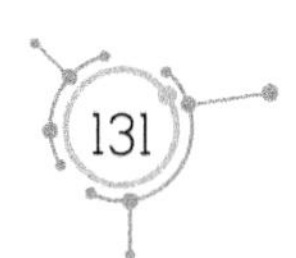

（26）单击“菜单 | 编辑 | 特征 | 移除参数”命令，选择工件后，单击“确定”按钮，移除工件的参数。

（27）选择“装配导航器”按钮，在“描述性部件名”栏中选择 btmj 选项。单击鼠标右键，在快捷菜单中选择“WAVE”选项，单击“新建层”命令。先在“装配导航器”上方的工具条中选择“实体”选项，再选择下层实体，把文件“名称”设为“btcore”，单击“确定”按钮。

（28）重复步骤（27），选择上层实体，把文件“名称”设为“btcavity”，单击“确定”按钮。

（29）在 btmj 中出现两个下级目录文件，如图 16-11 所示。

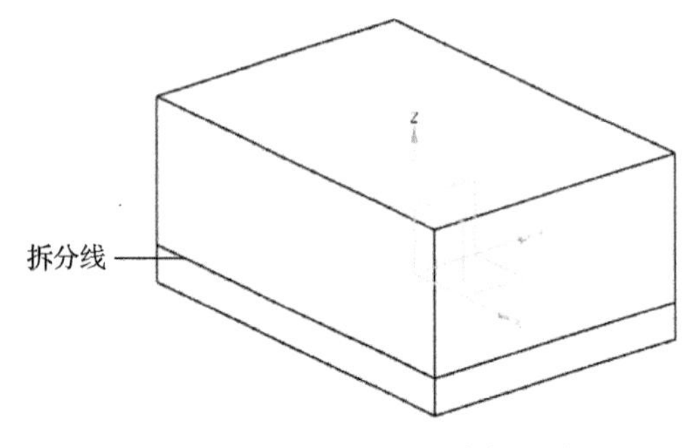

图 16-10　工件上出现一条拆分线

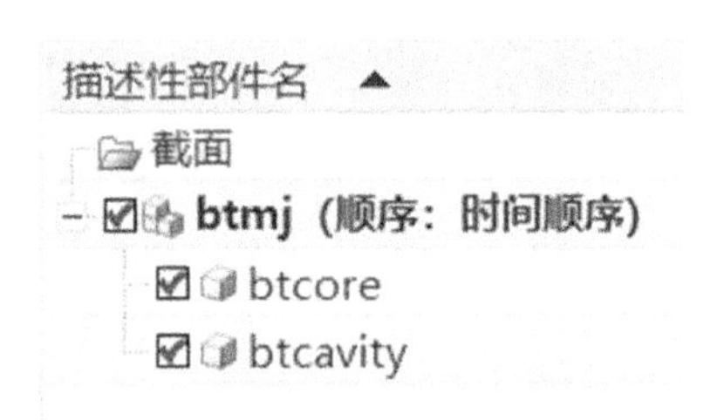

图 16-11　两个下级目录文件

2. 创建斜顶

（1）在“描述性部件名”栏中选择 btcore 选项，单击鼠标右键，在快捷菜单中单击“在窗口中打开”命令，打开“btcore.prt”零件图，如图 16-12 所示。

（2）单击“菜单 | 格式 | 图层设置”命令，弹出【图层设置】对话框。设置该对话框参数，在“工作层”栏中输入“2”。按 Enter 键，把第 2 个图层设定为工作层。

（3）单击“拉伸”按钮，在弹出的【拉伸】对话框中单击“绘制截面”按钮。选择 *XC-ZC* 平面作为草绘平面，绘制第 1 个截面，如图 16-13 所示。

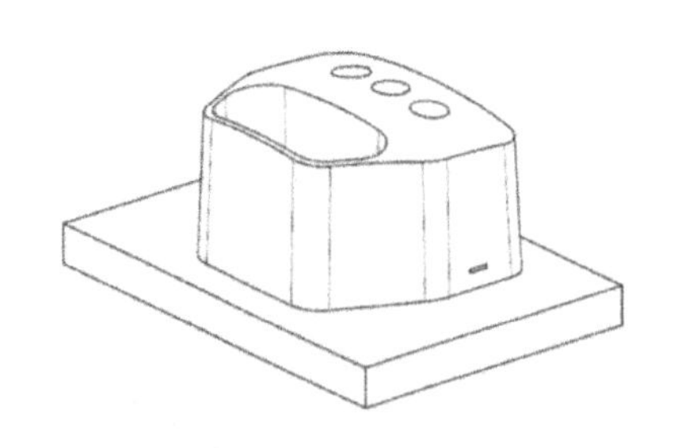

图 16-12　打开“btcore.prt”零件图

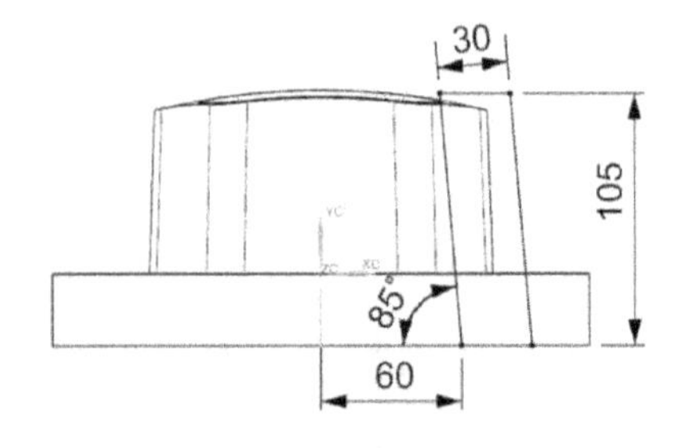

图 16-13　绘制第 1 个截面

（4）单击“完成”按钮，在【拉伸】对话框中，对“指定矢量”选择“YC↑”选项，把“开始距离”值设为 20.1mm、“结束距离”值设为 30.15mm；在“布尔”栏中，

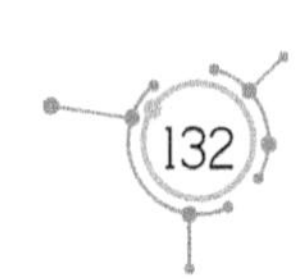

选择“无”选项。

（5）单击“确定”按钮，创建第 1 个拉伸体，如图 16-14 所示。

（6）单击“拉伸”按钮，在弹出的【拉伸】对话框中单击“绘制截面”按钮。选择 *XC-ZC* 平面作为草绘平面，绘制第 2 个截面，如图 16-15 所示。

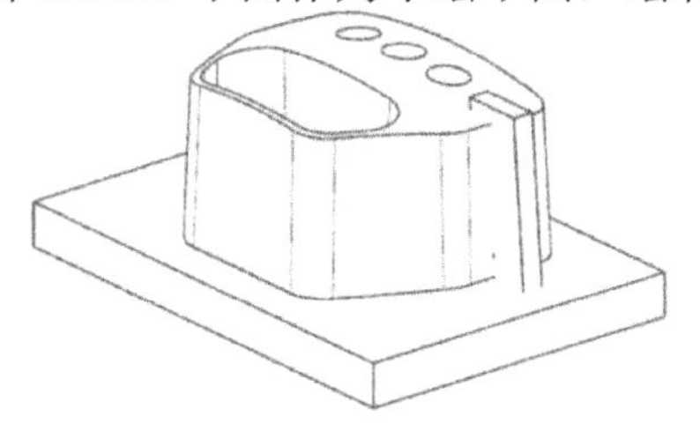

图 16-14　创建第 1 个拉伸体

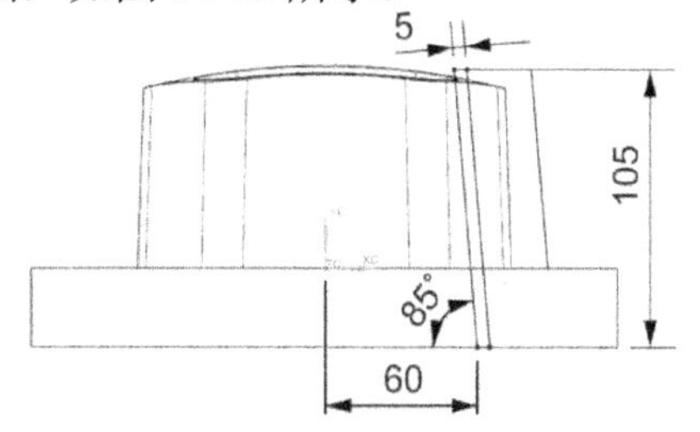

图 16-15　绘制第 2 个截面

（7）单击“完成”按钮，在【拉伸】对话框中，对“指定矢量”选择“YC↑”选项，把“开始距离”值设为 15mm、“结束距离”值设为 35mm；在“布尔”栏中，选择“无”选项。

（8）单击“确定”按钮，创建第 2 个拉伸体，如图 16-16 所示。

（9）单击“菜单｜插入｜组合｜合并”命令，合并所创建的两个拉伸体。

（10）单击“菜单｜插入｜组合｜相交”命令，以合并后的实体为目标体，以工件为工具体，在【相交】对话框中勾选“保存工具”复选框。单击“确定”按钮，创建相交实体（斜顶），如图 16-17 所示。

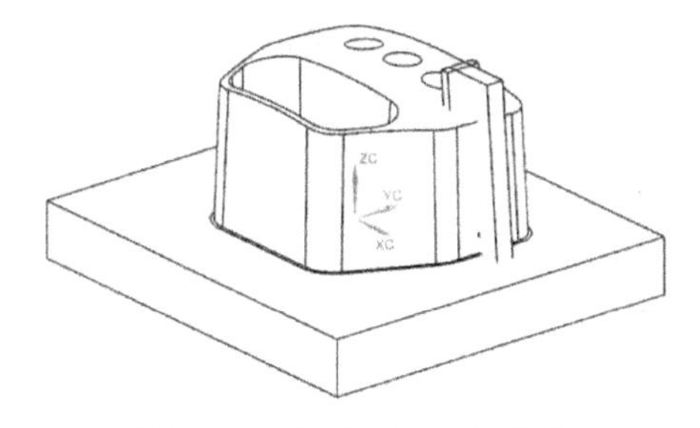

图 16-16　创建第 2 个拉伸体

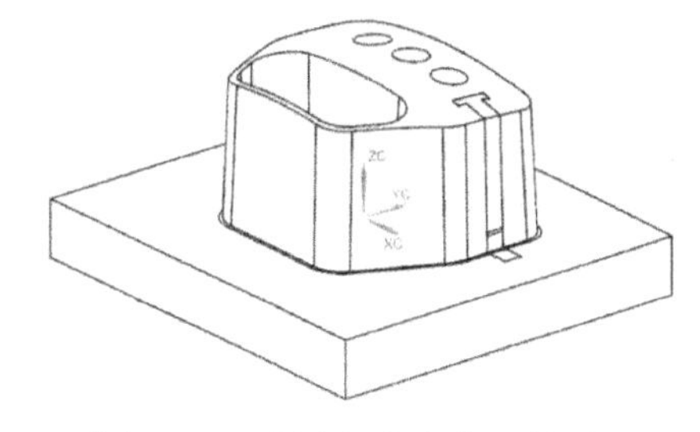

图 16-17　创建相交实体（斜顶）

（11）单击“菜单｜插入｜组合｜减去”命令，以型芯为目标体，以斜顶为工具体，在【求差】对话框中勾选“保存工具”复选框。单击“确定”按钮，创建一侧斜顶的配合位。

（12）采用相同的方法，创建另一侧斜顶的配合位。隐藏斜顶后的效果如图 16-18 所示。

（13）选择“装配导航器”按钮，在“描述性部件名”栏中选择 btcore 选项。单击鼠标右键，在快捷菜单中选择“WAVE”选项，单击“新建层”命令。先在“装配导航器”上方的工具条中选择“实体”选项，再选择大的零件，把文件“名称”设为“core”，单击“确定”按钮。

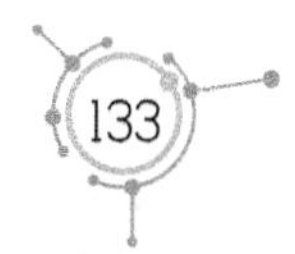

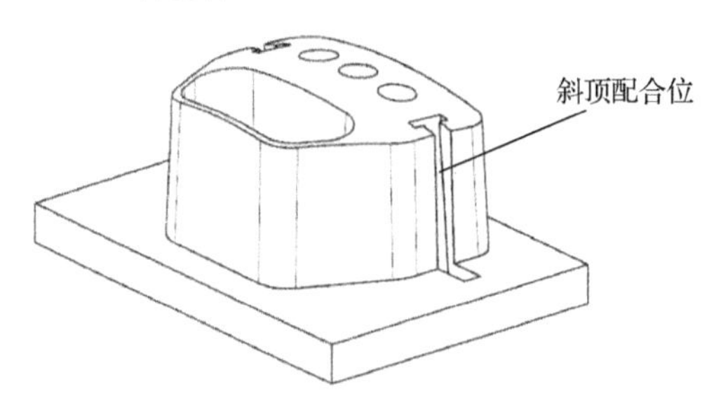

图 16-18　隐藏斜顶后的效果

（14）采用相同的方法，选择两个斜顶零件，把文件“名称”分别设为“xd1”和“xd2”。创建的 3 个下级目录文件如图 16-19 所示。

3. 创建滑块

（1）在标题栏中选择“窗口”选项卡，选择“btmj.prt”零件图并打开它。

（2）在“描述性部件名”栏中选择☑ btcavity 选项，单击鼠标右键，在快捷菜单中，单击“在窗口中打开”命令，打开“btcavity.prt”零件图，如图 16-20 所示。

（3）单击“菜单｜插入｜基准/点｜基准坐标系”命令，然后，单击“确定”按钮，创建基准坐标系。

（4）单击“菜单｜格式｜图层设置”命令，弹出【图层设置】对话框。设置该对话框参数，在“工作层”栏中输入“2”，单击 Enter 键，设定第 2 个图层为工作层。

（5）单击“拉伸”按钮，在【拉伸】对话框中单击“绘制截面”按钮，选择 *XC-ZC* 平面作为草绘平面，以 *X* 轴为水平参考，绘制一个截面，如图 16-21 所示。

图 16-19　创建的 3 个下级目录文件

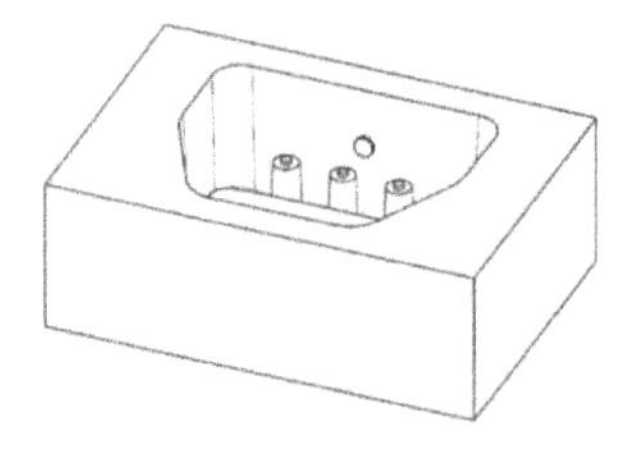

图 16-20　打开“btcavity.prt 零件图

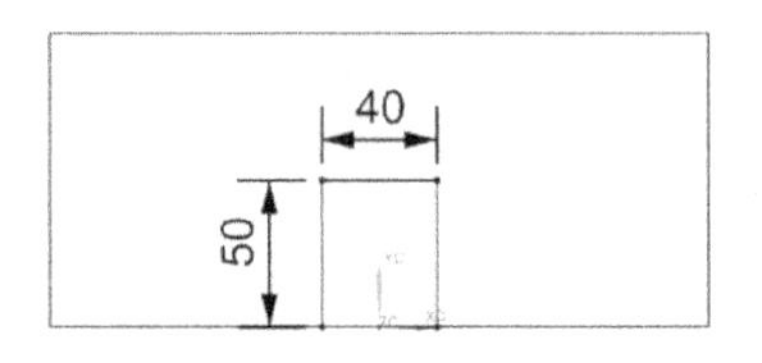

图 16-21　绘制 1 个截面

（6）单击“完成”按钮，在【拉伸】对话框中，对“指定矢量”选择“YC↑”选项，把“开始距离”值设为 50mm；在“结束”栏中，选择“贯通”选项；在“布尔”栏中，选择“无”选项。

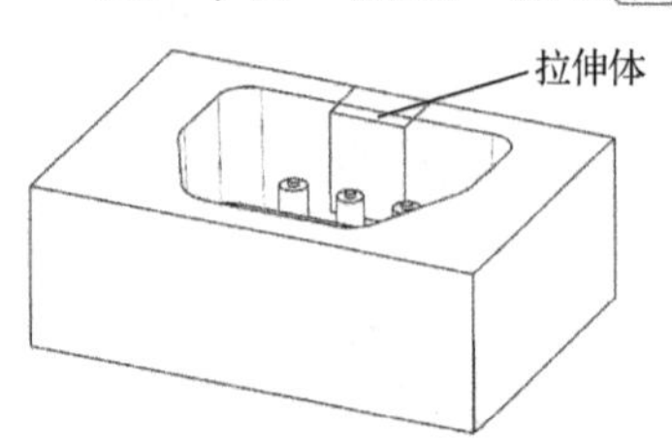

图 16-22　创建拉伸体

（7）单击“确定”按钮，创建拉伸体，如图 16-22 所示。

（8）单击“菜单｜插入｜组合｜相交”命令，以步骤（7）创建的拉伸体为目标体，以工件为工具体，在【相交】对话框中勾选“✓保存工具”复选框。

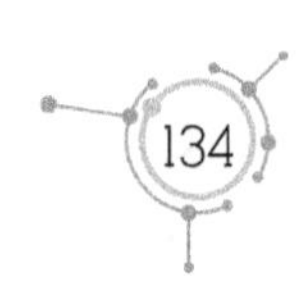

（9）单击“确定”按钮，创建相交实体（滑块），如图 16-23 所示。

（10）单击“菜单｜插入｜组合｜减去”命令，以型芯为目标体，以斜顶为工具体，在【求差】对话框中勾选“✓保存工具”复选框。

（11）单击“确定”按钮，创建型芯与滑块的配合位。隐藏滑块后的效果如图 16-24 所示。

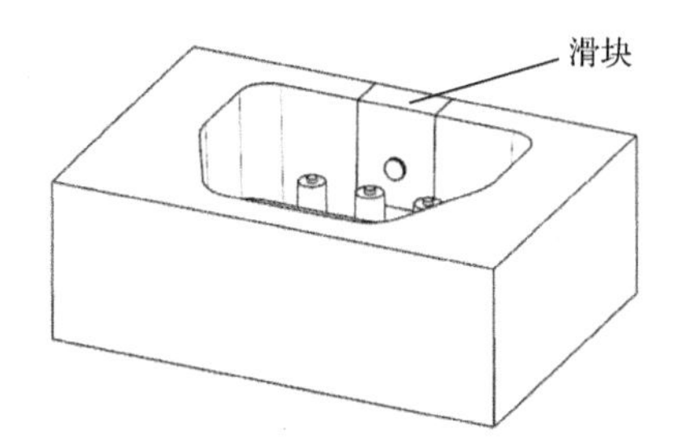

图 16-23　创建相交实体（滑块）

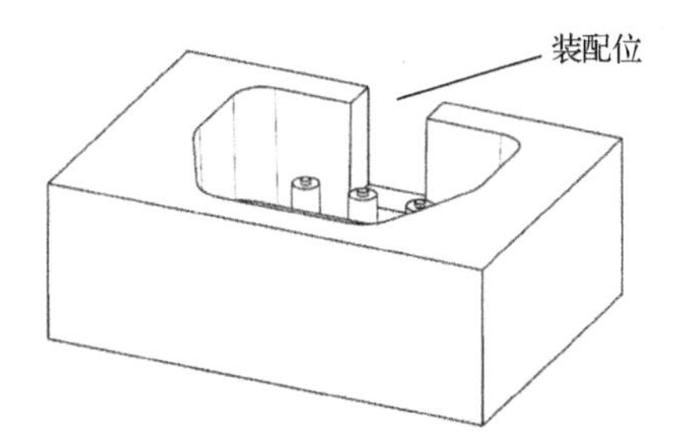

图 16-24　隐藏滑块后的效果

4. 创建镶件

（1）单击“拉伸”按钮，在弹出的【拉伸】对话框中单击“绘制截面”按钮。选择 *XC-ZC* 平面作为草绘平面，以 *X* 轴为水平参考线，绘制 3 个同心圆（直径都为 22mm），如图 16-25 所示。

（2）单击“完成”按钮，在【拉伸】对话框中，对“指定矢量”选择“ZC↑”选项，把“开始距离”值设为 0；在“结束”栏中选择“贯通”选项，在“布尔”栏中选择“无”选项。

（3）单击“确定”按钮，创建 3 个圆柱体，如图 16-26 所示。

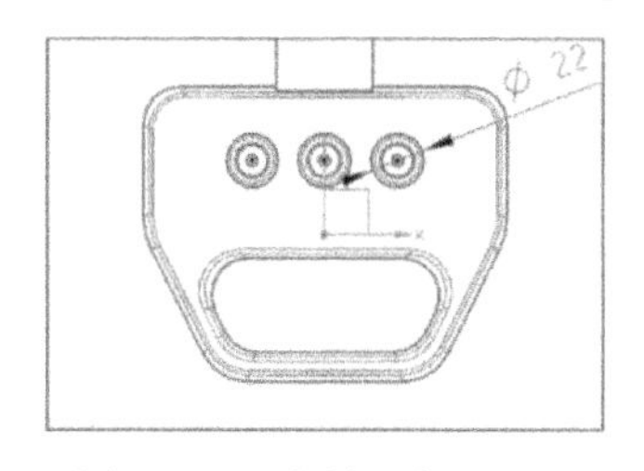

图 16-25　绘制 3 个同心圆

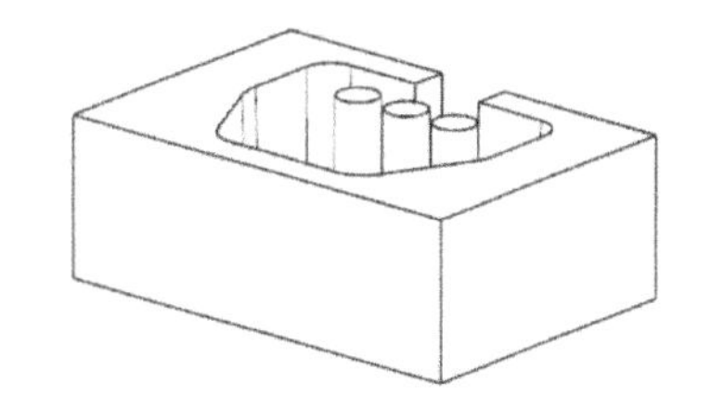
图 16-26　创建 3 个圆柱体

（4）单击“菜单｜插入｜组合｜相交”命令，以步骤（3）创建的 3 个圆柱体为目标体，以工件为工具体，在【相交】对话框中勾选“✓保存工具”复选框。

（5）单击“确定”按钮，创建相交实体（镶件）。创建的 3 个镶件如图 16-27 所示。

（6）单击“菜单｜插入｜组合｜减去”命令，以型芯为目标体，以 3 个圆柱体为工具体，在【求差】对话框中勾选“✓保存工具”复选框。

（7）单击“确定”按钮，创建型芯与镶件的配合位（隐藏镶件后），如图 16-28 所示。

（8）在“描述性部件名”栏中选择☑ **btcavity**选项，单击鼠标右键，在快捷菜单中选择“WAVE”选项，单击“新建层”命令。先在“装配导航器”上方的工具条中

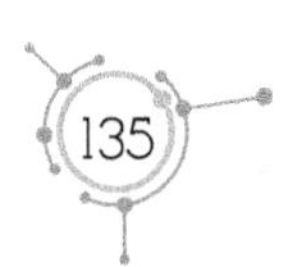

选择“实体”选项，再选择较大的零件，把文件“名称”设为“cavity”。

（9）采用相同的方法，选择滑块零件，把文件“名称”设为 hk；选择镶件零件，把文件“名称”设为“xj”。创建的 3 个下级目录文件如图 16-29 所示。

提示：因为 3 个圆柱是在同一个草图环境下创建的，所以它们都属于同一个草图的下一级目录文件。如果是在 3 个不同草图环境下创建的，就属于不同的草图下一级目录文件。

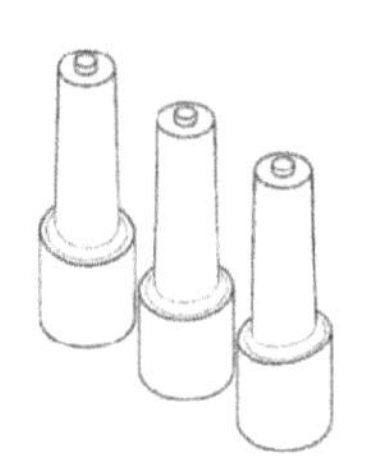

图 16-27　创建的 3 个镶件

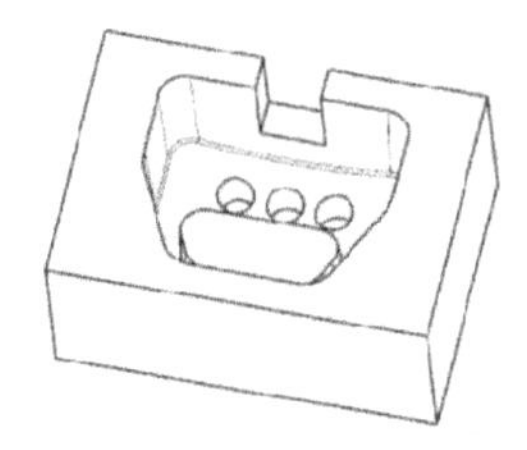

图 16-28　创建型芯与镶件的配合位

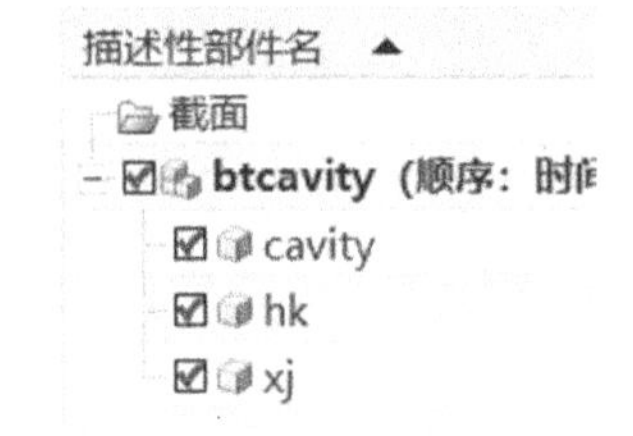

图 16-29　创建的 3 个下级目录文件

5. 加载模架

（1）在标题栏中选择“窗口”选项卡，选择“btmj.prt”零件图并打开它。

（2）先单击横向菜单栏的“应用模块”选项卡，再单击“注塑模”按钮。

（3）单击“模架库”按钮，在弹出的【模架库】对话框中对“名称”选择“LKM_PP”选项，展开“成员选择”栏，选择“DC”类型。对“Index”选择“4045”选项、“Mold_type”选择“450：I”选项，把“AP_h”值设为 150（单位：mm）、“BP_h”值设为 60（单位：mm）、CP_h 值设为 150mm，如图 16-30 所示。

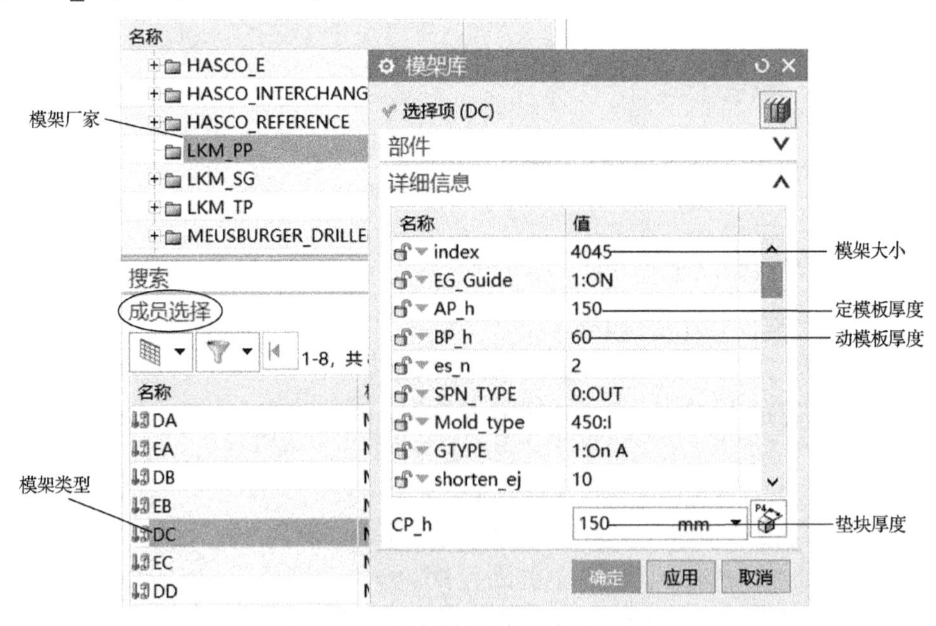

图 16-30　选择模架厂家、类型及大小

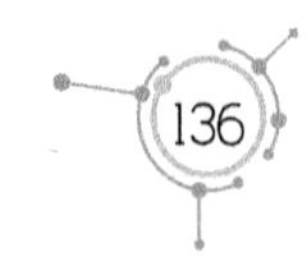

提示： 生产同样的产品，三板模模架比两板模模架大很多，定模板的厚度也厚一些，定模多 4 根导柱导套，这也是三板模具比两板模具造价高的原因之一。

（4）单击“确定”按钮，加载模架，如图 16-31 所示。

（5）再次单击“模架库”按钮，在弹出的【模架库】对话框中单击“旋转模架”按钮，如图 16-32 所示。

（6）模架被旋转 90° 后的效果如图 16-33 所示。

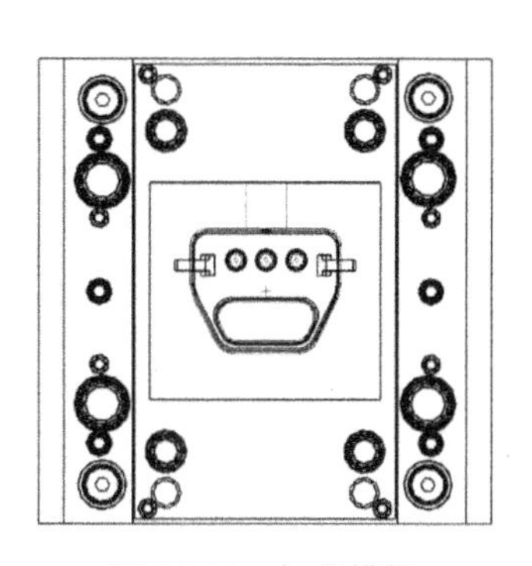

图 16-31 加载模架

图 16-32 单击“旋转模架”按钮

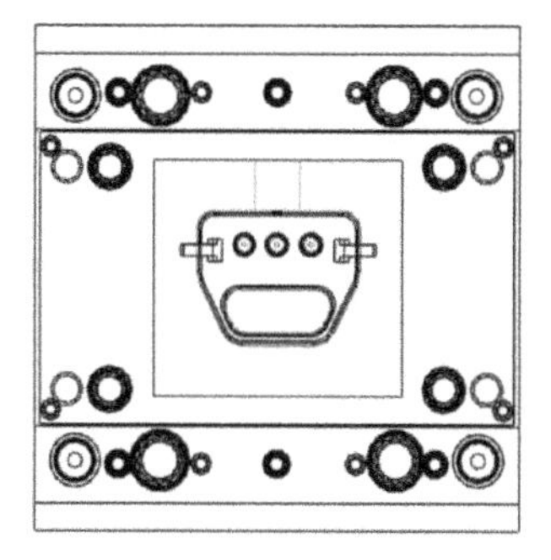

图 16-33 模架被旋转 90° 后的效果

（7）三板模模架各部分名称如图 16-34 所示。

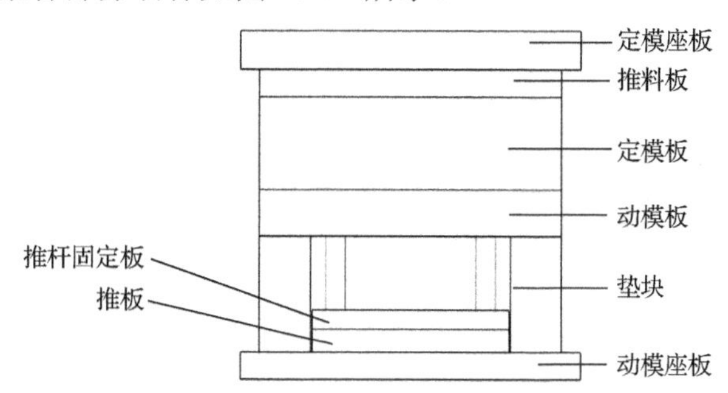

图 16-34 三板模模架各部分名称

6. 加载定位圈与浇口套

（1）在“注塑模向导”选项卡中单击“标准部件库”按钮，如图 16-35 所示。

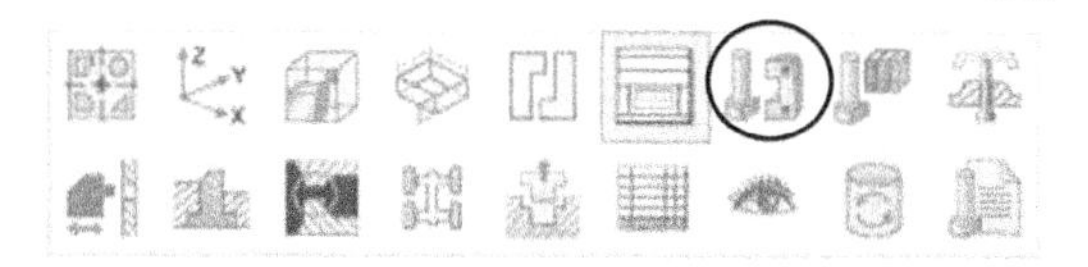

图 16-35 单击“标准部件库”按钮

（2）在“名称”区域展开“+FUTABA_MM”文件，选择其下级目录文件“Locating Ring Interchangeable”。在“成员选择”栏中对“名称”选择“Locating Ring”选项，在

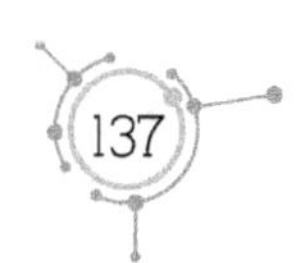

【标准件管理】对话框中，对“父”选择“btmj”选项、“位置”选择“WCS”选项、“引用集”选择“TRUE”选项、“TYPE”选择“M-LRA”选择，在“DIAMETER”栏中输入 80mm，如图 16-36 所示。

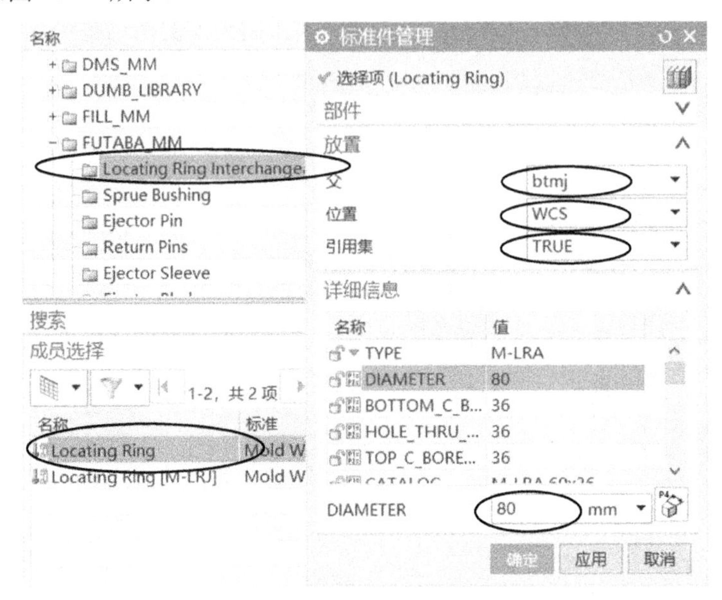

图 16-36　设置【标准件管理】对话框

（3）单击“确定”按钮，在定模座板的中心位置加载定位圈，如图 16-37 所示。

（4）单击“腔体”按钮，在【开腔】对话框中对“模式”选择“去除材料”选项。选择定模座板作为目标体，选择定位圈作为工具体。单击“确定”按钮，创建定位圈腔体（定位圈的装配位）。把定位圈隐藏后的效果如图 16-38 所示。

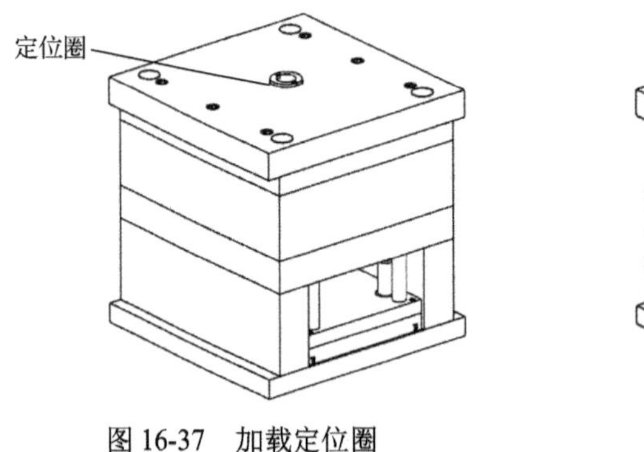

图 16-37　加载定位圈

定位圈的装配位

图 16-38　把定位圈隐藏后的效果

（5）单击“标准部件库”按钮，在“名称”区域选择“Sprue Bushing”文件。在“成员选择”栏中对“名称”选择“Sprue Bushing”选项，在【标准件管理】对话框中，对“父”选择“btmj”选项、“位置”选择“WCS”选项、“引用集”选择“TRUE”选项；把“CATALOG_DIA”值设为 25（单位：mm）、“CATALOG_LENGTH 1”值设为 120mm。具体的浇口套参数设置如图 16-39 所示。

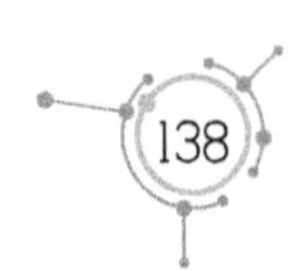

图 16-39　具体的浇口套参数设置

（6）单击“确定”按钮，在模具装配图上加载浇口套。浇口套与定位圈的位置重合，但其长度过长了，伸到了定模板以下。加载浇口套后的效果如图 16-40 所示。

（7）在装配图中，把光标移到浇口套附近，等光标附近出现 3 个白点后，先单击鼠标左键，在【快速选择】窗口中选择浇口套，再单击鼠标右键，在快捷菜单中单击“设为工作部件”命令。

（8）单击“减去”按钮，选择浇口套作为目标体。在工作区上方的辅助工具条中选择“整个装配”选项，再选择定模板作为工具体，在【减去】对话框中勾选“✓保存工具”复选框。

（9）单击“确定”按钮，修剪浇口套长度至定模板上表面，如图 16-41 所示。

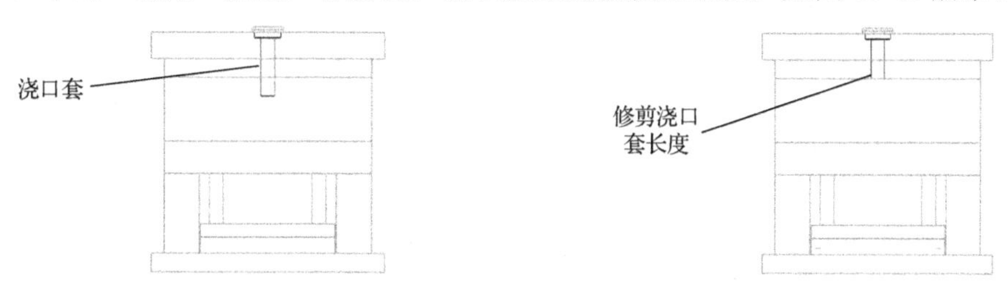

图 16-40　加载浇口套后的效果　　　　图 16-41　修剪浇口套长度至定模板上表面

（10）单击“腔体”按钮，在【开腔】对话框中，对“模式”选择“去除材料”选项，选择定模座板和推料板作为目标体，以浇口套为工具体。单击“确定”按钮，创建浇口套的装配位置。

7. 设计流道

（1）在模具装配图中选择定模板，单击鼠标右键，在快捷菜单中单击“在窗口中打

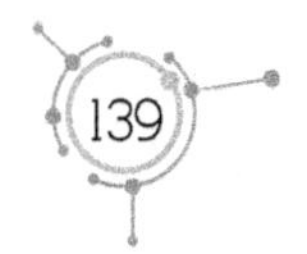

开”命令，打开定模板建模图。

（2）单击“菜单｜插入｜基准/点｜基准坐标系”命令，插入基准坐标系。

（3）单击“流道”按钮，在弹出的【流道】对话框中单击“绘制截面”按钮，选择定模板上表面（与推料板相接触的平面）作为草绘平面，以 X 轴为水平参考线，绘制一条直线，如图 16-42 所示。

（4）单击“完成草图”按钮，在【流道】对话框中，对“截面类型”选择“Traperzoidal”（梯形）选项，把“D”（流道宽度）值设为 12（单位：mm）、“H”（流道深度）值设为 8（单位：mm）、“C”（流道斜度）值设为 5（单位：°）、“R”（底部圆角半径）值设为 2（单位：mm）。在“布尔”栏中，选择“减去”选项，如图 16-43 所示。

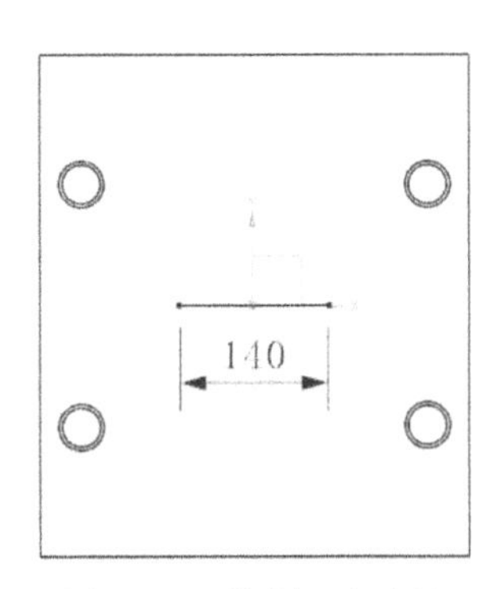

图 16-42　绘制一条直线

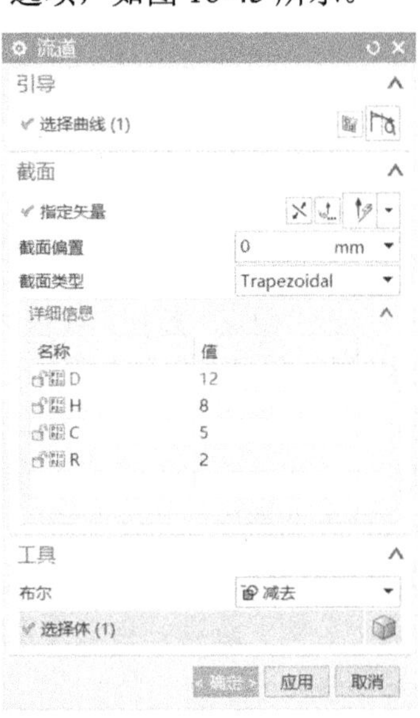

图 16-43　设置【流道】对话框参数

（5）单击“确定”按钮，创建主流道，如图 16-44 所示。

（6）重复步骤（3），绘制 3 条直线。要求中间的直线与 Y 轴重合，如图 16-45 所示。

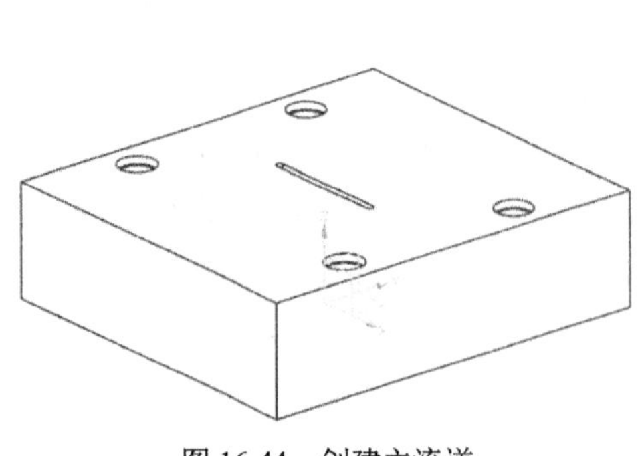

图 16-44　创建主流道

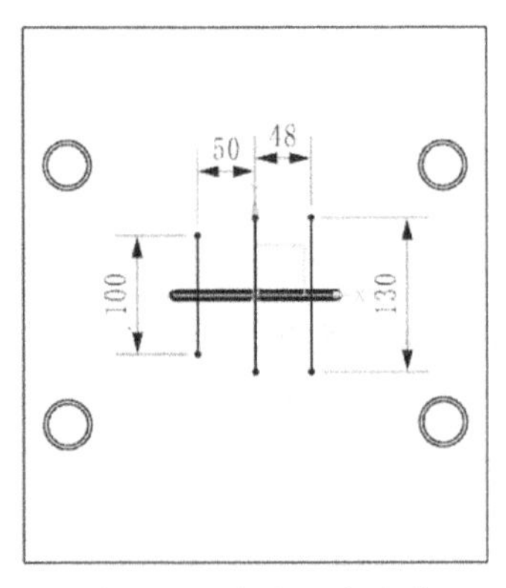

图 16-45　绘制 3 条直线

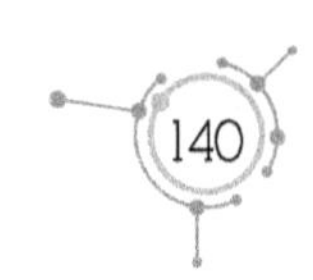

（7）单击“完成草图”按钮，在【流道】对话框中，对“截面类型”选择“Traperzoidal”选项，把“D”值设为 8mm、“H”值设为 5mm、“C”值设为 5°、“R”值设为 2mm，创建 3 条分流道，如图 16-46 所示。

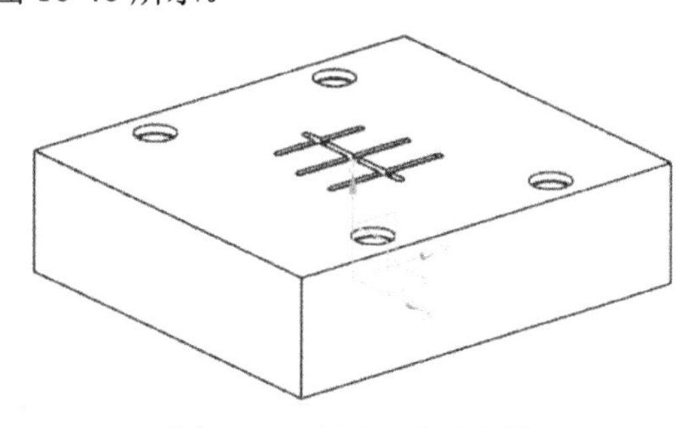

图 16-46　创建 3 条分流道

8. 设计浇口

（1）在横向菜单中选择“窗口”选项卡，选择“btmj.prt”文件，打开模具装配图。

（2）单击“菜单｜插入｜设计特征｜圆锥”命令，在弹出的【圆锥】对话框中，对“类型”选择“底部直径、高度和半角”选项，对“指定矢量”选择“ZC↑”选项；把“指定点”设为（-40，-50，72）、“底部直径”值设为 1mm、“高度”值设为 78mm、“半角”设为 3（单位：°）。在“布尔”栏中选择“无”选项，如图 16-47 所示。

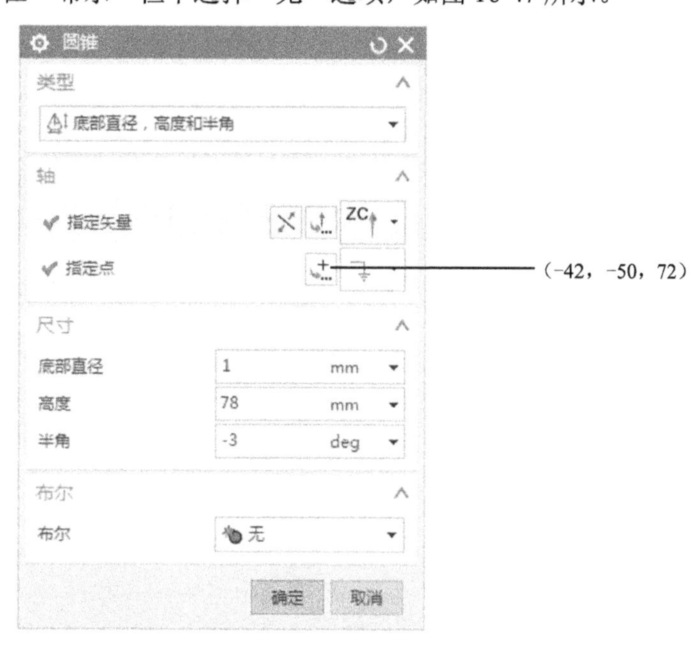

图 16-47　设置【圆锥】对话框参数

（3）采用相同的方法，创建其余 5 个圆锥，指定点坐标分别为（42，-50，72），（60，0，71），（-60，0，71），（60，48，68），（-60，48，68）。

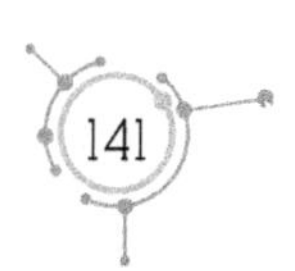

（4）在装配图上选择定模板，单击鼠标右键，在快捷菜单中先单击“设为工作部件”命令，再单击“减去”按钮。选择定模板作为目标体，以6个圆锥为工具体，在【求差】对话框中勾选“✓保存工具”复选框。单击“确定”按钮，在定模板上创建浇口。

（5）在“部件导航器”中选择☑ btcavity选项，或者在装配图上选择型腔实体。单击鼠标右键，在快捷菜单中先单击“设为工作部件”命令，再单击“减去”按钮。选择型腔零件作为目标体，以6个圆锥为工具体，在【求差】对话框中取消“□保存工具”复选框中的“√”。

（6）单击“确定”按钮，在型腔零件上创建浇口。已创建的主流道、分流道和浇口如图16-48所示。

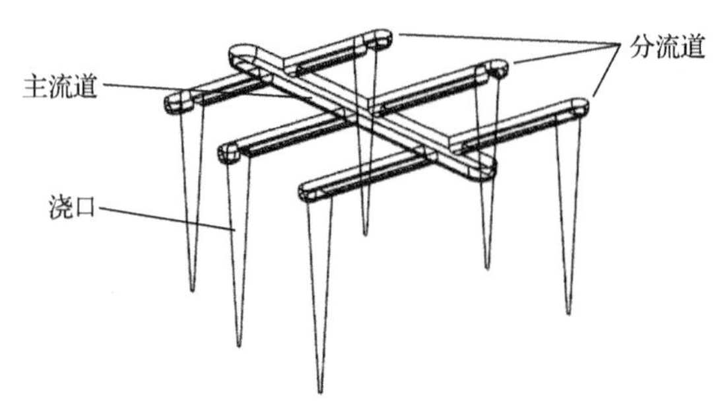

图16-48　主流道、分流道和浇口

（7）在“描述性部件名”栏中，选择☑ btmj选项。单击鼠标右键，在快捷菜单中单击“设为工作部件”命令。

（8）单击“保存”按钮，所有的文档都保存在起始目录下。

习　　题

绘制如图2-49所示的产品结构图，并进行模具设计，模具排位参考图2-50。

第17章　两板模设计实例

本章先介绍如何在注塑模向导环境下进行分模，再介绍如何添加两板模模架，有利于读者加深对两板模与三板模的认识。

1. 拆分型芯和型腔

（1）启动 UG 12.0，打开第 16 章的“bitong.prt”零件图，产品造型如图 17-1 所示。

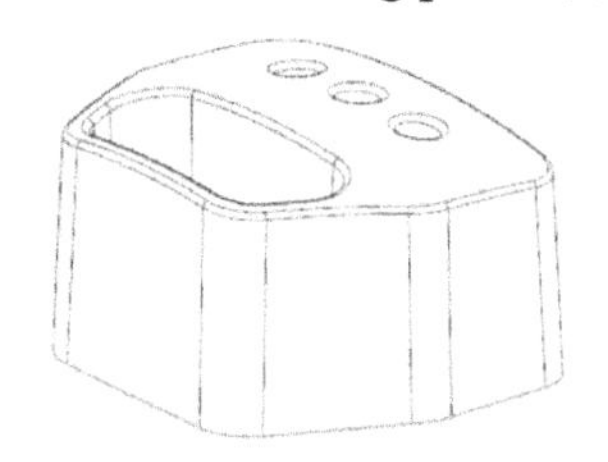

图 17-1　产品造型

（2）先单击横向菜单中的“应用模块”选项卡，再单击“注塑模”按钮，在横向菜单中添加“注塑模向导”选项卡。

（3）单击“初始化项目”按钮，在弹出的【初始化项目】对话框中，把“收缩”值设为 1.005，对“单位”选择“毫米”。

（4）单击“确定”按钮，设定初始化项目。

（5）在工具栏中单击“工件”按钮，在弹出的【工件】对话框中单击“绘制截面”按钮。在工具栏中单击“快速修剪”按钮，将默认的草绘曲线全部删除后（包括虚线框），以原点为中心绘制一个矩形（230mm×210mm），如图 17-2 所示。

（6）单击“完成”按钮，在【工件】对话框中，对“类型”选择“产品工件”选项，对“工件方法”选择“用户定义的块”选项，把“开始距离”值设为-30mm、“结束距离”值设为 110mm。

（7）单击“确定”按钮，创建一个工件，如图 17-3 所示。

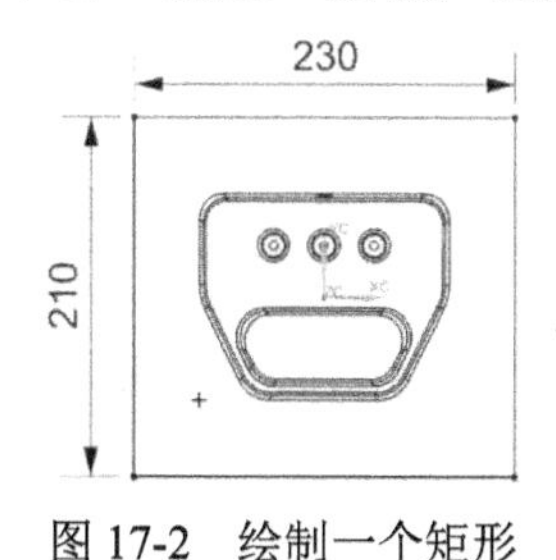

图 17-2　绘制一个矩形

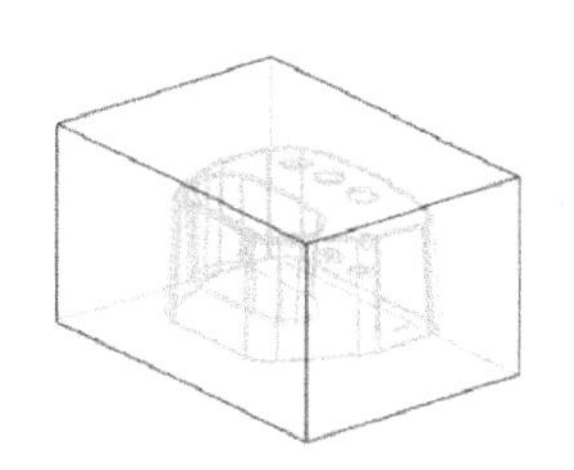

图 17-3　创建工件

（8）在“分型刀具”区域单击“检查区域”按钮，在弹出的【检查区域】对话框中选择“计算”选项卡，对“指定脱模方向”选择“ZC↑”选项，选择“◉ 保持现有的”单选框。单击“计算”按钮，完成“计算”选项卡设置如图 17-4 所示。

（9）在“区域”选项卡中选择“◉ 型腔区域”单选框，取消“□内环”、“□分型边”和“□不完整的环”复选框中的“√”。单击“设置区域颜色”按钮，完成“区域”选项卡设置，如图 17-5 所示。

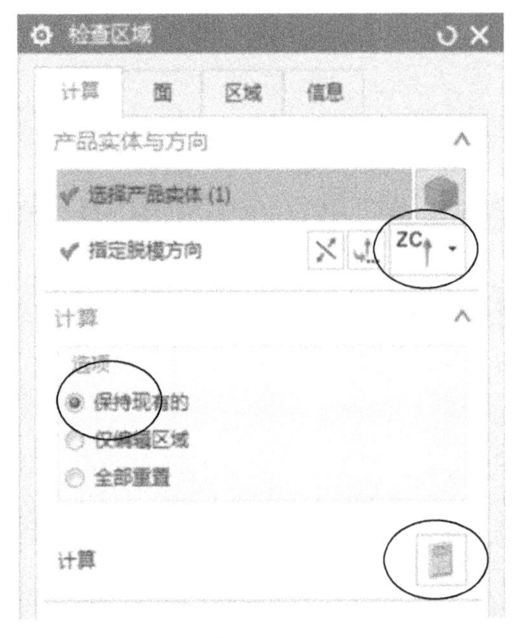

图 17-4　设置“计算”选项卡

图 17-5　设置“区域”选项卡

（10）单击“确定”按钮，工件呈现 3 种颜色：外表面（型腔）呈棕色，内表面（型芯）呈蓝色，4 个小孔侧面所形成的曲面（未定义区域）呈青色。

（11）在“区域”选项卡中，勾选“√交叉区域面”和“√交叉竖直面”复选框，选择“◉ 型腔区域”单选框。

（12）单击“确定”按钮，将青色曲面指派到型腔区域，并切换成棕色。

（13）单击“曲面补片”按钮，在【边补片】对话框中，对“类型”选择“遍历”选项，取消“□按面的颜色遍历”复选框中的“√”，如图 17-6 所示。

（14）选择工件侧面小孔的内边线和 3 个圆柱上小孔的上边线，如图 17-7 所示。单击“应用”按钮，将小孔封闭。

（15）单击“定义区域”按钮，在弹出的【定义区域】对话框中勾选“√创建区域”与“√创建分型线”复选框，如图 17-8 所示。

（16）单击“确定”按钮，创建区域和分型线。分型线在产品的口部，呈灰白色。分型线位置如图 17-9 所示。

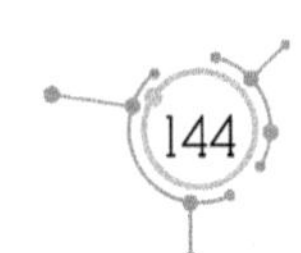

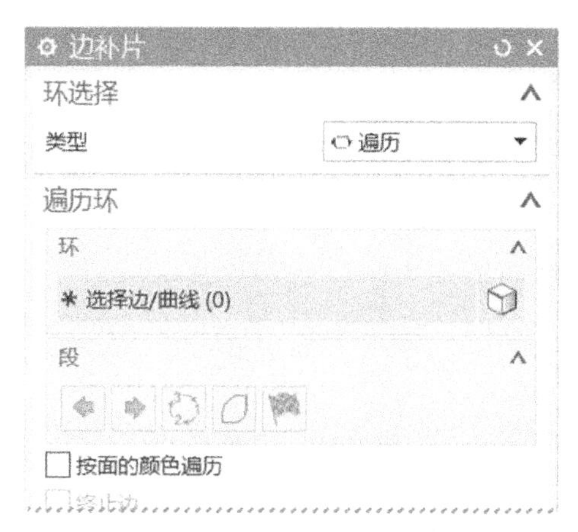

图 17-6　设置【边补片】对话框参数

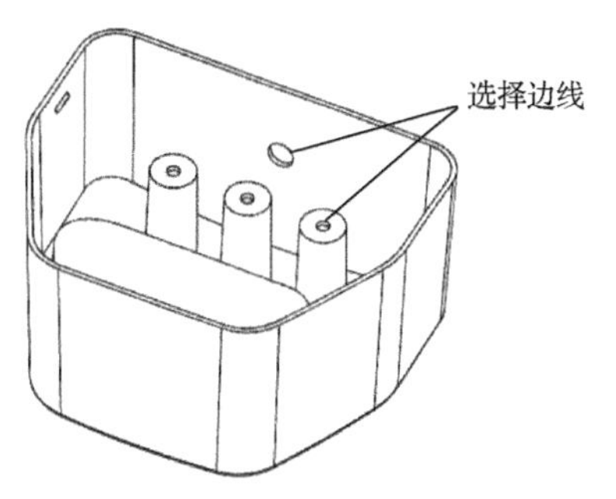

图 17-7　封闭小孔

图 17-8　设置【定义区域】对话框参数

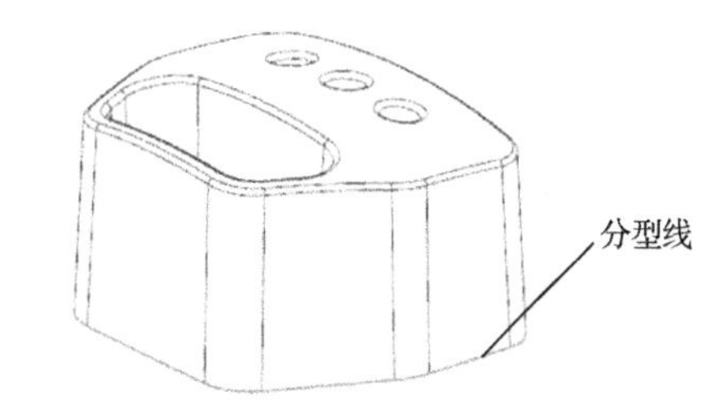

图 17-9　分型线位置

（17）单击“设计分型面”按钮，在弹出的【设计分型面】对话框中选择“有界平面”按钮。

（18）拖动分型面的节点，使分型面的范围比工件截面的范围稍大，如图 17-10 所示。

（19）单击“定义型腔和型芯”按钮，在弹出的【定义型腔和型芯】对话框中，对“区域名称”选择“所有区域”选项，如图 17-11 所示。

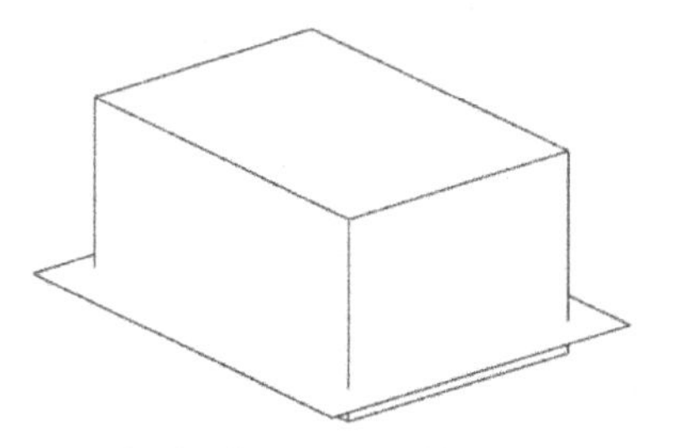

图 17-10　分型面的范围比工件截面的范围稍大

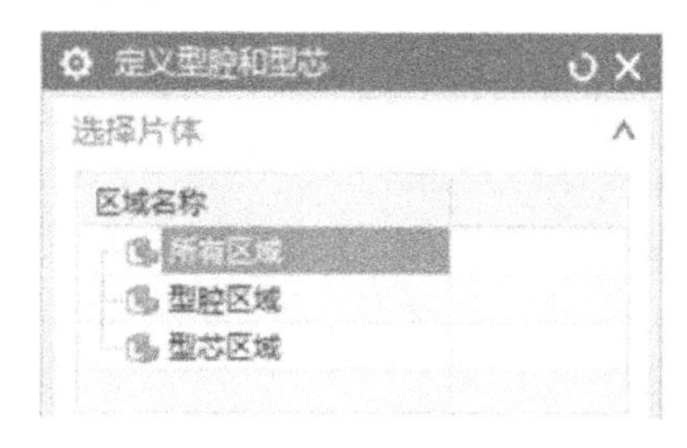

图 17-11　选择“所有区域”选项

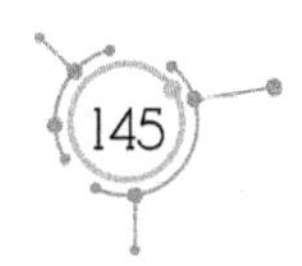

（20）单击“确定”按钮，创建型腔实体（见图 17-12）和型芯实体（见图 17-13）。

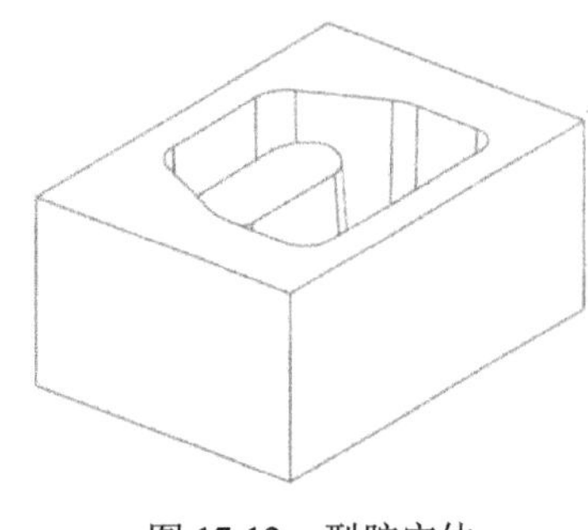

图 17-12 型腔实体

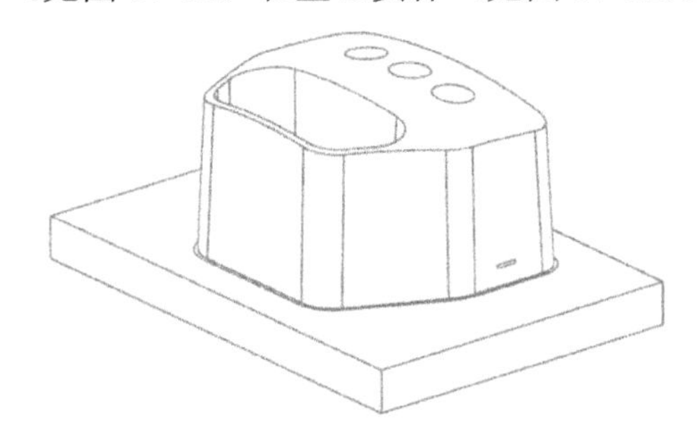

图 17-13 型芯实体

（21）在标题栏中选择“窗口”选项卡，选择“bitong_core_005.prt”文件，打开型芯实体。

（22）按照第 15 章介绍的方法，创建型芯的 3 个下级目录文件，如图 17-14 所示。

（23）在标题栏中选择“窗口”选项卡，选择“bitong_cavity_001.prt”文件，打开型腔实体。

（24）按照第 15 章介绍的方法，创建型腔的 3 个下级目录文件，如图 17-15 所示。

图 17-14 创建型芯的 3 个下级目录文件

图 17-15 创建型腔的 3 个下级目录文件

2. 加载模架

（1）在标题栏中选择“窗口”选项卡，选择“bitong_top_009.prt”文件，打开模具装配图。

（2）在“描述性部件名”栏中选择 bitong_top_009选项。单击鼠标右键，在弹出的快捷菜单中，单击“设为工作部件”命令。

（3）单击“模架库”按钮，在弹出的【模架库】对话框中对“名称”选择“LKM_SG”。展开“成员选择”栏，选择“C”类型，对 Index 选择“3035”选项，把“AP_h”值设为 150（单位：mm）、“BP_h”值设为 80（单位：mm）、“CP_h”值设为 150mm，对“Mold_type”选择“350：I”选项，如图 17-16 所示。

（4）单击“确定”按钮，加载模架，如图 17-17 所示。

（5）再次单击“模架库”按钮，在弹出的【模架库】对话框中单击“旋转模架”按钮，如图 17-18 所示。

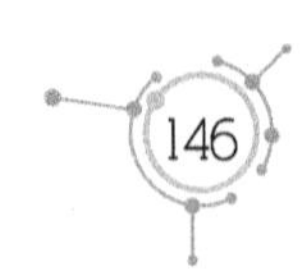

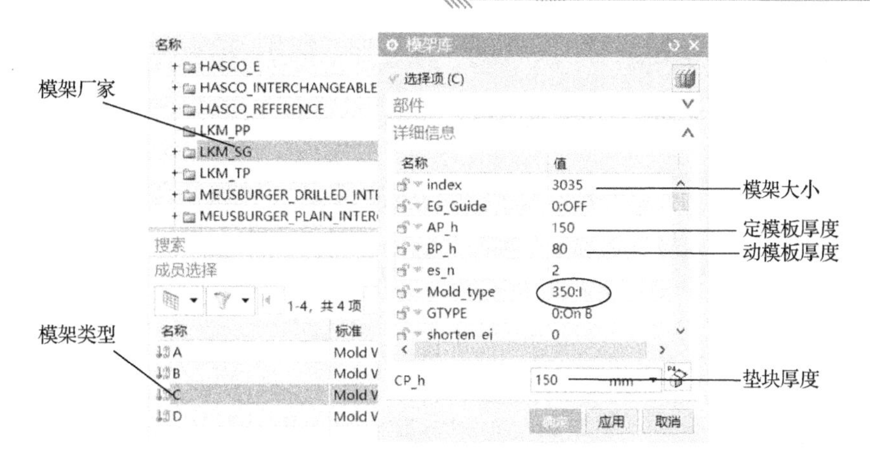

图 17-16　选择模架厂家、型号及大小

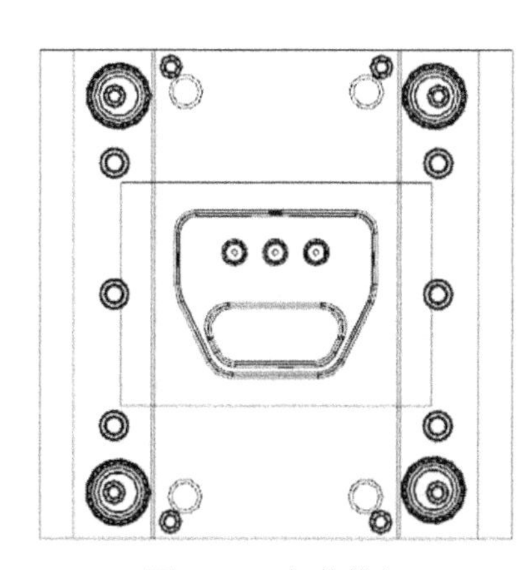

图 17-17　加载模架

图 17-18　单击“旋转模架”按钮

（6）模架被旋转 90° 后的效果如图 17-19 所示。

（7）两板模模架各部分的名称如图 17-20 所示。

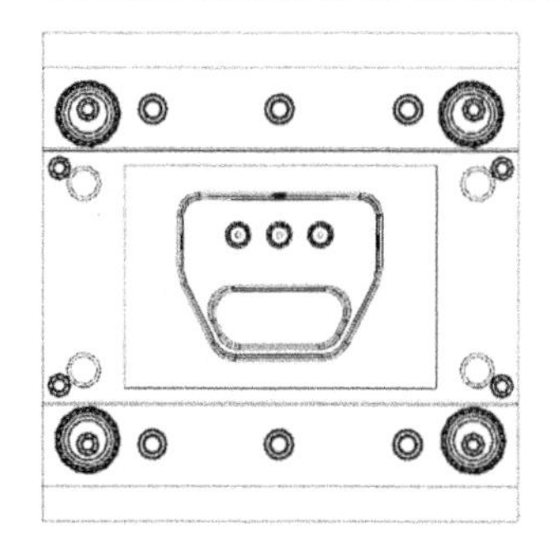

图 17-19　模架被旋转 90° 后的效果

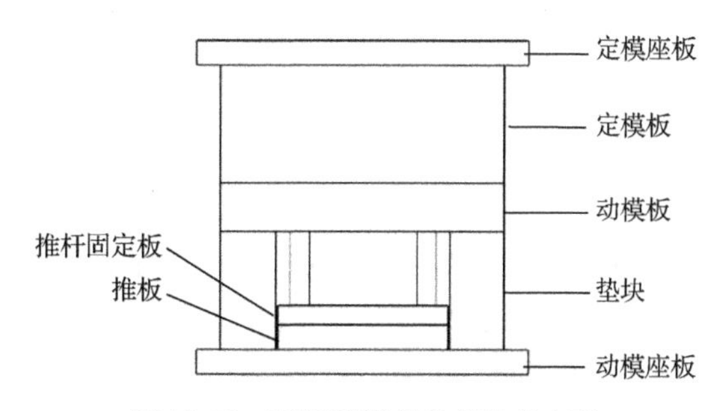

图 17-20　两板模模架各部分的名称

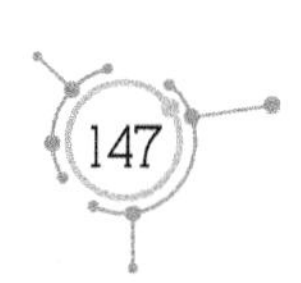

3. 加载定位圈与浇口套

（1）在标题栏中选择“窗口”选项卡，选择“bitong_top_009.prt”文件，打开模具装配图。

（2）在“描述性部件名”栏中双击☑ **bitong_top_009**选项，激活模具装配图。

（3）在“注塑模向导”选项卡中单击“标准部件库”按钮，如图 17-21 所示。

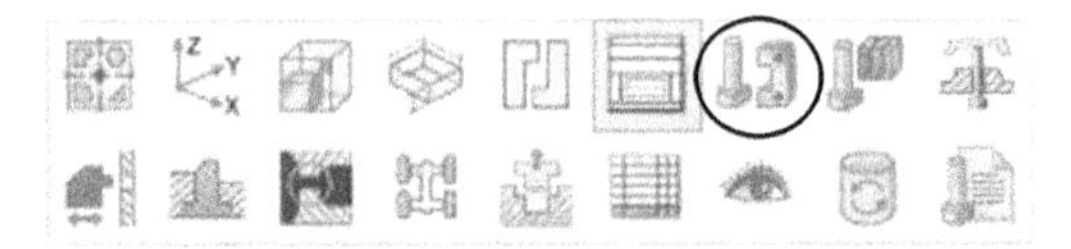

图 17-21　单击“标准部件库”按钮

（4）在“名称”区域展开“FUTABA_MM”文件，选择其下级目录文件“Locating Ring Interchangeable”，在“成员选择”栏中选择“Locating Ring”选项。在【标准件管理】对话框中，对“父”选择“bitong_top_009”选项、“位置”选择“POINT”选项、“引用集”选择“TRUE”选项、“TYPE”选择“M-LRA”选项，在“DIAMETER”栏中输入 70mm，如图 17-22 所示。

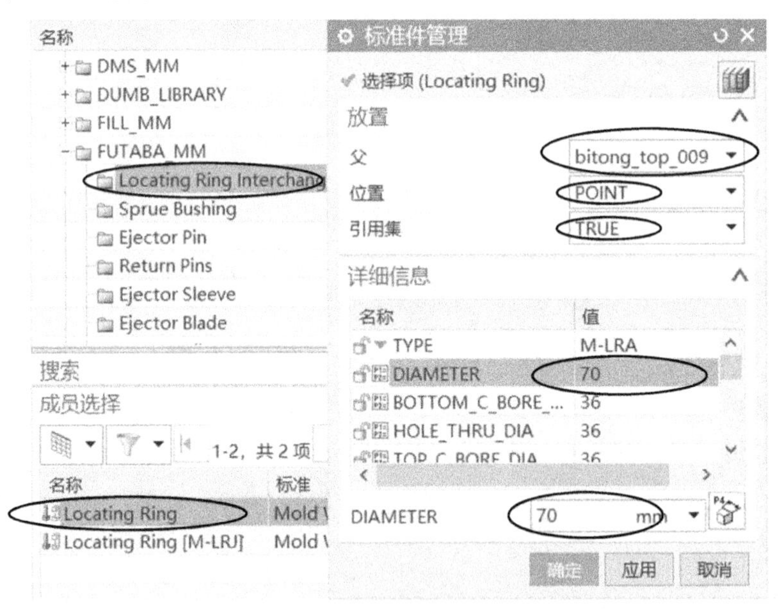

图 17-22　设置【标准件管理】对话框参数

（5）单击“确定”按钮，在【点】对话框中输入（0，-80，0），如图 17-23 所示。

（6）单击“确定”按钮，加载定位圈，如图 17-24 所示。

（7）单击“腔体”按钮，在【开腔】对话框中对“模式”选择“减除材料”选项，选择定模座板作为目标体，选择定位圈作为工具体。单击“确定”按钮，创建定位圈腔体（定位圈的装配位）。把定位圈隐藏后的效果如图 17-25 所示。

图 17-23　设置【点】对话框参数

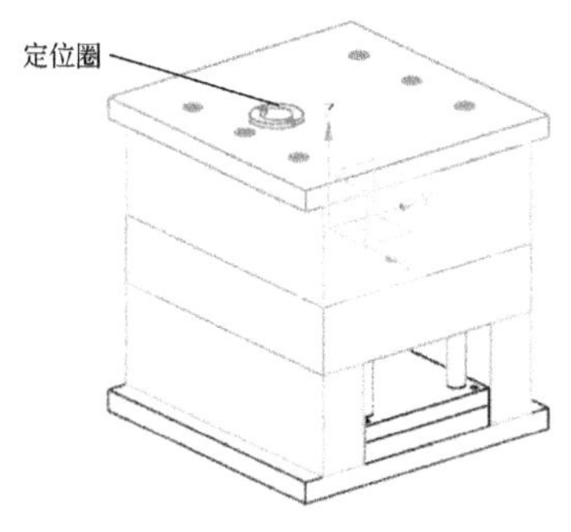

图 17-24　加载定位圈

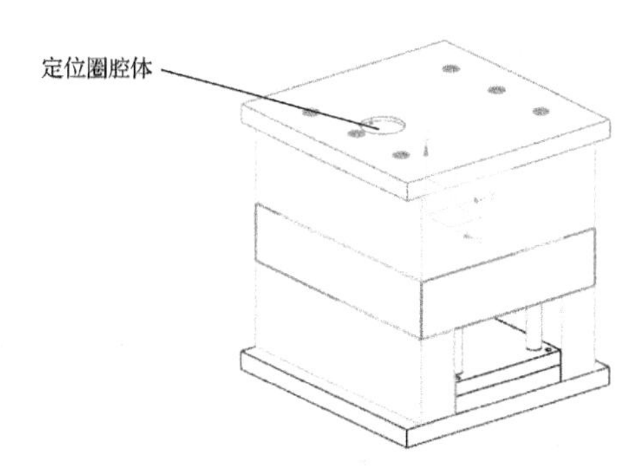

图 17-25　把定位圈隐藏后的效果

（8）单击“标准部件库”按钮，在“名称”区域选择“Sprue Bushing”文件，在“成员选择”栏中选择“Sprue Bushing”选项。在【标准件管理】对话框中，对“父”选择“bitong_top_009”选项、“位置”选择“POINT”选项、“引用集”选择“TRUE”选项，把“CATALOG_DIA”值设为 25（单位：mm）、“CATALOG_LENGTH”值设为 190mm，如图 17-26 所示。

图 17-26　设定浇口套参数

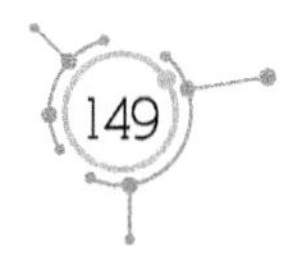

（9）单击“确定”按钮，在【点】对话框中输入（0，-80，0），参考图 17-23。

（10）单击“确定”按钮，在模具装配图上加载浇口套，如图 17-27 所示。

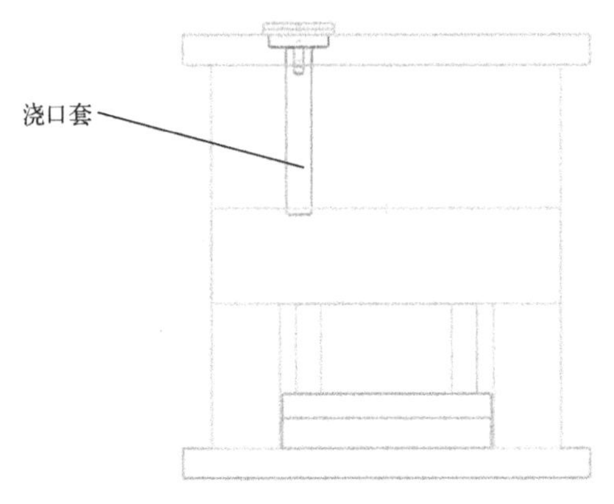

图 17-27　加载浇口套

（11）在模具装配图中，把光标移到浇口套附近，等光标附近出现 3 个白点后，单击鼠标左键，在【快速选择】窗口中选择浇口套。单击鼠标右键，在快捷菜单中单击“设为工作部件”命令。

（12）单击“减去”按钮，以浇口套为目标体，以动模板为工具体。

（13）在【减去】对话框中勾选“✓保存工具”复选框，单击“确定”按钮，修剪浇口套长度，如图 17-28 所示。

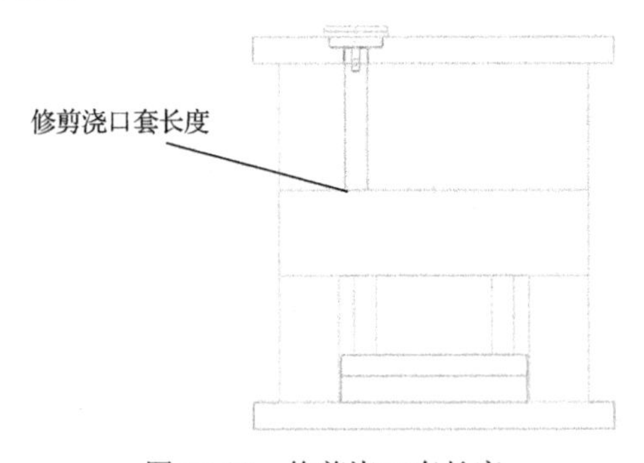

图 17-28　修剪浇口套长度

（14）单击“腔体”按钮，在【开腔】对话框中对“模式”选择“减除材料”选项，选择定模座板、定模板和型腔 3 个零件作为目标体，以浇口套为工具体。单击“确定”按钮，创建浇口套的装配位置。

（15）选择定模座板，单击鼠标右键，在快捷菜单中单击“在窗口中打开”命令。可以看出，这个零件上添加了一个孔，这个孔就是浇口套的装配位。

（16）采用相同的方法，分别打开定模板和 cavity 文件。可以看出，这两个零件上都添加了一个孔，这些孔就是浇口套的装配位。

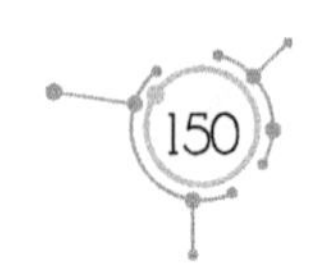

4. 设计流道

（1）在“描述性部件名”栏中依次展开“bitong_layout_021”、“bitong_prod_002”和“bitong_cavity_001”文件，选择“cavity”选项，如图 17-29 所示。

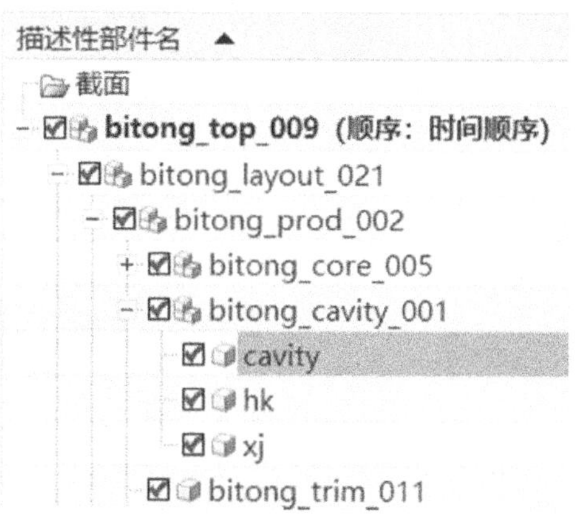

图 17-29　选择“cavity”选项

（2）单击鼠标右键，在快捷菜单中，单击“在窗口中打开”命令，打开型腔结构图，实体上有一个圆孔，圆孔的位置如图 17-30 所示。该圆孔是浇口套的装配孔，若没有出现这个圆孔，则前面开腔失败，重新开腔。

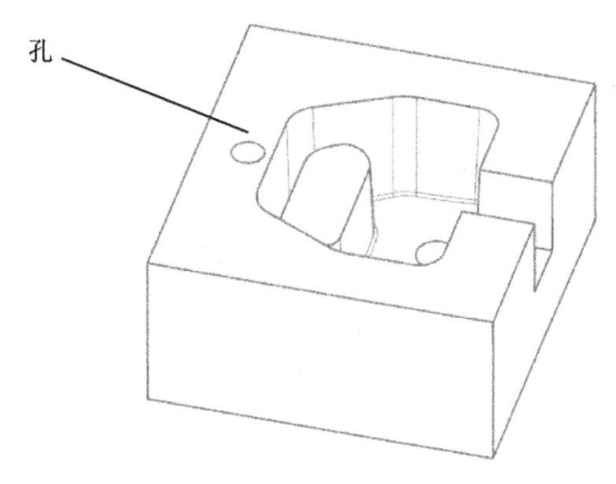

图 17-30　圆孔的位置

（3）单击“菜单 | 插入 | 基准/点 | 基准坐标系”命令，插入基准坐标系。

（4）在“注塑模向导”选项卡中单击“流道”按钮，在弹出的【流道】对话框中单击“绘制截面”按钮。选择 *XOY* 平面作为草绘平面，以 *X* 轴为水平参考线，单击“确定”按钮，进入草绘模式。

（5）经过圆孔的中心，绘制主流道截面，如图 17-31 所示。

（6）单击“完成”按钮，在【流道】对话框中对“指定矢量”选择“-ZC↓”选项，对“截面类型”选择“Traperzoidal”（梯形）选项，把“D”值设为 12（单位：mm）、“H”值设为 6（单位：mm）、“C”值设为 5（单位：°）、“R”值设为 2（单位：mm）；

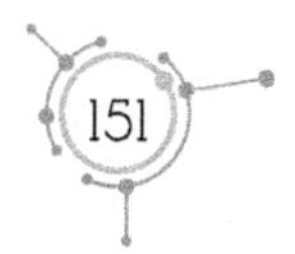

在“布尔”栏中选择“减去”选项，如图 17-32 所示。

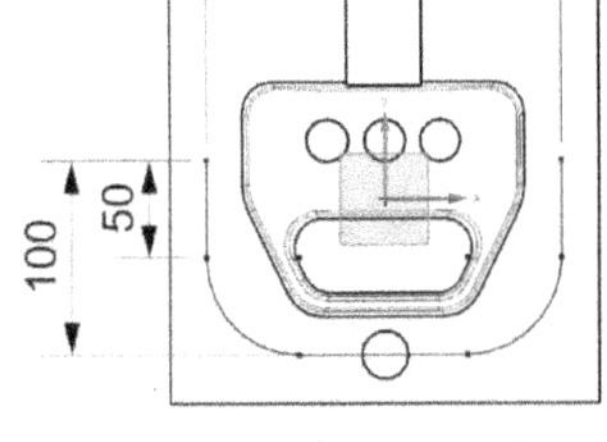

图 17-31 绘制主流道截面

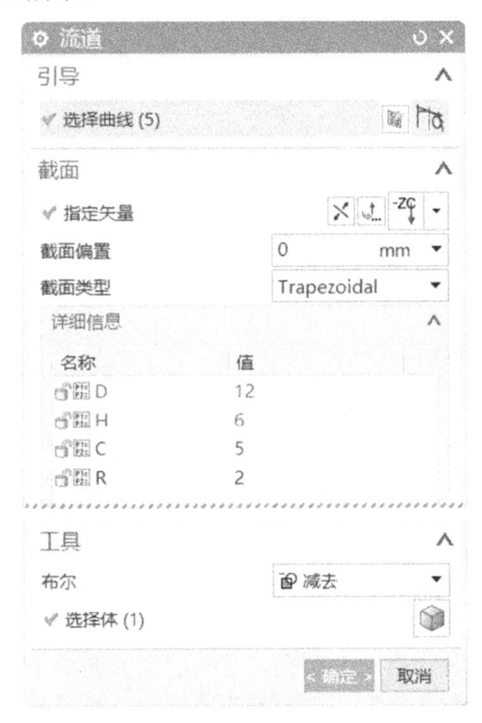

图 17-32 设置【流道】对话框参数

（7）单击“确定”按钮，创建主流道，如图 17-33 所示。

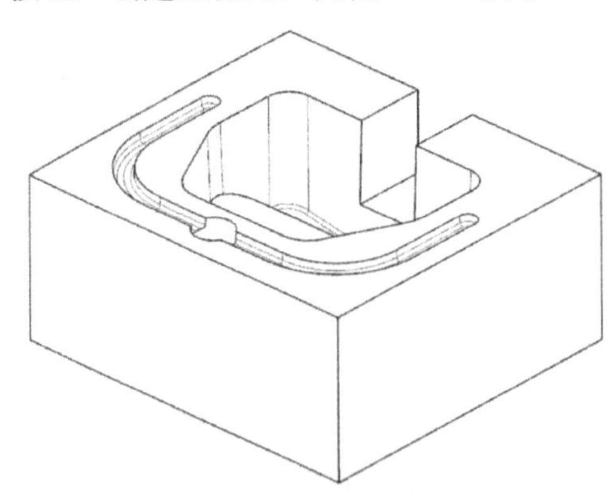

图 17-33 创建主流道

（8）单击“流道”按钮，在弹出的【流道】对话框中单击“绘制截面”按钮，选择 *XOY* 平面作为草绘平面，以 *X* 轴为水平参考线。单击“确定”按钮，进入草绘模式。

（9）绘制分流道曲线（两条直线），如图 17-34 所示。

（10）在【流道】对话框中对“指定矢量”选择“-ZC↓”选项，对“截面类型”选

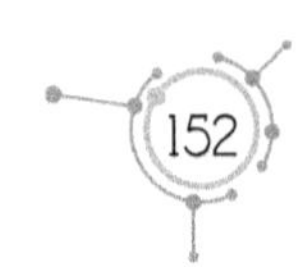

择“Traperzoidal”选项，把“D”值设为 8mm、“H”值设为 5mm、“C”值设为 5°、“R”值设为 2mm。创建的分流道如图 17-35 所示。

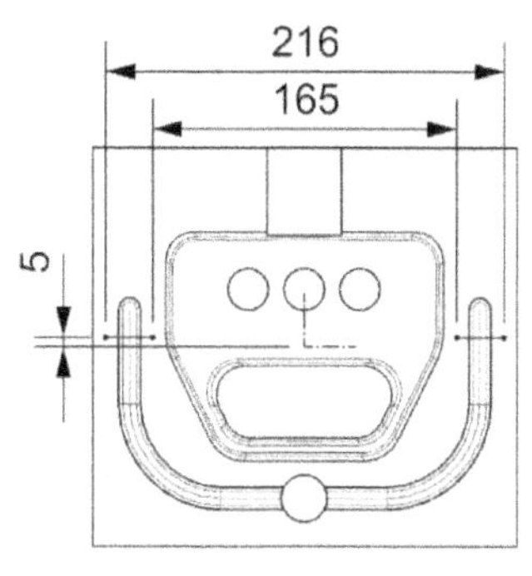

图 17-34　绘制分流道曲线

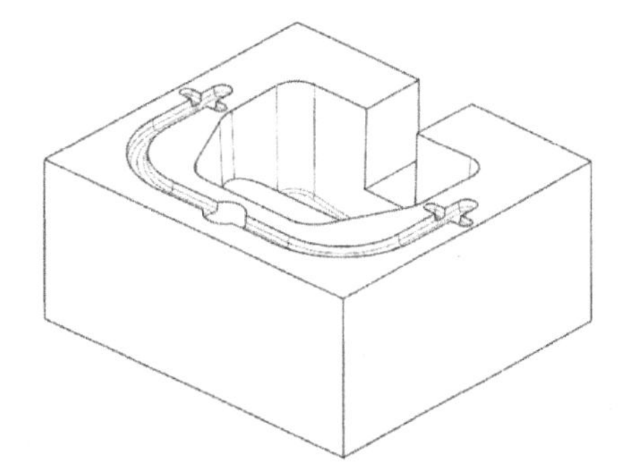

图 17-35　创建的分流道

5. 设计浇口

（1）单击“拉伸”按钮，在弹出的【拉伸】对话框中单击“绘制截面”按钮。选择 *YC-ZC* 平面作为草绘平面，以 *Y* 轴为水平参考线，绘制 1 个圆（直径为 4mm），如图 17-36 所示。要求圆心在分型面上，圆心与竖直轴的距离为 5mm。

（2）单击“完成”按钮，在【拉伸】对话框中，对“指定矢量”选择“XC↑”选项，对“结束”选择“对称值”选项，把“距离”值设为 90mm；在“布尔”栏中，选择“减去”选项。

（3）单击“确定”按钮，创建浇口，如图 17-37 所示。

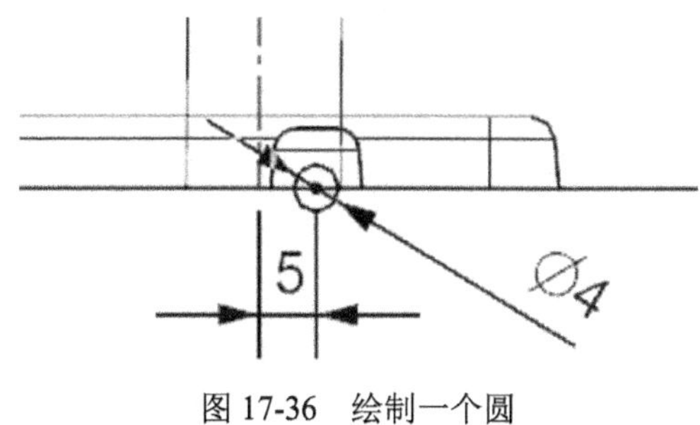

图 17-36　绘制一个圆

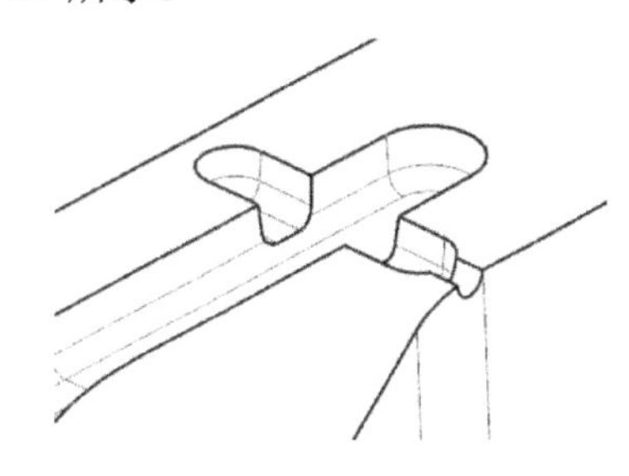

图 17-37　创建浇口

（4）在标题栏中选择“窗口”选项卡，选择“bitong_top_009.prt”文件，打开模具装配图。

（5）在“描述性部件名”栏中双击 bitong_top_009选项，激活模具装配图。

（6）单击“保存”按钮，所有的文档都保存在起始目录下。

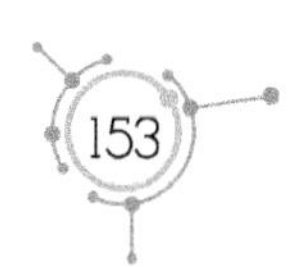

第18章 加载模架

本章以第17章的“bitong_top_009.prt”模具装配图。

1. 定、动模板开框

（1）在模架中选择定模板，单击鼠标右键，在快捷菜单中单击“设为工作部件”命令。

（2）单击“拉伸”按钮，在工作区上方的工具条中选择“整个装配”选项，如图18-1所示。

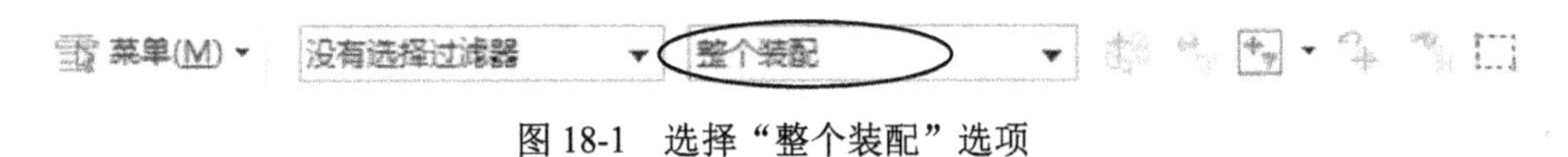

图18-1 选择“整个装配”选项

（3）在模具装配图中，把光标移到型芯的边线附近，等光标附近出现3个白点后，单击鼠标左键，在【快速选择】窗口中选择型芯的4条边线（230mm×210mm矩形的4条边线），如图18-2中的粗线条所示。

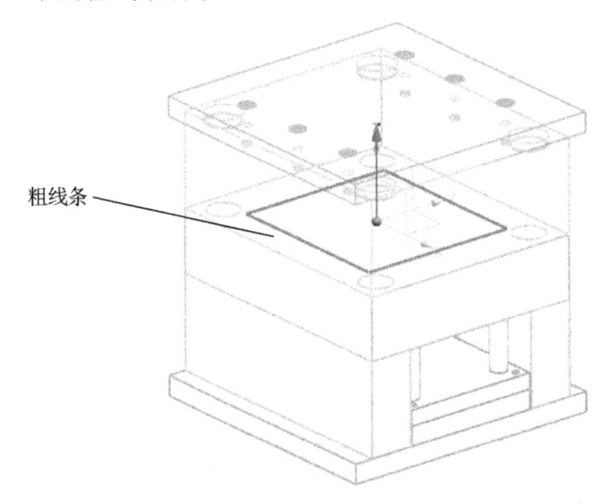

图18-2 选择4条边线

（4）单击“完成”按钮，在【拉伸】对话框中对“指定矢量”选择“ZC↑”选项，把“开始距离”值设为0、“结束距离”值设为100mm；在“布尔”栏中，选择“求差”选项。

（5）单击“确定”按钮，定模板开框。

（6）在“描述性部件名”栏中依次展开“bitong_top_009”、“bitong_moldbase_mm_042”和“bitong_fixhalf_027”文件，选择“bitong_a_plate_029”选项，如图 18-3 所示。

（7）单击鼠标右键，在快捷菜单中，单击“在窗口中打开”命令。

（8）打开定模板模型，定模板中间出现一个方坑，即定模镶件的装配位，如图 18-4 所示。

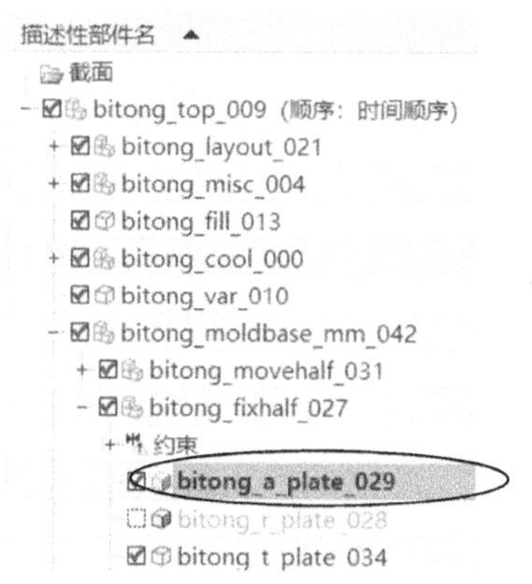

图 18-3 选择“bitong_a_plate_029”选项

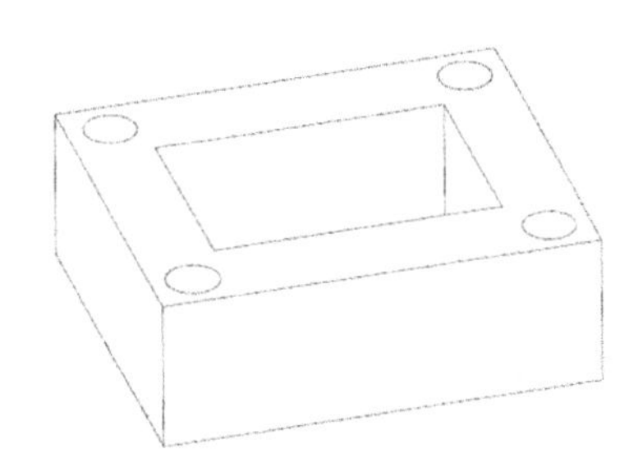

图 18-4 定模镶件的装配位

（9）在标题栏中先选择“窗口”选项卡，再选择“bitong_top_009.prt”文件，打开模具装配图。

（10）在模具装配图上选择动模板，单击鼠标右键，在快捷菜单中单击“设为工作部件”命令。

（11）单击“拉伸”按钮，选择型芯的 4 条边线，参考图 18-2。

（12）单击“完成”按钮，在【拉伸】对话框中对“指定矢量”选择“-ZC↓”选项，把“开始距离”值设为 0、“结束距离”值设为 30mm；在“布尔”栏中，选择“求差”选项。

（13）单击“确定”按钮，动模板开框。

（14）在“描述性部件名”栏中依次展开“bitong_top_009”、“bitong_moldbase_mm_042”和“bitong_movehalf_031”文件，选择“bitong_b_plate_050”选项，如图 18-5 所示。

（15）单击鼠标右键，在快捷菜单中，单击“在窗口中打开”命令。

（16）打开动模板结构图，动模板中间出现一个方坑，即动模镶件的装配位，如图 18-6 所示。

2. 加载推杆

（1）在标题栏中先选择“窗口”选项卡，再选择“bitong_top_009.prt”文件，打开模具装配图。

（2）单击“标准部件库”按钮，在“名称”区域选择“Ejection”选项，在“成

员选择”栏中选择“Ejector Pin [Straight]”选项。在【标准件管理】对话框中，对“父”选择“bitong_prod_002”选项、“位置”选择“POINT”选项、“引用集”选择“TRUE”选项，把“CATALOG_DIA”值设为 6.0（单位：mm）、“CATALOG_LENGTH”值设为 450mm，如图 18-7 所示。

图 18-5 选择“bitong_b_plate_050”选项

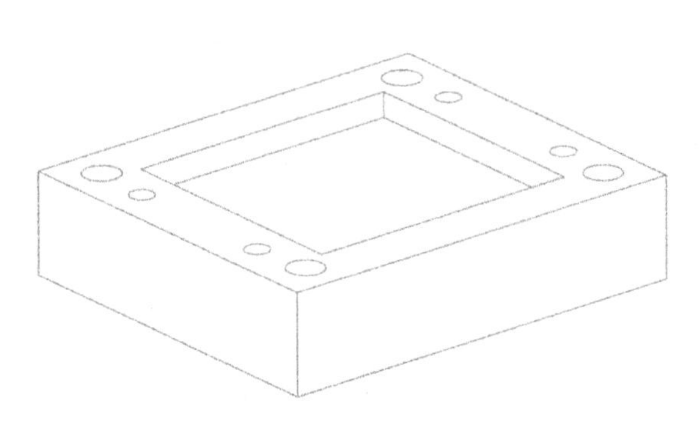

图 18-6 动模镶件的装配位

图 18-7 设置推杆参数

（3）单击“应用”按钮，在【点】对话框中输入（15，40，0），（-15，40，0），（0，5，0），（-60，0，0），（60，0，0），（35，-30，0），（-35，-30，0）。

（4）连续两次单击“取消”按钮，创建 7 根推杆，如图 18-8 所示。

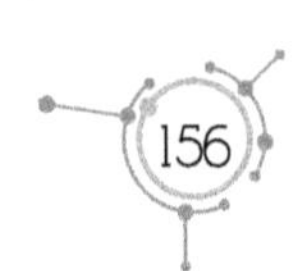

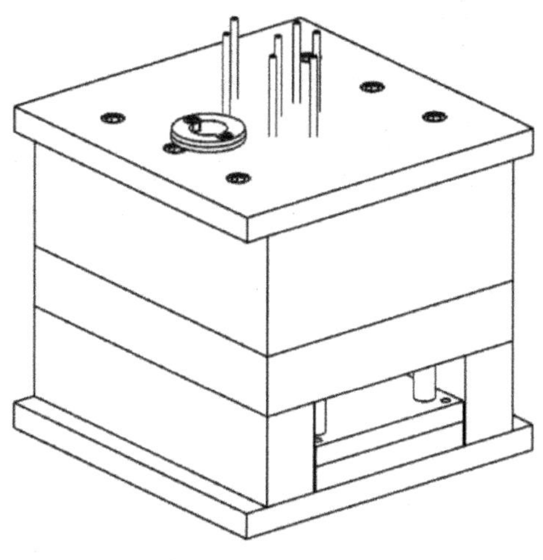

图 18-8　创建 7 根推杆

（5）单击“顶杆后处理”按钮，在弹出的【顶杆后处理】对话框中，对“类型”选择“修剪”选项，对“目标”选择 bitong_ej_pin_097　7　Original （其中对“97”这个数字，在不同计算机上可能显示不同）选项，对“修剪部件”和“修剪曲面”两个选项选用默认值，如图 18-9 所示。

（6）单击“确定”按钮，修剪推杆长度。修剪后的推杆如图 18-10 所示。

图 18-9　设置【顶杆后处理】对话框参数

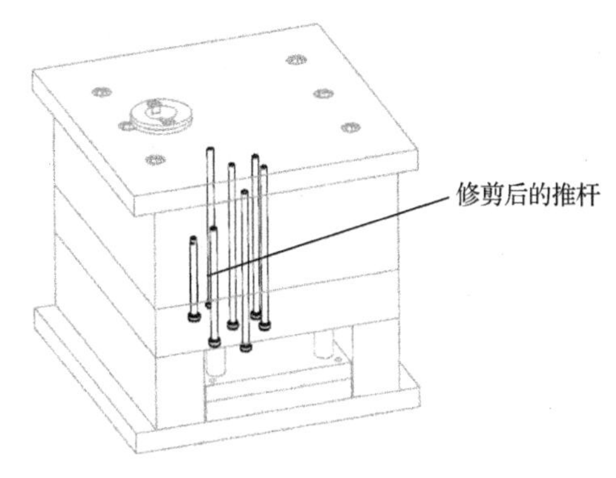

图 18-10　修剪后的推杆

（7）单击“腔体”按钮，在【开腔】对话框中对“模式”选择“减除材料”选项，选择型芯、动模板和推杆固定板作为目标体，以推杆为工具体。单击“确定”按钮，创建推杆的装配位。

3. 加载拉料杆

（1）单击“标准部件库”按钮，在“名称”区域选择“Ejection”选项，在“成

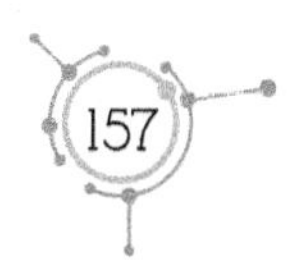

员选择”栏中选择“Ejector Pin [Straight]”选项。在【标准件管理】对话框中，对“父”“bitong_prod_002”选项、“位置”选择“POINT”选项、“引用集”选择“TRUE”选项，把“CATALOG_DIA”值设为10mm、“CATALOG_LENGTH”值设为250mm。

（2）单击“应用”按钮，在【点】对话框中输入（0，-80，0）。

（3）单击“确定”按钮，创建1根拉料杆，如图18-11所示。

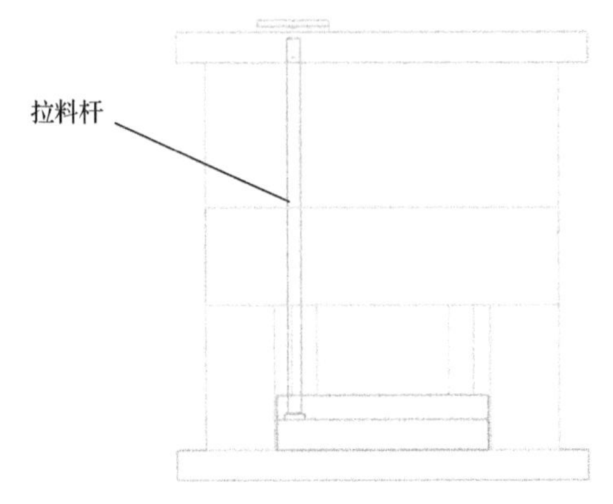

图18-11　创建1根拉料杆

（4）单击“顶杆后处理”按钮，在弹出的【顶杆后处理】对话框中，对“类型”选择“修剪”选项，选择bitong_ej_pin_0861 Original选项；对“修剪部件”选择“bitong_trim_011”选项，参考图18-9。

（5）单击“确定”按钮，修剪拉料杆长度。修剪后的拉料杆如图18-12所示。

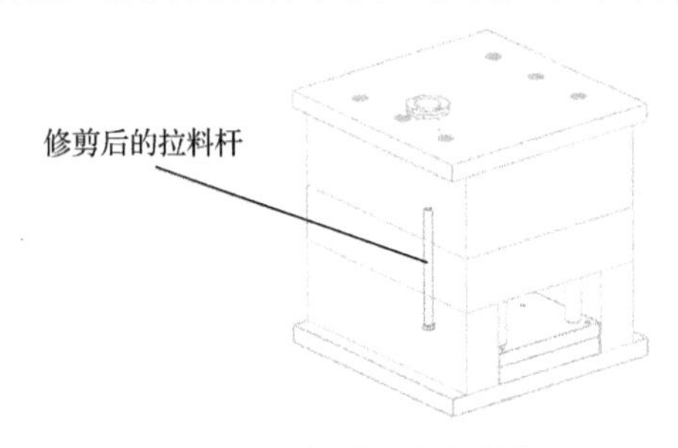

图18-12　修剪后的拉料杆

（6）单击“腔体”按钮，在【开腔】对话框中对“模式”选择“减除材料”选项，选择模架的型芯、动模板、推杆固定板作为目标体，以拉料杆为工具体。单击“确定”按钮，创建拉料杆的装配位。

（7）直接在模具装配图上选择拉料杆，单击鼠标右键，在快捷菜单中，单击“在窗口中打开”命令，打开拉料杆结构图。

（8）单击“菜单｜插入｜基准/点｜基准坐标系”命令，创建基准坐标系。

（9）单击“拉伸”按钮，以*ZOX*平面为草绘平面，绘制一个截面，如图18-13所示。在拉料杆上创建一个缺口，如图18-14所示。

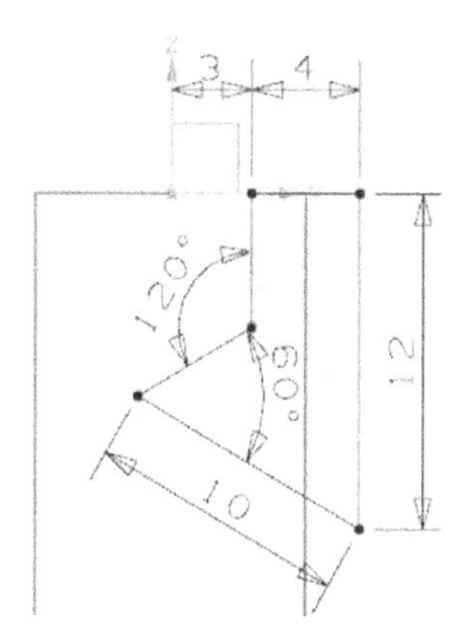

图 18-13　绘制一个截面

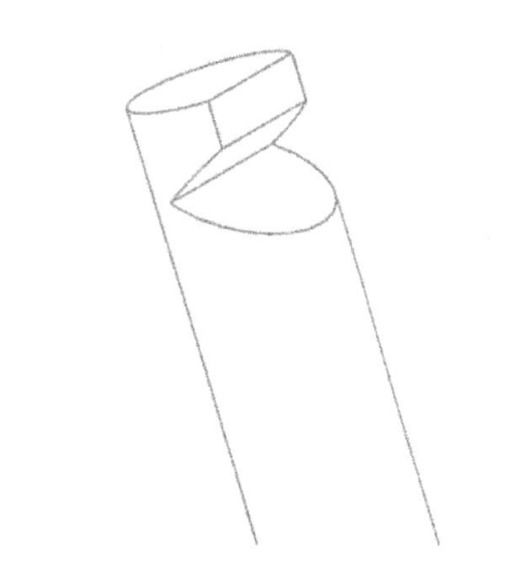

图 18-14　在拉料杆上创建一个缺口

4. 加载弹簧

（1）在横向菜单中单击“窗口”选项卡，选择“bitong_top_009.prt”文件，打开模具装配图。

（2）在“描述性部件名”栏中双击“bitong_top_009”选项，激活模具装配图。

（3）单击“标准部件库”按钮，在“名称”栏展开“+FUTABA_MM”文件，选择其下级目录文件“Spring”，在“成员选择”中选择“Spring[M-FSB]”选项。在【标准件管理】对话框中，对“父”选择“bitong_misc_004.prt”选项、“位置”选择“PLANE”选项、“引用集”选择“TURE”选项，把“DIAMETER”值设为 32.5（单位：mm）、“CATALOG_LENGTH”值设为 110（单位：mm）；对“DISPLAY”选择“DETAILED”选项，如图 18-15 所示。

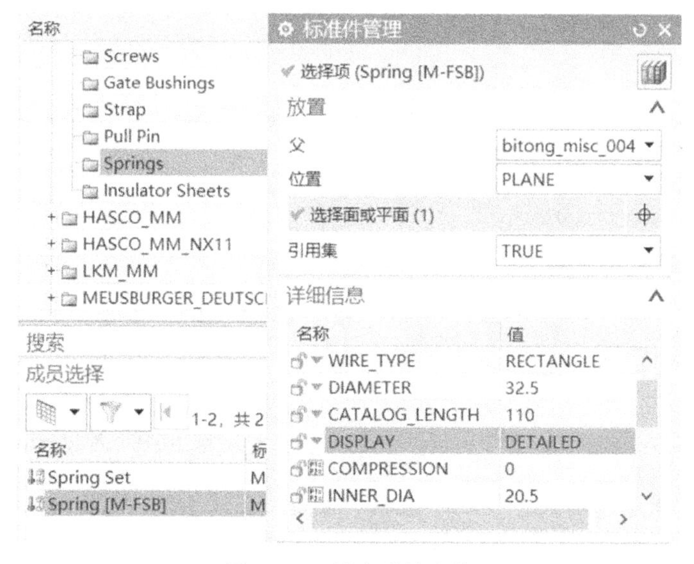

图 18-15　设定弹簧参数

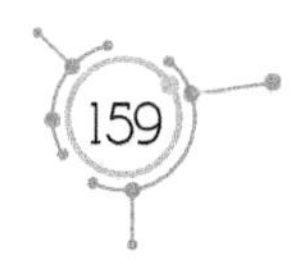

（4）单击“选择面或者平面”按钮，在模具装配图上选择推杆固定板的表面作为放置弹簧的平面。

（5）单击“确定”按钮，在工作区上方的工具条中选择“整个装配”选项。

（6）在模架图上选择推杆边线的圆心，如图 18-16 所示。

提示：如果不能选择推杆边线的圆心，可单击“静态线框”按钮，然后选择推杆边线的圆心。

（7）单击“应用”按钮，加载弹簧，如图 18-16 所示。

（8）采用同样的方法，创建其余 3 个弹簧。

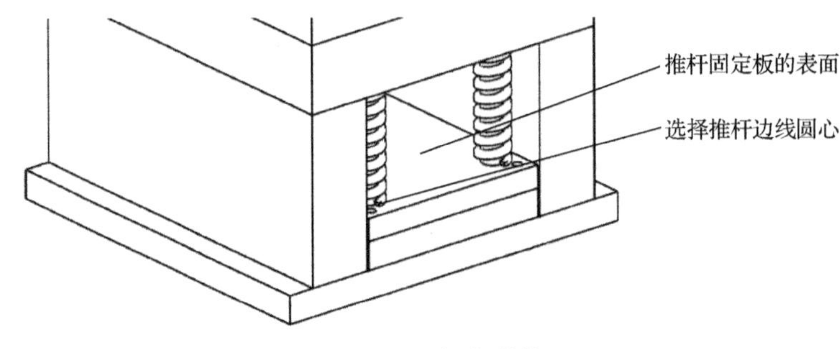

图 18-16　加载弹簧

5. 加载滑块

（1）在“描述性部件名”栏中依次展开“bitong_top_009”、“bitong_layout_021”和“bitong_prod_002”和“bitong_cavity_001”文件，选择“hk”选项，如图 18-17 所示。

（2）单击鼠标右键，在快捷菜单中，单击“在窗口中打开”命令，打开滑块零件图。

（3）单击“菜单｜格式｜WCS｜原点”命令，以滑块边线的中点为原点，创建一个坐标系，如图 18-18 所示。

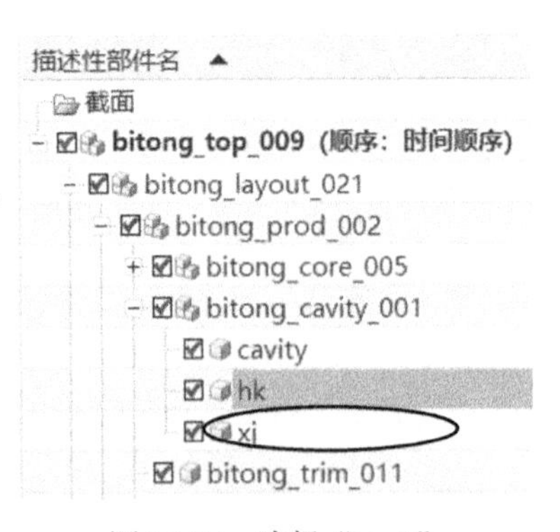

图 18-17　选择“hk-1”

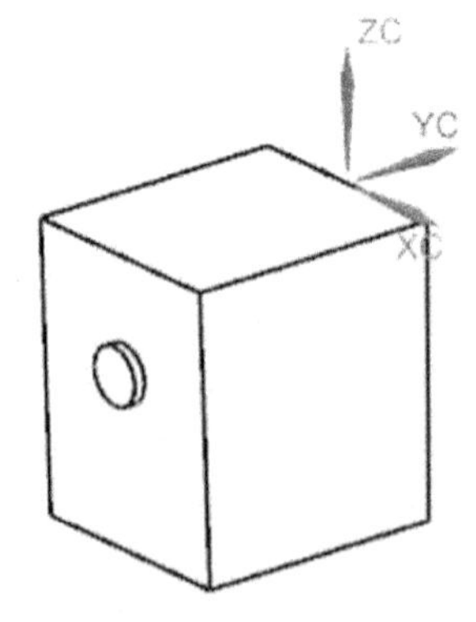

图 18-18　创建一个坐标系

（4）单击“菜单｜格式｜WCS｜旋转”命令，在【旋转 WCS 绕...】对话框中选择“◉ +ZC 轴：XC→YC”选项，把“角度”值设为 180.0000（单位：°），如图 18-19 所示。

（5）单击“确定”按钮，*YC* 轴朝模具中心方向，如图 18-20 所示。

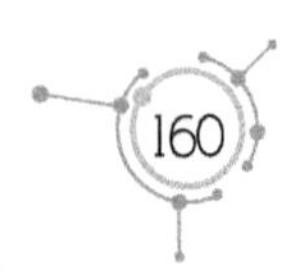

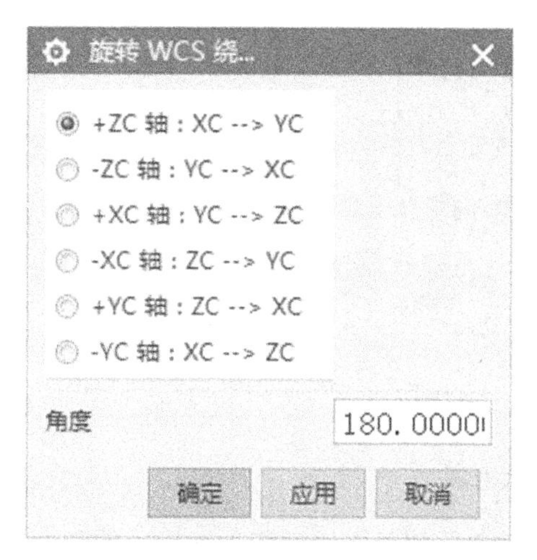

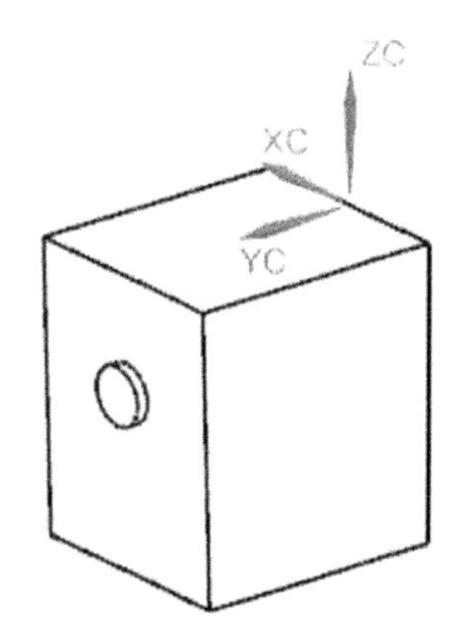

图 18-19 设置【旋转 WCS 绕…】对话框参数

图 18-20 *Y* 轴朝向模具中心方向

（6）单击“滑块和浮升销库”按钮，在“名称”区域选择“Slide”选项，在“成员选择”栏中选择“slide_8”选项。在【滑块和浮升销设计】对话框中，对“父”选择“hk”选项、“位置”选择“WCS_XY”选项、“引用集”选择“TURE”选项，把“SL_W”（滑块宽度）值设为 40mm、“SL_L”（滑块长度）值设为 70mm、“SL_TOP”（滑块高度）值设为 50mm、“SL_BOTTOM”（滑块深度）值设为 30mm、“CAM_H”（压块高度）值设为 35mm、“GR_H”（压板高度）值设为 30mm。部分参数设置如图 18-21 所示。

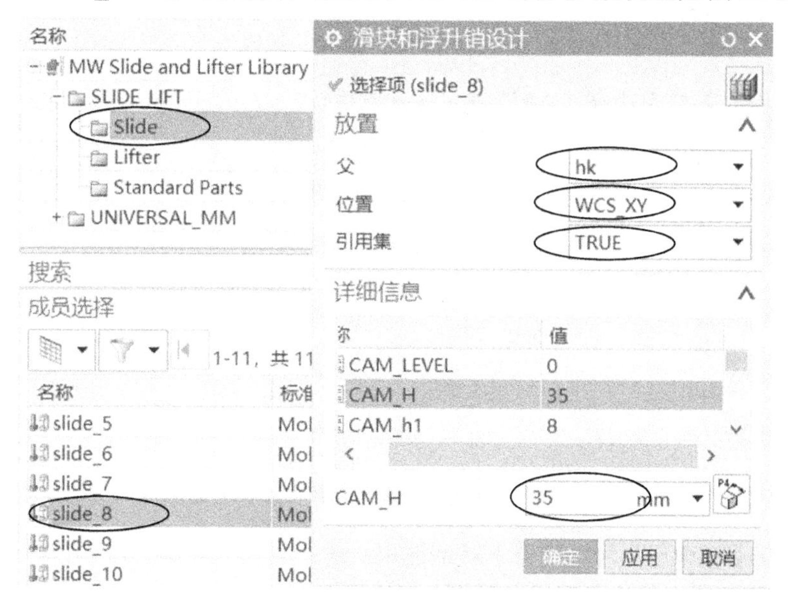

图 18-21 设置滑块参数

（7）单击“确定”按钮，系统加载滑块，如图 18-22 所示。

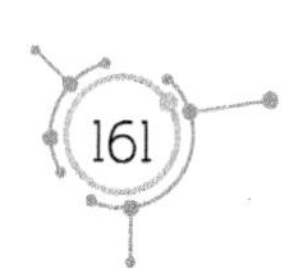

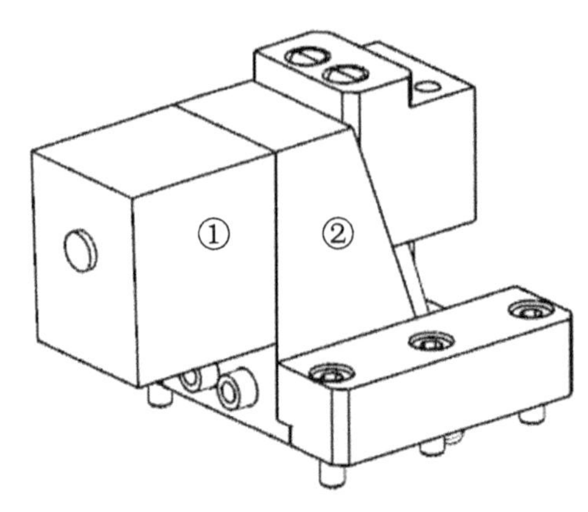

图 18-22　加载滑块

（8）在横向菜单中先选择“应用模块”选项卡，再单击“装配”按钮，如图 18-23 所示。

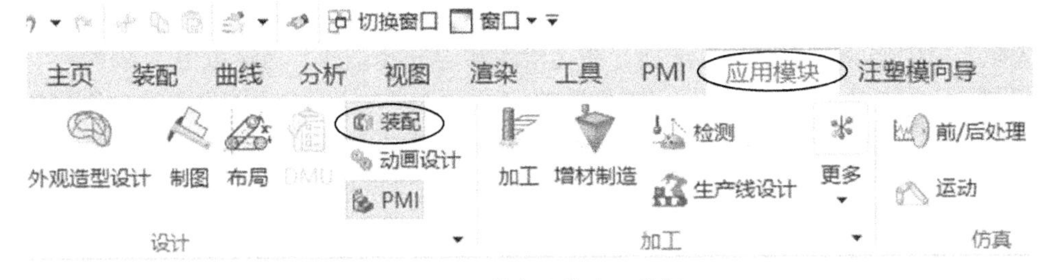

图 18-23　单击“装配”按钮

（9）在横向菜单中选择“装配”选项卡，单击“WAVE 几何链接器”命令，如图 18-24 所示。

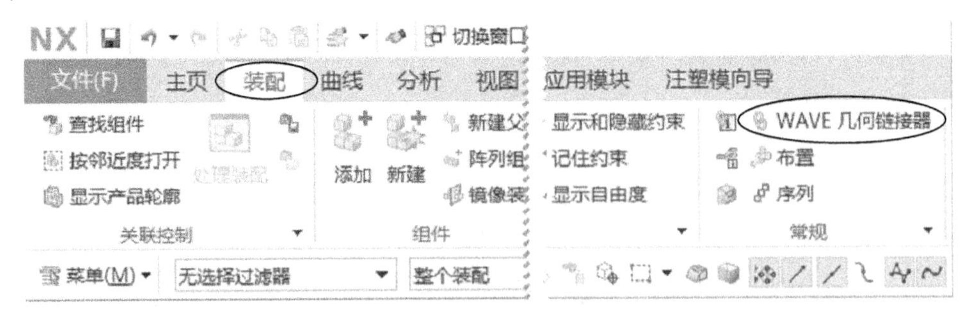

图 18-24　选择“WAVE 几何链接器”选项

（10）在【WAVE 几何链接器】对话框中，对“类型”选择“体”选项，勾选“✓关联”和“✓隐藏原先的”复选框，如图 18-25 所示。

（11）在图 18-22 中的滑块上选择零件②，单击“确定”按钮，链接滑块。

（12）单击“合并”按钮，把零件①和零件②合并，零件①和零件②之间的线条消失。两个零件合并后的效果如图 18-26 所示（其他零件不合并）。

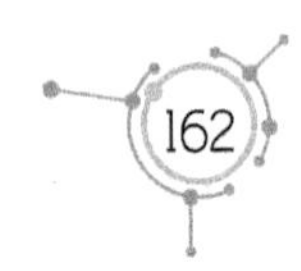

（13）在横向菜单中选择“窗口”选项卡，选择“bitong_top_009.prt”文件，打开模具装配图。

（14）在“描述性部件名”中双击“bitong_top_009”选项，激活模具装配图。

（15）单击“腔体”按钮，在【开腔】对话框中对“模式”选择“减除材料”选项，选择定模板、动模板作为目标体，选择整个滑块作为工具体。

（16）单击“确定”按钮，在动模板和定模板上创建滑块的装配位。

图 18-25 设置【WAVE 几何链接器】对话框参数

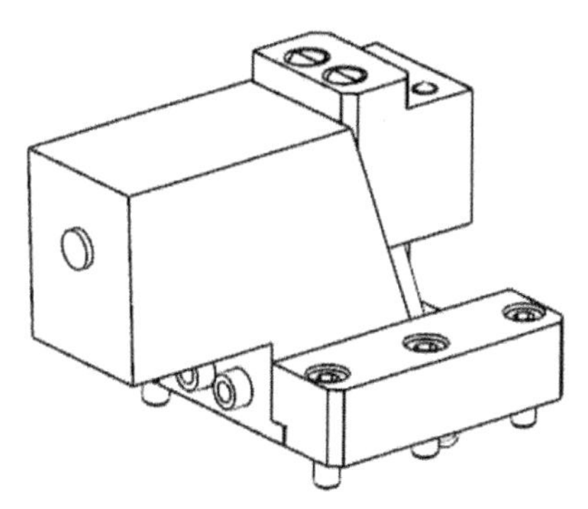

图 18-26 两个零件合并后的效果

6. 加载斜顶

（1）在“描述性部件名”栏中依次展开“bitong_top_009”、“bitong_layout_021”、“bitong_prod_002”和“bitong_core_005”文件，选择“xd1”选项，如图 18-27 所示。

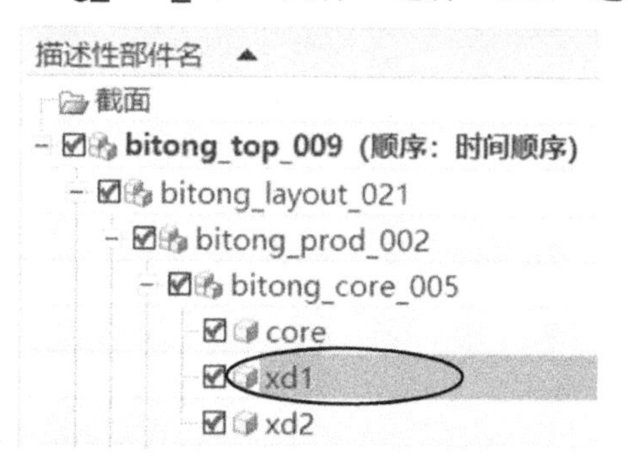

图 18-27 选择“xd1”选项

（2）单击鼠标右键，在快捷菜单中，单击“在窗口中打开”命令，打开“xd1.prt”零件图。

（3）单击“菜单｜格式｜WCS｜原点”命令，以斜顶边线的中点为原点创建坐标系，如图 18-28 所示。

（4）单击“菜单｜格式｜WCS｜旋转”命令，在【旋转 WCS 绕…】对话框中选择“◉-ZC 轴：YC→XC”选项，把“角度”值设为 90.0000（单位：°），如图 18-29 所示。

（5）单击“确定”按钮，*YC* 轴朝远离模具中心的方向，如图 18-30 所示。

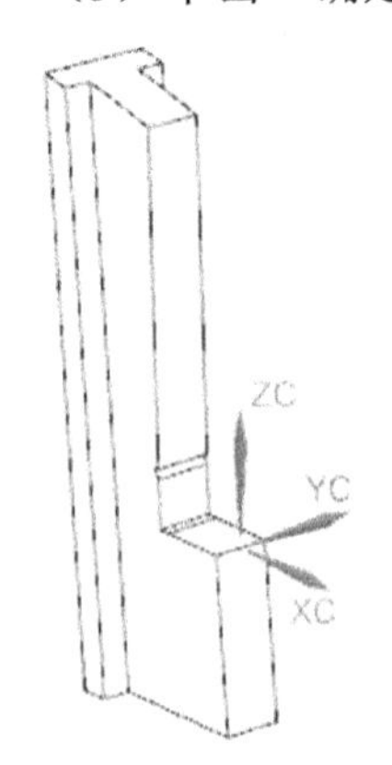

图 18-28 创建坐标系

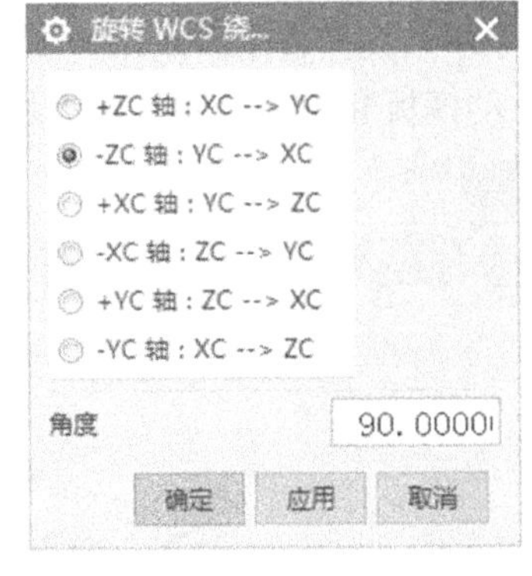

图 18-29 设置【旋转 WCS 绕…】对话框参数

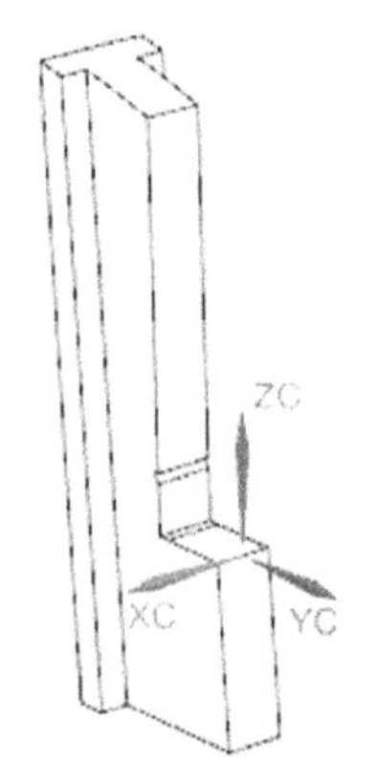

图 18-30 *YC* 轴朝远离模具中心的方向

（6）单击“滑块和浮升销库”按钮，在“名称”区域选择“Lifter”选项，在“成员选择”栏中选择“Dowel Lifter”选项。在【滑块和浮升销设计】对话框中，对“父”选择“xd1”选项、“位置”选择“WCS”选项、“引用集”选择“TURE”选项，把“riser_angle”（斜顶背面斜度）值设为 5°、“cut_width”（斜顶靠外的边与坐标原点距离）值设为 0，“riser_thk”（斜顶厚度）值设为 30mm、“riser_top”（斜顶顶部的高度）值设为 0、“shut_angle”（斜顶正面斜度）值设为-5°“start_level”（开始距离）值设为 0、“wide”（斜顶宽度）值设为 10.05mm。部分参数设置如图 18-31 所示。

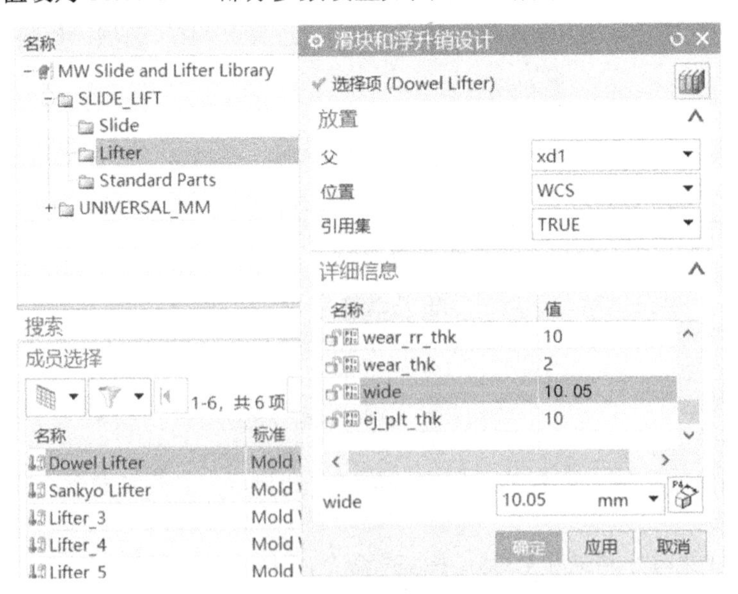

图 18-31 设置斜顶参数

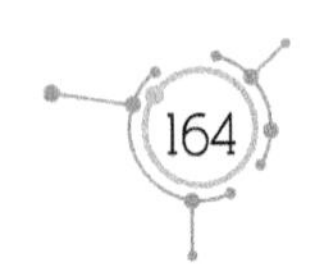

（7）单击“确定”按钮，加载斜顶，如图 18-32 所示。

（8）在横向菜单中选择“应用模块”选项卡，单击“装配”按钮。

（9）在横向菜单中选择“装配”选项卡，单击选择“WAVE 几何链接器”命令。

（10）在【WAVE 几何链接器】对话框中，对“类型”选择“体”选项，勾选“✓关联”和“✓隐藏原先的”复选框，参考图 18-25。

（11）在斜顶上选择零件②，单击“确定”按钮，完成链接。

（12）选择“合并”按钮，把零件①和零件②合并。两个零件合并后的效果如图 18-33 所示。

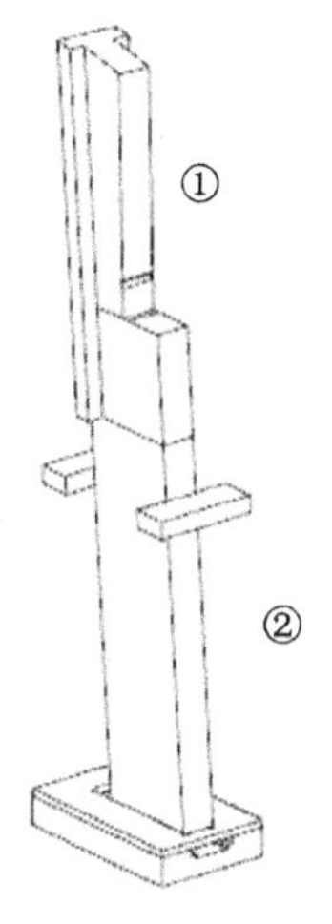

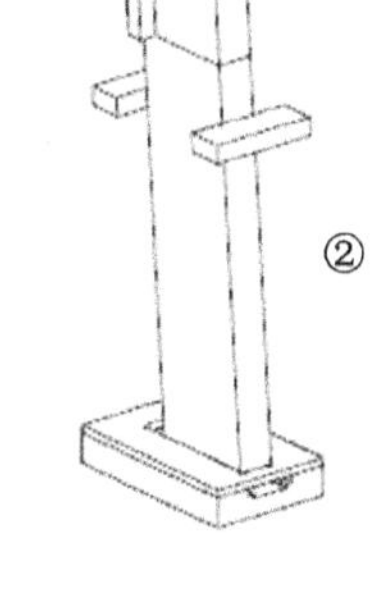

图 18-32　加载斜顶

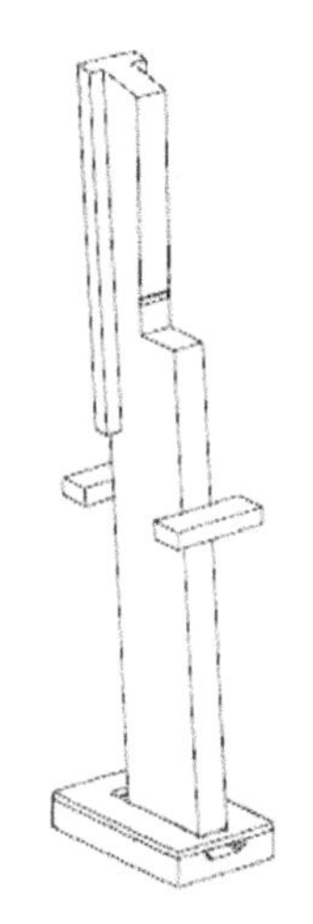

图 18-33　两个零件合并后的效果

（13）重复以上步骤，加载另一侧的斜顶。

（14）在标题栏中选择“窗口”选项卡，选择“bitong_top_009.prt”文件，打开模具装配图。在“描述性部件名”栏中双击“bitong_top_009”选项，激活模具装配图。

（15）单击“腔体”按钮，在【开腔】对话框中对“模式”选择“减除材料”选项，选择动模板、推杆固定板作为目标体，选择两个斜顶作为工具体。单击【开腔】对话框中的“确定”按钮，创建斜顶的装配位。

7. 加载动模板水路通道

（1）在标题栏中先选择“窗口”选项卡，再选择“bitong_top_009.prt”文件，打开模具装配图。

（2）在模具装配图中选择动模板，单击鼠标右键，在快捷菜单中，单击“在窗口中打开”按钮，打开动模板结构图，如图 18-34 所示。

（3）在“冷却工具”区域单击“冷却标准件库”按钮，如图 18-35 所示。

（4）在“名称”区域选择“Water”选项，在“成员选择”栏中选择“COOLING HOLE”选项。在【冷却组件设计】对话框中，对“父”选择“bitong_b_plate_050”选项、“位

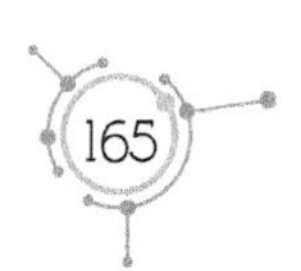

置”选择“PLANE”选项、“引用集”选择“TURE”选项、“PIPE_THREAD”选择“M8”选项，把“HOLE_1_DEPTH”值设为 85（单位：mm），把“HOLE_2_DEPTH”值设为 90mm，如图 18-36 所示。

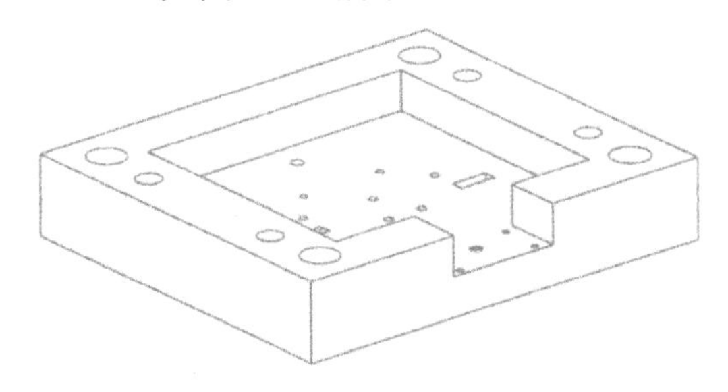

图 18-34　打开动模板结构图

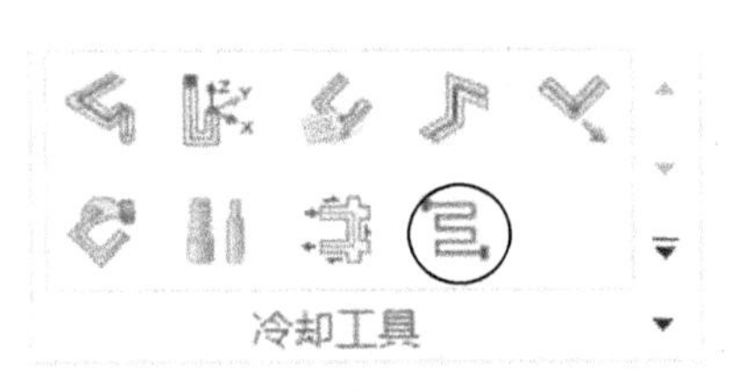

图 18-35　单击“冷却标准件库”按钮

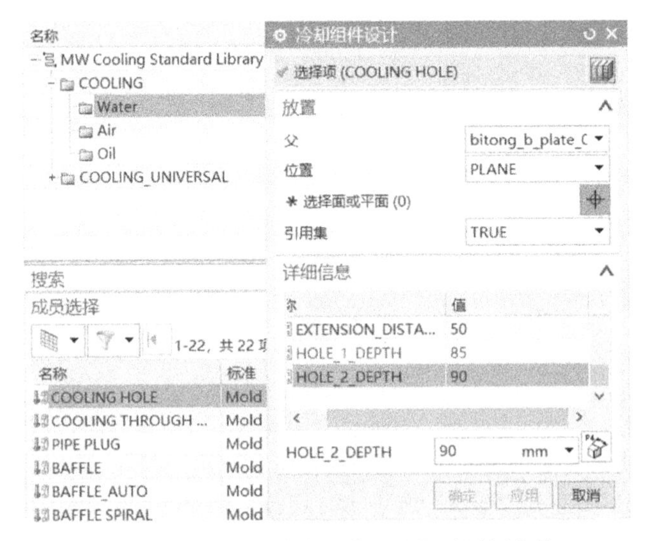

图 18-36　设置【冷却组件设计】对话框参数

（5）单击“选择面或者平面”按钮，选择侧面 *ABCD* 为水路通道的放置面，如图 18-37 所示。

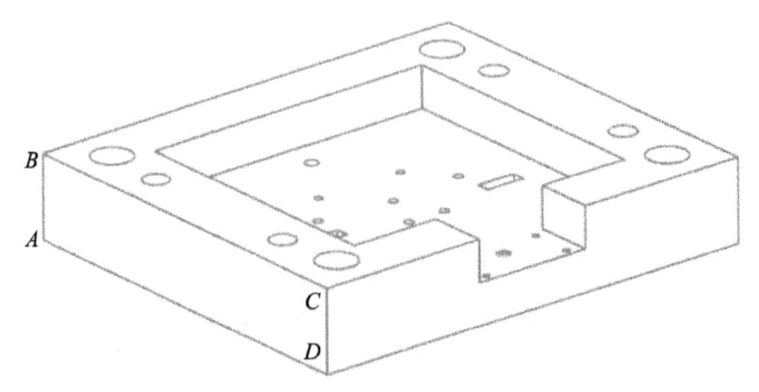

图 18-37　选择水路通道的放置面

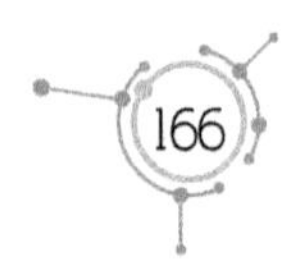

（6）单击“应用”按钮，在【标准件位置】对话框中，把“X 偏置”值设为 50mm、“Y 偏置”值设为-45mm，如图 18-38 所示。

图 18-38 设置【标准件位置】对话框参数

（7）单击“确定”按钮，创建水路通道①。

（8）采用相同的方法，把“X 偏置”值设为-50mm、“Y 偏置”值设为 45mm，创建水路通道②。水平方向上的两条水路通道如图 18-39 所示。

提示：如果在动模板上看不到水路通道，请单击“腔体”按钮，选择动模板作为目标体。在“描述性部件名”栏中选择水路通道，单击“确定”按钮后，就能在动模板上看到水路通道。

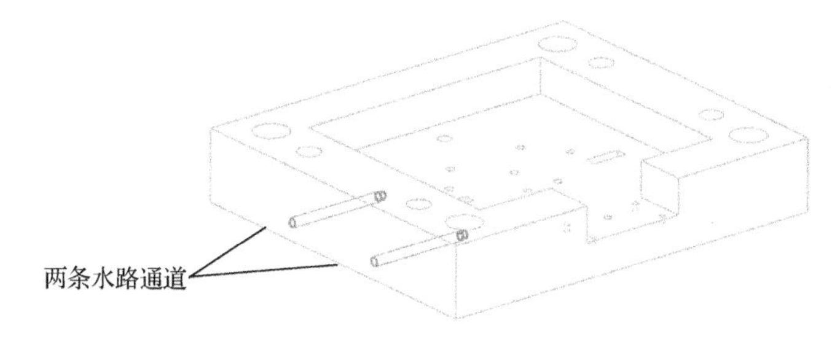

图 18-39 水平方向上的两条水路通道

（9）单击“冷却标准件库”按钮，在“名称”区域选择“Water”选项，在“成员选择”栏中选择“COOLING HOLE”选项，在【冷却组件设计】对话框中，对“父”选择“bitong_b_plate_050”选项、“位置”选择“PLANE”选项、“引用集”选择“TURE”选项、“PIPE_THREAD”选择“M8”选项，把“HOLE_1_DEPTH”值设为 20mm、“HOLE_2_DEPTH”值设为 25mm。

（10）单击“选择面或者平面”按钮，选择动模板方坑底面作为水路通道的放置面，单击“应用”按钮。在【标准件位置】对话框中，把“X 偏置”值设为-50mm、“Y 偏置”值设为-95mm，创建水路通道③。

（11）采用相同的方法，把“X 偏置”值设为 50mm、“Y 偏置”值设为-95mm，创

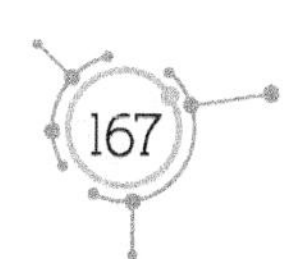

建水路通道④。竖直方向上的两条水路通道如图 18-40 虚线所示。

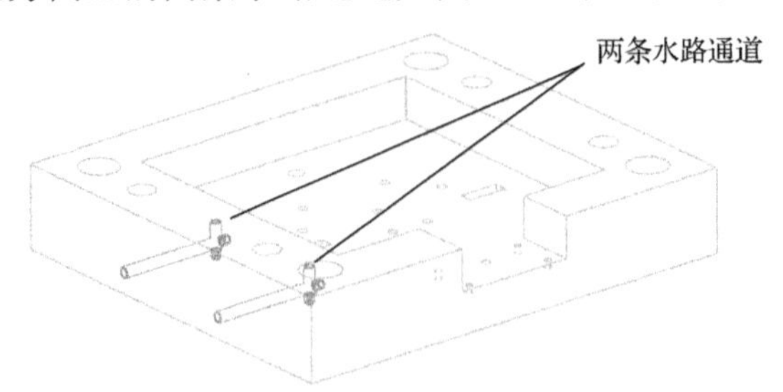

图 18-40　竖直方向上的两条水路通道

（12）单击“冷却标准部件库”按钮，在“名称”区域选择“Water”选项，在“成员选择”栏中选择“O-RING”选项。在【冷却组件设计】对话框中，对“父”选择“bitong_b_plate_050”选项、“位置”选择“PLANE”选项、“引用集”选择“TURE”选项，把“SECTION_DIA”值设为 2.0（单位：mm）、“FITTING_DIA”值设为 24（单位：mm）。具体密封圈参数设置如图 18-41 所示。

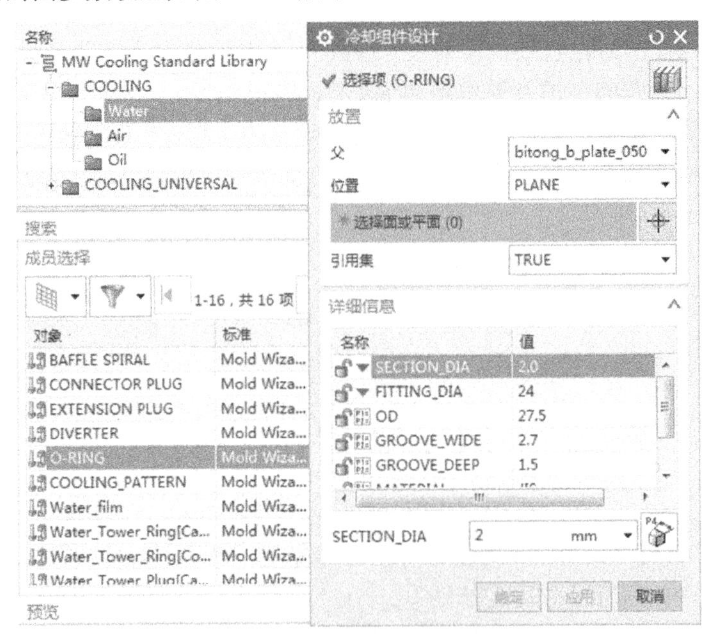

图 18-41　具体密封圈参数设置

（13）单击“选择面或者平面”按钮，选择动模板方坑底面作为密封圈的放置面，单击“确定”按钮。在【标准件位置】对话框中，把“X 偏置”值设为 50mm、“Y 偏置”值设为-95mm。

（14）单击“确定”按钮，创建第一个密封圈。

（15）采用相同的方法，把“X 偏置”值设为-50mm、“Y 偏置”值设为-95mm，创建第二个密封圈。创建的两个密封圈如图 18-42 所示。

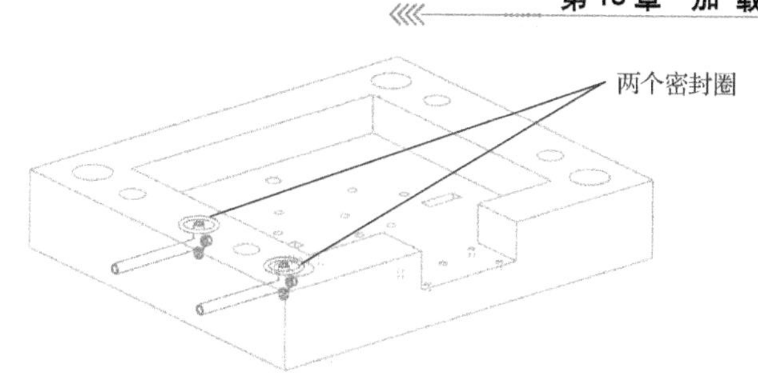

图 18-42　创建的两个密封圈

（16）单击“冷却标准部件库”按钮，在“名称”区域选择“Water”选项，在“成员选择”栏中选择“CONNECTOR PLUG”选项。在【冷却组件设计】对话框中，对“父”选择“bitong_b_plate_050”选项、“位置”选择“PLANE”选项、“引用集”选择“TURE”选项、“SUPPLIER”选择“HASCO”选项、“PIPE_THREAD”选择“M8”选项。具体水嘴参数设置如图 18-43 所示。

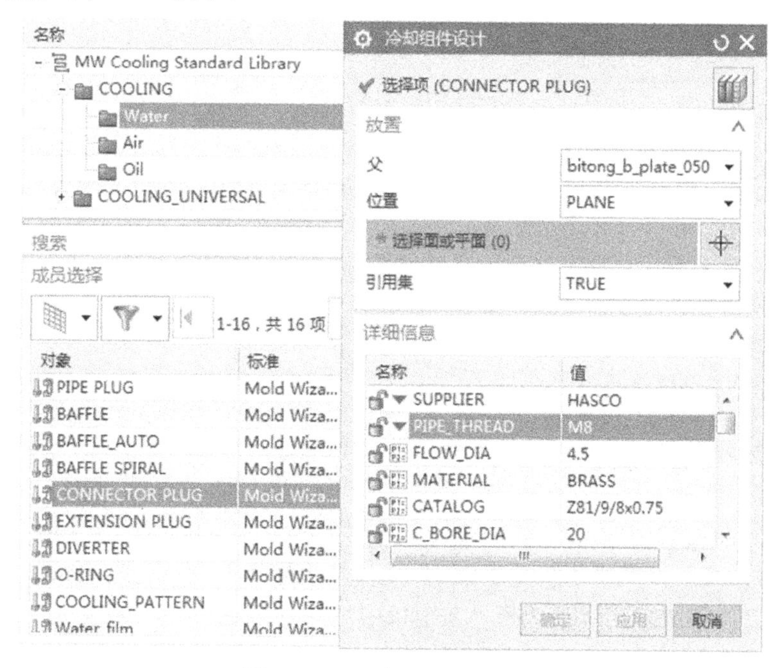

图 18-43　具体水嘴参数设置

（17）单击“选择面或者平面”按钮，选择动模板侧面作为水嘴放置面，单击“确定”按钮。在【标准件位置】对话框中，把“X 偏置”值设为 50mm、“Y 偏置”值设为-45mm。

（18）单击“确定”按钮，创建第一个水嘴。

（19）采用相同的方法，把“X 偏置”值设为-50mm、“Y 偏置”值设为-45mm，创建第二个水嘴。创建的两个水嘴如图 18-44 所示。

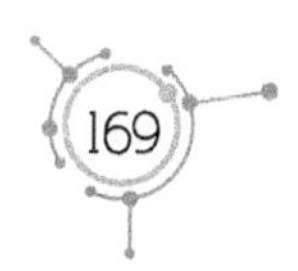

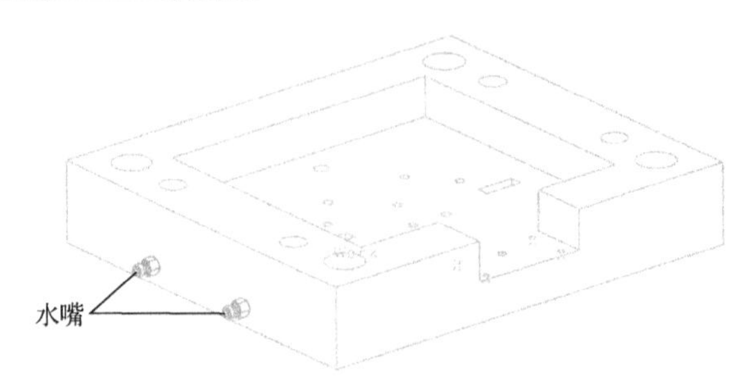

图 18-44　创建的两个水嘴

8. 加载定模板水路通道

按照创建动模板水路通道的方法，创建定模板水路通道、密封圈和水嘴，如图 18-45 所示。

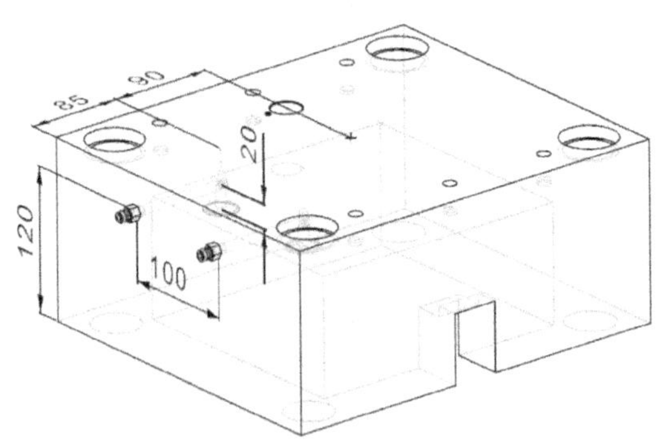

图 18-45　创建定模板水路通道、密封圈和水嘴

9. 加载型芯水路通道

（1）在标题栏中先选择“窗口”选项卡，再选择“bitong_top_009.prt”文件，打开模具装配图。

（2）在“描述性部件名”栏中依次展开“bitong_top_009”、“bitong_layout_021”、“bitong_prod_002”和“bitong_core_005”文件，选择“core”选项，如图 18-46 所示，单击鼠标右键，在快捷菜单中选择“在窗口中打开”命令。

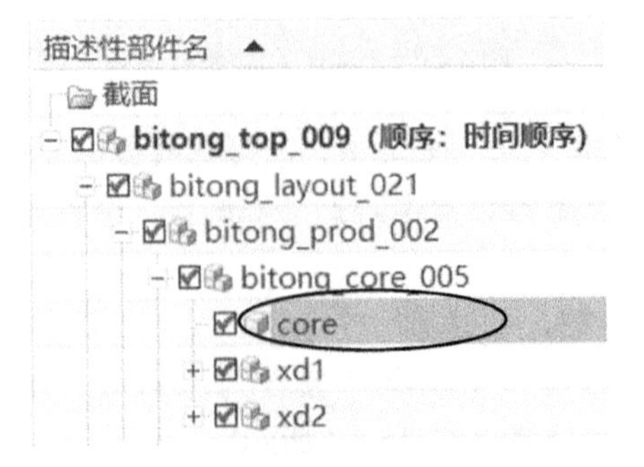

图 18-46　选择“core”选项

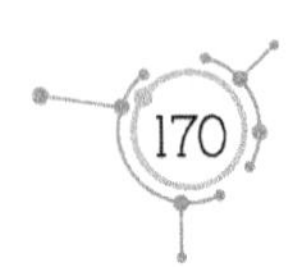

（3）单击“冷却标准件库”按钮，在“名称”区域选择“Water”选项，在“成员选择”栏中选择“COOLING HOLE”选项。在【冷却组件设计】对话框中，对“父”选择“core”选项、“位置”选择“PLANE”选项、“引用集”选择“TURE”选项、“PIPE_THREAD”选择“M8”选项，把“HOLE_1_DEPTH”值设为20mm、“HOLE_2_DEPTH”选项设为25mm，选择底面作为水路通道的放置面。

（4）单击“应用”按钮，在【标准件位置】对话框中，把“X 偏置”值设为-95mm、“Y 偏置”值设为-50mm。

（5）单击“确定”按钮，创建第一条水路通道。

（6）采用相同的方法，把“X 偏置”值设为-95mm、“Y 偏置”值设为50mm，创建第二条水路通道。竖直方向上的两条水路通道如图18-47所示。

（7）采用相同的方法，以一个侧面为水路通道放置面，创建水平方向上的两条水路通道，位置坐标分别为（-50，-20），（50，-20），“HOLE_1_DEPTH”值为220mm，“HOLE_2_DEPTH”值为225mm，如图18-48所示。

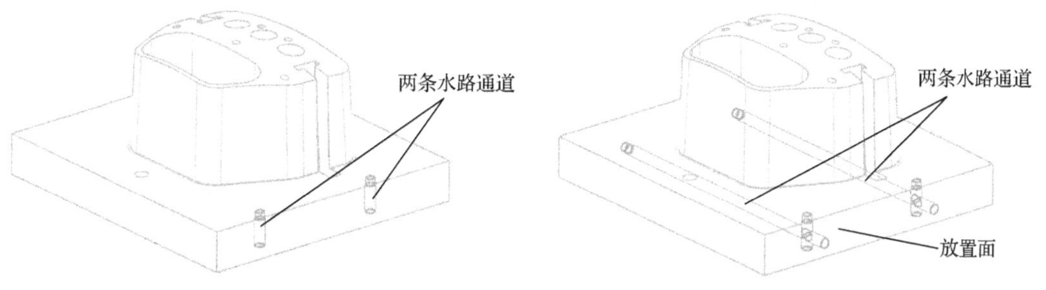

图18-47 竖直方向上的两条水路通道　　图18-48 水平方向上的两条水路通道

（8）采用相同的方法，以另一个侧面为水路通道放置面，创建第5条水路通道，其位置坐标为（-100，-20），“HOLE_1_DEPTH”值为160mm，“HOLE_2_DEPTH”值为170mm。创建的第5条水路通道如图18-49所示。

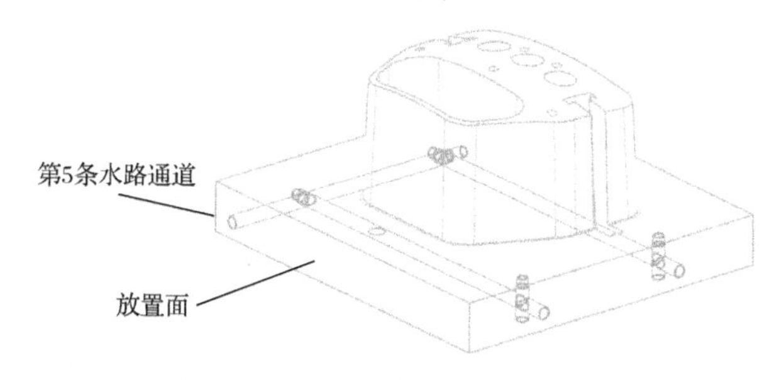

图18-49 创建的第5条水路通道

（9）单击“冷却标准件库”按钮，在“名称”区域选择“Water”选项，在“成员选择”栏中选择“DIVERTER”。在【冷却组件设计】对话框中，对“父”选择“core”选项、“位置”选择“PLANE”选项、“引用集”选择“TURE”选项、“SUPPLIER”选择择“DMS”选项，把“FITTING_DIA”（水塞直径）值设为8（单位：mm）、“ENGAGE”

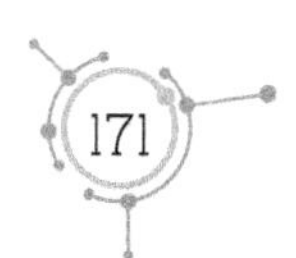

（塞入长度）值设为 10（单位：mm）、“PLUG_LENGTH”（水塞总长）值设为 10（单位：mm）。具体水塞参数设置如图 18-50 所示。

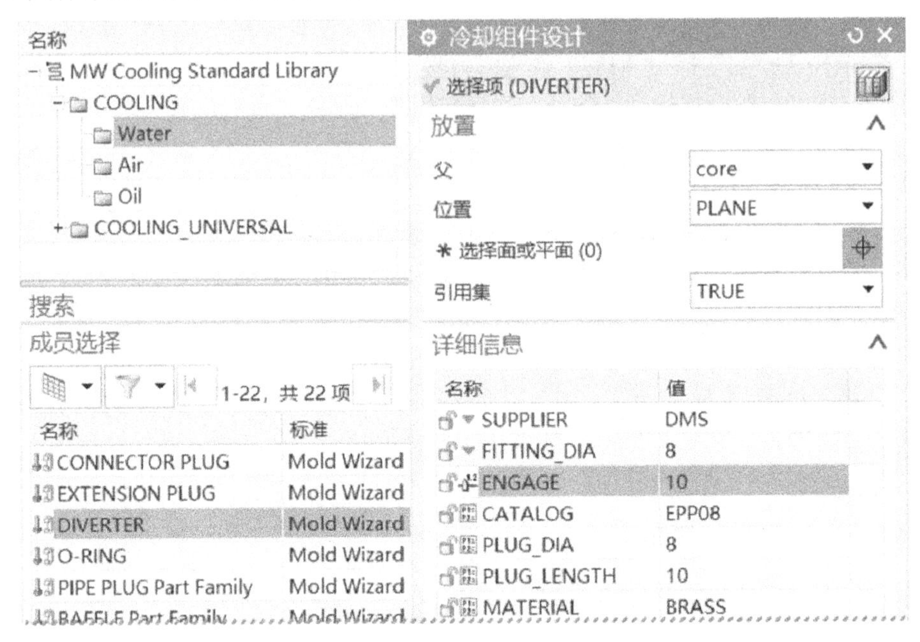

图 18-50　具体水塞参数设置

（10）选择型芯侧面作为水塞放置面，单击“确定”按钮。选择水路通道的圆心作为水塞的位置，创建水塞，如图 18-51 所示。

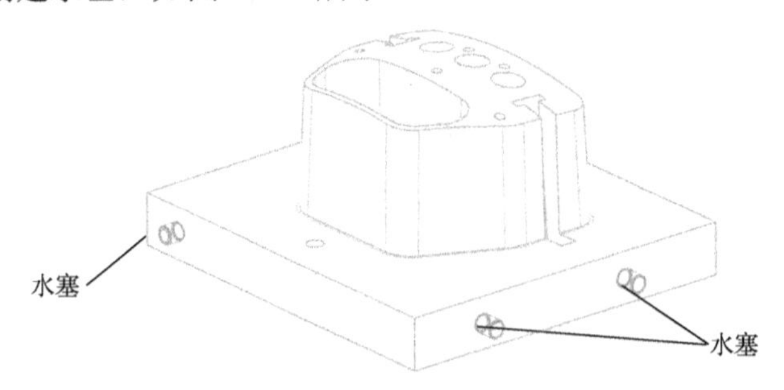

图 18-51　创建水塞

10. 加载型腔水路通道

（1）在标题栏中先选择“窗口”选项卡，再选择“bitong_top_009.prt”文件，打开模具装配图。

（2）在“描述性部件名”栏中依次展开“bitong_top_009”、“bitong_layout_021”、“bitong_prod_002”和“bitong_cavity_001”文件，选择“cavity”选项，单击鼠标右键，在快捷菜单中单击“在窗口中打开”命令，打开型腔实体。

（3）采用相同的方法，创建型腔的水路通道和水塞，如图 18-52 所示。

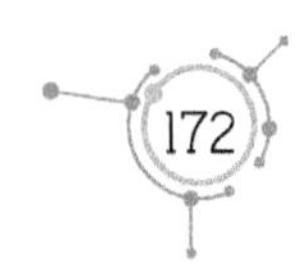

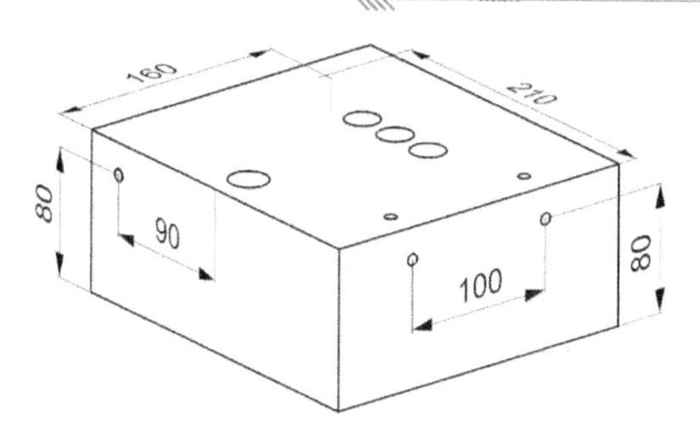

图 18-52 创建型腔的水路通道和水塞

11. 显总装配图

（1）在标题栏中先选择“窗口”选项卡，再选择“bitong_top_009.prt”文件，在“描述性部件名”栏中双击“bitong_top_009.prt”文件，激活模具装配图。此时，冷却系统的配件没有显示在模具装配图中。

（2）选择定模板，单击鼠标右键，在快捷菜单中选择“替换引用集”选项。单击“Entrie Part”命令，显示定模板的冷却系统配件。

（3）采用相同的方法，显示动模板的冷却系统配件。

（4）模具装配图如图 18-53 所示。

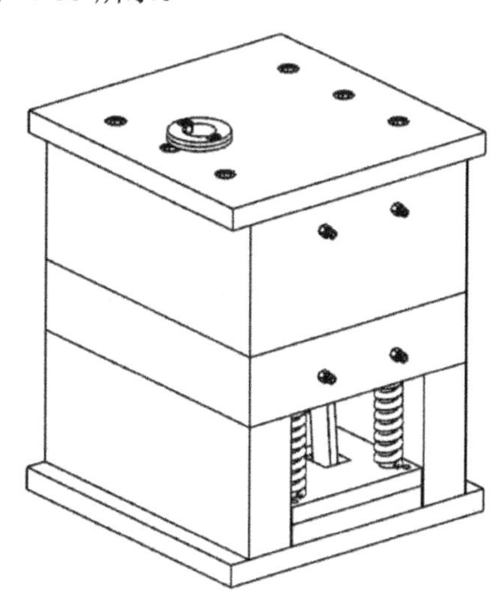

图 18-53 模具装配图